普通高等教育“十三五”规划教材——应用热工学系列

中国石油和石化工程教材出版基金资助项目

应用工程热力学

主　编　周锡堂

副主编　李爱琴　杨广峰

中国石化出版社

内 容 提 要

本书为“普通高等教育‘十三五’规划教材——应用热工学系列”之一。主要介绍热力学基本概念、热力学定律、典型的动力循环及水蒸气和湿空气性质。

本书适合作为油气类等本科专业32~48学时的工程热力学教材，也可供研究生、职业院校学生及其他相关人员参阅。书中内容可视需要取舍，拓展阅读是一些应用性的小知识，完全可以由读者自由阅读。

图书在版编目(CIP)数据

应用工程热力学／周锡堂主编.
—北京：中国石化出版社，2019.1
普通高等教育“十三五”规划教材．应用热工学系列
ISBN 978-7-5114-5081-4

Ⅰ.①应… Ⅱ.①周… Ⅲ.①工程热力学-高等学校-教材 Ⅳ.①TK123

中国版本图书馆CIP数据核字(2018)第289624号

中国石化出版社出版发行
地址：北京市朝阳区吉市口路9号
邮编：100020　电话：(010)59964500
发行部电话：(010)59964526
http://www.sinopec-press.com
E-mail：press@sinopec.com
北京科信印刷有限公司印刷
全国各地新华书店经销
*
787×1092毫米 16开本 13印张 1插页 279千字
2019年1月第1版　2019年1月第1次印刷
定价：39.00元

前　言

目前在工科院校得到大范围使用的热工基础教材体系成熟、内容完整，但也存在强调理论基础、忽视具体应用的问题，对于广大地方院校的应用型人才培养未必很适用。从事油气类专业热工基础教学的广大教师希望能集中多方智慧，合作编写一系列既有必要的热工基础知识、又突出专业自身特点和要求的热工学教材。

工程教育专业认证要求每一门课程与专业毕业要求有明确对应关系，整个社会都强调高校要把重点放在应用型人才的培养上，这是教育理念的进步。本系列教材有别于现有的热工类教材之处，就在于它介绍理论的目的在于应用，使学生在学习本课程过程中接触到某些实用知识，而这是部分工科专业学生四年本科学习中唯一的热工知识学习和训练机会。

本系列教材分为《应用工程热力学》和《应用传热学》。其中，《应用工程热力学》主要介绍热力学基本概念、热力学定律、典型的动力循环及水蒸气和湿空气性质；《应用传热学》主要介绍传热的基本概念、热的传递形式及其规律、基本的传热工艺及其相应装备的计算。

本书为《应用工程热力学》，第 1 章由广东石油化工学院周锡堂编写；第 2 章和第 3 章由中国民航大学杨广峰编写；第 4 章和第 7 章由北京石油化工学院李爱琴编写；第 5 章由北部湾大学方丽萍编写，第 6 章和附录由广东石油化工学院黄凯亦编写；全书由周锡堂统稿。本书在编写过程中还得到了中国民航大学崔艳雨和北京石油化工学院俞接成等老师的大力支持。

本书适合作为油气类本科专业 32~48 学时的工程热力学教材，也可供研究生、职业院校学生及其他相关人员参阅。书中内容可视需要取舍，拓展阅读是一些应用性的小知识，完全可以由读者自由阅读。每章后的思考题都是该章的重要概念，认真思考和回答有利于概念的掌握；各章习题都是些经典问题，目的在于运用本章及已介绍概念和方法解决现实中出现的问题，特别是计算和综合分析问题；附录提供了必要的一些参数、物性和图表，供读者参考。

本书出版得到“中国石油和石化工程教材出版基金”的资助，各位编者所在学校相关部门为本书的编写和顺利出版提供了帮助，在此一并表示感谢！

由于作者水平有限，文中难免会有错误与不周之处，还请读者批评指正。

目　　录

主要符号表

符号	意义	单位
A	面积	m^2
a	热扩散率	m^2/s
	加速度	m/s^2
C	热容流量	J/(K·s)
	辐射系数	$W/(m^2 \cdot K^4)$
c	比热容	J/(kg·K)
c_p	定压比热容	J/(kg·K)
c_f	范宁摩擦系数	—
d	直径	m
E	能量	J
	辐射力	J/m^2
E_λ	光谱辐射力	J/m^3
F	力	N
f	频率	Hz
	摩擦因子	—
G	投射辐射	W/m^2
g	重力加速度	m/s^2
H	焓	J
	高度	m
h	表面传热系数	$W/(m^2 \cdot K)$
	比焓	J/kg
h_c	对流传热系数	$W/(m^2 \cdot K)$
h_r	辐射传热系数	$W/(m^2 \cdot K)$
I	电流密度	A
J	有效辐射	W/m^2
j	传热因子	$W/(m^2 \cdot K)$
K	总传热系数	$W/(m^2 \cdot K)$
L	定向辐射度	$W/(m^2 \cdot sr)$
L_e	定向发射辐射度	$W/(m^2 \cdot sr)$
L_r	定向反射辐射度	$W/(m^2 \cdot sr)$
l	长度	m
l_c	特征长度	mm
m	质量	kg
ρ	密度	kg/m^3
ψ	温差修正系数	—
S	熵	J/K

符号	意义	单位
P	功率	W
	总压力	N
p	压力(强)	Pa
Q	热量或热流量	J 或 W
q	热流密度	W/m^2
q_m	质量流量	kg/s
q_v	体积流量	m^3/s
R	热阻	K/W
	电阻	Ω
r	半径，距离	m
	汽化相变焓	J/kg
	面积热阻	$m^2 \cdot K/W$
R_s	污垢热阻	$m^2 \cdot K/W$
T	热力学温度	K
t	摄氏温度	℃
t_c	特征温度	℃
U	热力学能	J
u	比热力学能	J/kg
V	体积	m^3
v	比体积	m^3/kg
v_c	特征速度	m/s
W	功	J
w	比功	J/kg
X	角系数	rad
α_v	体积膨胀系数	K^{-1}
β	肋化系数	—
δ	厚度	m
ε	发射率	—
Θ	无量纲过余温度	—
θ	过余温度	K
λ	波长	mm
	热导率(导热系数)	W/(m·K)
η	(动力)黏度	Pa·s
Ω	立体角	sr
s	比熵	J/(kg·K)

1 热力学基本概念

本章介绍热力系统、状态参数、状态方程、过程、功及热等概念，它们是分析能量传递与转换过程时必然会涉及的一些基本概念。理解并掌握这些基本概念，对于本书的学习，是非常重要的。

1.1 热力系统

热力系统简称热力系，指人们做热力学分析研究时，明确的具体研究对象，这种研究对象可以是一定的工质，也可以是一定的空间。与此相联系，系统之外的一切称为环境。系统与环境之间的分界面则称之为边界，这种分界面可以是现实的，也可以是虚拟的，可以是固定的，也可以是移动的。

人们根据研究的需要来选取热力系统，其前提是所选范围包含了已知的条件和待解决的问题，同时保证所选范围(所包含的物质分子数)大到足以支持统计热力学理论的正确性。热力学分析必然涉及热力系统内部的变化，也会涉及热力系统通过界面与环境之间发生的能量与物质交换。就环境来说，经过一个或一系列的过程，其变化均从属、对应于系统的变化，它不是研究者重点关心的。

按照热力系统内部情况的不同，它可以分为：

单元系统——由单一的化学成分组成的系统，如甲烷、苯等；

多元系统——由多种化学成分组成的系统，如煤焦油、石油液化气等；

单相系统——由单一相态的物质组成的系统，如烟气、燃料油等；

多相系统——由多种相态的物质组成的系统，如油田乳液、泥浆等；

按照热力系统与环境之间相互作用情况的不同，热力系统又可以分为：

闭口系统——系统与环境之间无物质交换，但可以有能量交换的系统；

开口系统——系统与环境之间有物质交换，还可能伴有能量交换的系统；

绝热系统——系统与环境之间无热量交换的系统，即边界是绝热的；

孤立系统——系统与环境之间无任何相互作用的系统。

工程热力学与传热学更关注的是热力系统与环境之间相互作用的情况，因此在本课程中多用第二种分类法。如图 1-1 所示，介质被容器内壁和活塞围在一定的空间内，构成一个闭口系统，但它并不妨碍环境将热量传给系统，此处的边界是真实的，但又是变动的。

如图 1-2 所示，我们从整个流体(蒸汽)中划定一个单元来进行研究，这个系统与环境的边界却是假想或虚拟的。如图 1-3 所示，介质有进有出，边界却是固定的。由此可见，系统、边界与环境应视热力分析的需要而定，是服从于人们的研究工作的。

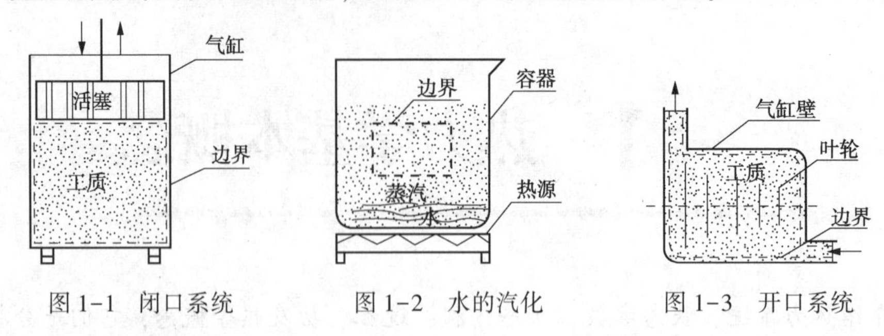

图 1-1　闭口系统　　图 1-2　水的汽化　　图 1-3　开口系统

1.2 状态与状态参数

严格地说，物质世界的一切均处于不断地变化中，任何一个热力系统所处状况也是这样，我们把某热力系统在某瞬间的状况称为其状态，而把系统从一个状态到另一个状态的变化称为过程。状态参数就是用于描述热力系统在某个瞬间状况的一系列物理参数，它具有函数的特点，其变化仅仅取决于工质或物系的起始和终了状态，与中间经历的路径没有关系。

工程热力学中常用的状态参数有压力(压强)、比体积、温度、热力学能、焓和熵等 6 个，其中压力、比体积和温度是可以直接测量的，称为基本状态参数；热力学能、焓和熵不可直接测量，系间接性状态参数。

1.2.1 压力

压力，是指垂直作用于单位面积上的力：

$$p=\frac{F}{A} \tag{1-1}$$

式中　p——压力，Pa；

F——垂直作用力，N；

A——面积，m^2。

式(1-1)是物理学中对压强的定义，因此严格说此处的压力应该称为压强，称压力是一种约定俗成的习惯。流体的压强应理解为：大量流体分子在无序运动时频繁碰撞器壁的结果。按照上式计算所得结果是一种绝对值，称为绝对压力。实验室中的水银测压计所测压力就是当时当地大气的绝对压力(图 1-4)，用p_b表示。

在科学实验和工业生产中，当系统压力为正压，即高于当地大气压时，采用压力表测压(图 1-5)，此时所测得的压力称为表压力，用 p_g 表示；当系统压力为负压，即低于当地大气压时，测压采用真空表(图 1-5)，此时所测的值称为真空度，用 p_v 表示。绝对压力、大气压、表压力和真空度的关系如图 1-6 所示，它们之间的关系为

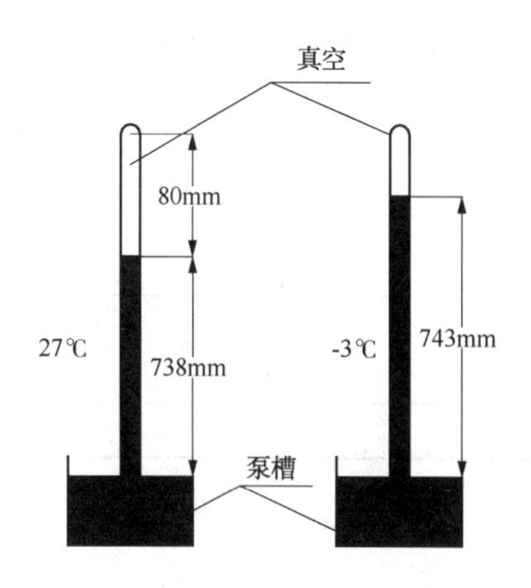

图 1-4　气压示意图

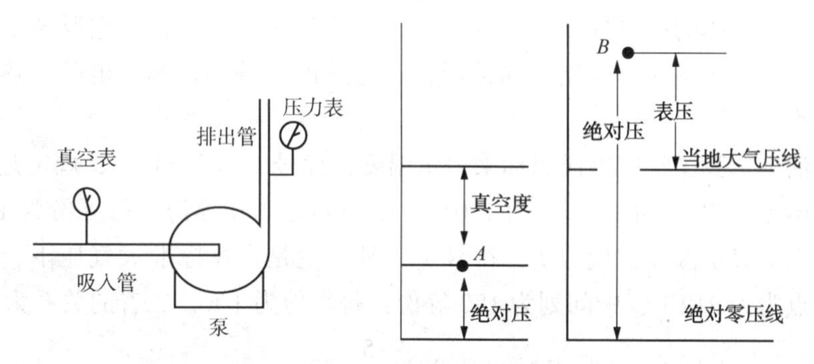

图 1-5　压力表和真空表的位置　　图 1-6　绝压、表压和真空度关系

$$p = p_b + p_g \tag{1-2}$$

$$p = p_b - p_v \tag{1-3}$$

严格来说，不同地区大气压力可能不同，即使在同一地区不同时间大气压力可能不相同。但只要海拔度变化不大，这种变化的范围是很小的。虽然，保持系统表压力或真空度不变并不意味着总压不变，但由于分析热力系统时这种变化不大，且大气压力占总压比例较小，故此经常用表压力来表述系统的压力。作为初学者来说，还是严格分清的好。

实验中常用 U 形管压力计(图 1-7)来测量系统的压力或真空度，这是根据流体静力学原理设计的，因为

$$p_g(\text{或}p_v) = \rho g \Delta z \tag{1-4}$$

式中　ρ——液体密度，kg/m^3；

g——重力加速度，m/s^2；

Δz——液柱高度差，m。

因此只要准确地读得 Δz，便可以计算出所需表压强或真空度。

压力的基本单位是帕斯卡，符号 Pa，也就是 N/m^2。工程上常用千帕(kPa)或兆帕(MPa)。此外常用的还有标准大气压(atm)、工程大气压(at)、巴(bar)、毫米汞柱(mmHg)和米水柱(mH$_2$O)等。它们之间的关系见表 1-1。

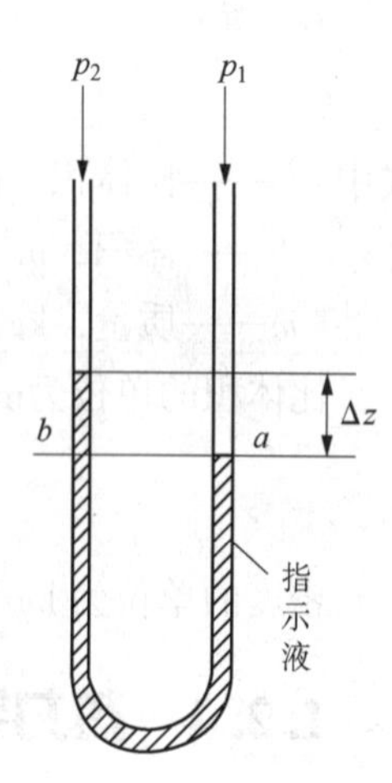

图 1-7　U 形管压力计

表 1-1　部分压力单位与 SI 压力单位的换算关系

单位名称	单位符号	换算关系
兆帕	MPa	$1MPa=10^6Pa$
标准大气压	atm	1atm=101325Pa
工程大气压	at(kgf/cm^2)	1at=98066.5Pa
巴	bar	$1bar=10^5Pa$
毫米汞柱(0℃)	mmHg	1mmHg=133.322Pa
米水柱(4℃)	mH_2O	$1mH_2O=9806.65Pa$

1.2.2　温度

温度用来表示物体的冷热程度。就气体来说，统计热力学解释，它反映了分子平均移动能的大小。生产、实验中，根据不同情况，通过感温元件的体积、电阻、热电动势等的变化来测量温度。

生产与生活中，我国常用摄氏温标来表示温度，代号 t，符号℃，其规定是：在标准大气压下，冰的熔点为 0℃，水的沸点为 100℃，中间划为 100 等份，每等份为 1℃；英美等国家则用华氏温标表示温度，代号 F，符号℉，其规定是：在标准大气压下，冰的熔点为 32℉，水的沸点为为 212℉，中间划为 180 等份，每等份为 1℉，二者的关系为

$$t=(F-32)\times\frac{5}{9}+32 \tag{1-5}$$

国际单位制中，采用绝对温标，代号 T，符号 K。绝对温标与摄氏温标的关系为

$$T=t+273.15 \tag{1-6}$$

绝对温标的每 1K 与摄氏温标的每 1℃是等值的。

1.2.3　比体积

比体积也称比容积，指单位质量物质所占有的体积：

$$\nu=\frac{V}{m} \tag{1-7}$$

式中　ν——比体积，m^3/kg；

V——体积，m^3；

m——质量，kg。

比体积的单位为m^3/kg，其倒数就是密度，即单位体积的物质所具有的质量：

$$\rho=\frac{1}{\nu}=\frac{m}{V} \tag{1-8}$$

密度的单位为 kg/m^3。

1.2.4　热力学能

热力学能，也曾称为内能，系指组成热力系统的大量微观粒子自身所具有的能量。这

种能量包括分子的动能、分子力所形成的位能、分子的化学能及分子内原子的原子能等，但不包括热力系统宏观运动的能量及外场作用的能量。热力过程中并不涉及化学反应和核反应，即分子的化学能及分子内原子的原子能不会有变化，因此通常只需考虑分子的动能和位能，即

热力学能(U)=分子的动能(U_k)+分子力所形成的位能(U_p)

单位质量物质的热力学能称为比热力学能：

$$u=\frac{U}{m} \tag{1-9}$$

式中 u——比热力学能，J/kg；

U——热力学能，J；

m——质量，kg。

在国际单位制中，热力学能的单位为焦耳或焦，符号 J；比热力学能的单位为 J/kg。在工程制中，热力学能的单位为卡，符号 cal，它与 J 的关系为

$$1\text{cal}=4.184\text{J}$$

了解和熟悉常用各种单位制及相互之间的关系，对于阅读、理解不同时期、不同行业、来自不同文化背景的科技文献，是很有帮助的。

1.2.5 焓

焓包括了热力学能和推动功，是个组合状态函数，与热力学能一样，它不可直接测量。其具体构成为

$$H=U+pV \tag{1-10}$$

式中 H——焓，J；

U——热力学能，J；

p——压力，Pa；

V——体积，m^3。

单位质量物质的焓称为比焓：

$$h=\frac{H}{m} \tag{1-11}$$

式中 h——比焓，J/kg；

m——质量，kg。

焓的单位与热力学能的单位一致，比焓的单位与比热力学能的单位一致。

1.2.6 熵

熵的原意是热能除以温度所得的商，它标志热量转化为功的程度。熵也个导出状态函数，它是不可直接测量的。对于简单可压缩均匀系，其导出式为

$$\mathrm{d}S=\frac{\delta Q}{T} \tag{1-12}$$

积分后得

$$S = S_0 + \int_1^2 \frac{\delta Q}{T} \tag{1-13}$$

式中　S、S_0——熵和熵常数，J/K。

单位质量物质的熵称为比熵：

$$s = \frac{S}{m} \tag{1-14}$$

式中　s——比熵，J/(kg·K)。

在国际单位制中，熵的单位为J/K，比熵的单位为J/(kg·K)；在其他单位之中，则存在一定的换算关系，但它们的定义和规则，在内涵上是一致的。

需要指出的是，只有对均匀物系，上述所述比参数ν、u、h及s之定义式才成立。

状态函数是热力系统的单值函数，它们仅仅取决于热力系统所处的状态，而与达成这一状态所经历的路径无关。用数学语言来说就是，它们是点函数，其微分是全微分。

1.3 状态方程及状态的图示

热力系统处于什么状态，可以用若干对应着的状态参数来描述。当该系统在没有外界作用(指能量和物质交换)的情况下，其宏观性质不随时间而变，则称之为平衡状态。平衡状态是一种特殊的宏观状态，且往往是动态的。如图1-8所示，一个密闭容器中盛有一定量的液态水，在一定的温度下，当抽出容器上部的空气，刚开始时会有较多的水分子(动能较大者)挣脱液体分子的束缚，从液面汽化变成气态水分子，同时在液面附近也有较少的气态水分子(动能较小者)被液体俘获，变成液态水分子。当单位时间里汽化和液化的水分子数相等时，我们说此热力系统已经处于气液平衡状态，不过这并不意味着不再有水分子进出液面，因此说平衡往往是动态的。

达成平衡的热力系统各个均相部分(如气相、液相)内部拥有相同的状态参数，如温度、压力、比体积等；但不同相态部分之间的某些状态参数未必相等，如此处气相与液相的焓和熵就不会相等。

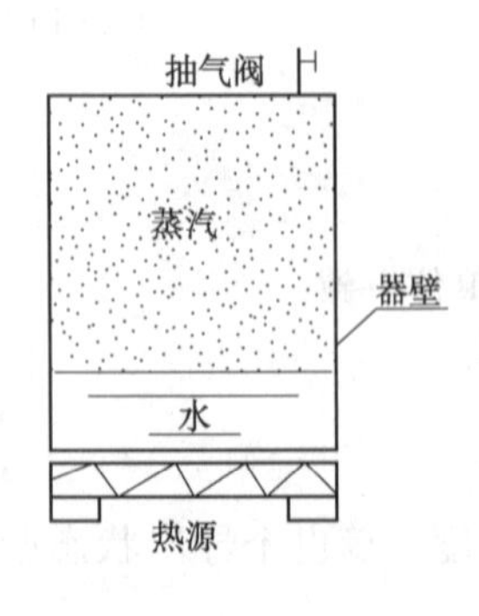

图1-8　水-气平衡

热力系统各个状态参数，从不同的角度来描述系统的某个宏观特性，且这些特性之间存在着某种关联。在某个平衡状态下，相关状态参数可以某种函数形式关联起来，这就是状态方程式。物理学的状态公理告诉我们：一定组成、一定相态的某均匀物系的某个状态参数，可以由一定数量的独立参数确定，而并非需要列出所有其他参数。例如图1-8所示系统的压力，仅仅是温度的函数；而如果该系统中掺有乙醇，那么由于组分增加了1个，总压力就不仅取决于温度，还和组成有关。

对于均相物系，我们可以把工质基本状态参数写成如下形式的关联式：

$$\nu=f(p, T) \text{或} \quad F(p, T, \nu)=0$$

这就是用于描述系统各参数之间关系的状态方程(未定)式。

如果将状态参数表达于坐标图上，即构成系统的状态参数坐标图。常用的有压-容(p-V)图和温-熵(T-s)图(图 1-9)等。图中的任意一点对应着系统的某个状态，及一对参数；反之，知道某一对参数，也能在坐标图上找到相应的点。从一个点通过任意途径到另一个点就是过程。因为一条线上有无穷多个点，因此，一个过程包含了无数的状态。需要指出的是，任何非平衡状态，因不对应确定的状态参数，因而不可能出现在坐标图上。

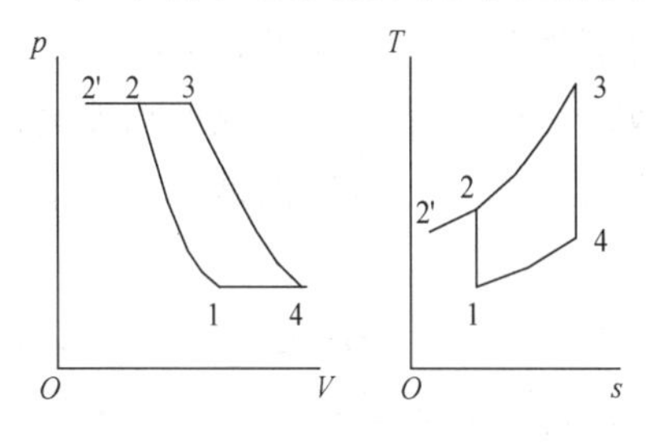

图 1-9　压容图和温熵图

1.4　过程与能量

1.4.1　过程

系统从一个状态到达另一个状态的变化过程称为热力过程，简称过程。过程中的任意一个点，代表着系统的某个状态，严格地说，这是一种平衡状态。然而，系统从一个状态变化到另一个状态，总是在有限的时间内完成的。在此过程中的每一点，系统内部各处的温度、压力等只能是逐步接近一致，不可能达到绝对一致，这样的过程称之为准平衡过程，或准静态过程，且常用连续的实线表示在坐标图上。

通常情况下，要使系统以无限接近平衡态的方式发生变化，变化的速度肯定极慢，对应的时间会很长。然而现实中也有一些过程能比较快地从非平衡状态到趋近平衡状态(经历的时间叫弛豫时间)，如气缸中的活塞运动，由于气体内部压力波的传播速度与音速相当，弛豫时间很短，此过程即可以视为准平衡过程。

系统从某状态经历一个过程到达另一个状态，再沿同一路径逆向回到原来的状态，而不给外界带来任何变化，这样的过程称为可逆过程；否则就是不可逆过程。很显然，可逆过程只可能是理想的，现实中某些过程，其逆过程无限接近于正过程的路径，也就是给外界带来的变化很小，甚至接近于零。为了计算方便，此时我们可以将它近似地看作是可逆过程。

如图 1-10 所示，容器内部有一定量的空气，上方有一活塞，活塞与器壁之间密闭且润滑良好，通过向活塞上方缓慢地加入细沙，由于重量增加，空间会逐渐地受到压缩。设加入第一颗细沙前系统处于 A 状态，加入 n 粒细沙后系统处于 B 状态。之后以同样缓慢地速度从活塞上方取走细沙，直到全部取完。这样的一个过程，只要器壁与活塞间没有摩擦，且不考虑因空气压缩而导致系统温

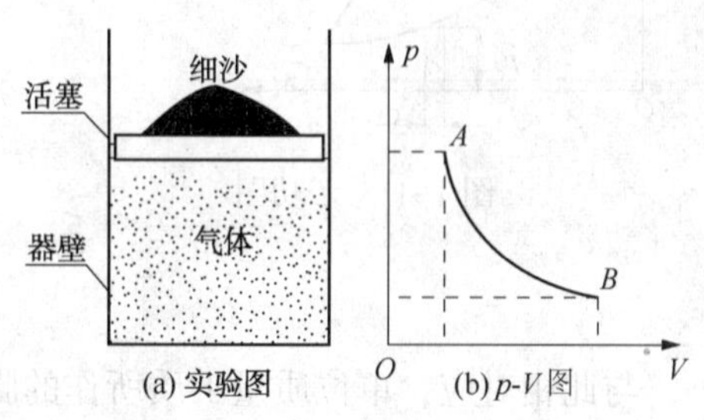

图 1-10　实验及 p-V 图

度上升，系统将完全回到 A 状态。也由于每次添加或减少的重量微乎其微，故此过程近似可以看作是一个连续的可逆过程。

事实上，活塞与器壁间缝隙越小，空气泄漏的可能性就越小，但同时运动的活塞与器壁间就越难做到没有摩擦；反之摩擦越小，空气泄漏的可能性就越大。要做到消除摩擦是不可能的，同时空气压缩温度必然升高。摩擦和升温造成的传热必然造成系统做功能力的损失，这叫耗散效应。有耗散效应存在的过程就不是可逆过程，而可逆过程是个无耗散效应的准平衡过程。

可逆过程的意义在于，为一切热力设备的工作过程提供了一个不断趋近的目标，同时一些复杂的实际热力过程经合理简化，以理想化的可逆过程来加以研究，其结果仍然可以用于指导工程实际。因此可逆过程的概念不仅具有理论意义，同时也具有重要的现实意义。

1.4.2 能量

热力系统从一个状态经历某过程到达另一个状态，在此过程中，通常都会伴随有能量的输出与输入。这种能量可能是功，也可能是热量。

（1）功与示功图

力学中将功定义为力和沿着力作用的方向发生位移的乘积。例如某物体在水平方向的力 F 的作用下沿力的方向前进了 dx，或者说从位置x_1前进到了另一位置x_2($x_2=x_1+dx$)，于是该力所做的功为

$$\delta W = F dx \text{ 或 } W = \int_{x_1}^{x_2} F dx$$

热力学中常涉及的物系不是固体而是流体，特别是气体。气体介质最大的特点是遇热膨胀，体积膨胀时所做的功称为膨胀功。

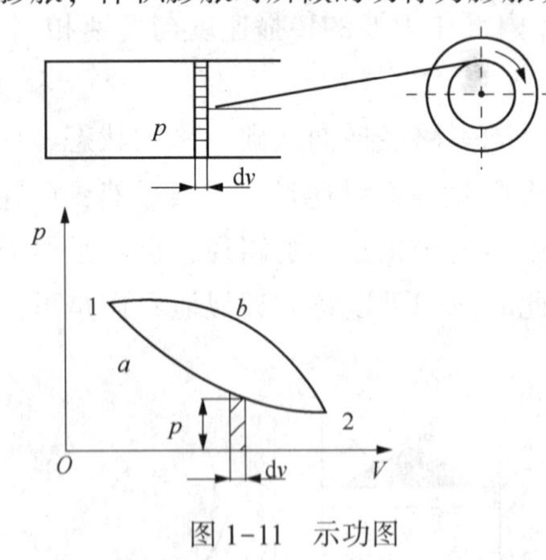

图 1-11　示功图

如图 1-11 所示，设气缸中有质量为 m 的工质，其压强为 p，活塞截面积为 A，于是工质作用在活塞上的力为 pA。假设活塞在该力的作用下向右移动了距离 dx，考虑到由此造成的压强变化很小以至忽略不计，即把此一微元过程视为准平衡过程，则工质对活塞(也是系统对环境)所作的体积功为

$$\delta W = pA dx = p dV \tag{1-15}$$

式中　dV——气缸中工质体积的增量。

若是气缸从位置x_1前进到了另一位置x_2，则经过该准平衡过程，工质所做膨胀功为

$$W = \int_{x_1}^{x_2} p dV \tag{1-16}$$

与此相对应，单位质量工质所作的膨胀功 w 为

$$w = \int_{x_1}^{x_2} p d\nu \tag{1-17}$$

式(1-14)~式(1-16)用来描述准平衡过程的膨胀功，自然完全适用于可逆过程膨胀功的计算。当然，要应用上述公式，还必须找出系统压力 p 与工质体积 V 的函数关系，这就涉及到系统所经历的具体轨迹或路径。由此也可以看出，功是个过程量，不是状态函数。因此微量功用 δW 或 δw 表示，而不是用 dW 或 dw 表示。

当 dV 为负，则表示系统被压缩，上述计算式仍然适用。热力学规定系统膨胀时，系统对外做功，计为正；系统被压缩时，是环境对系统做功，记为负。

(2) 热与示热图

热，又称热量，系以温差为传递推动力，在热力系统与环境之间交换的能量，用 Q 表示，其单位与功的单位一致，即 J。如指单位质量工质吸收或放出的热，则用 q 表示，单位为 J/kg。

热与功一样，是过程量而不是状态函数，因此微量的热只能用 δQ 或 δq 表示，而不是用 dQ 或 dq 表示。

在可逆过程中，系统与环境交换的热的计算式来自熵的定义式，也就是

$$\delta Q = T\mathrm{d}S \tag{1-18}$$

或

$$Q = \int_{s_1}^{s_2} T\mathrm{d}S \tag{1-19}$$

若以单位质量工质来进行讨论，那么对应的计算式为

$$\delta q = T\mathrm{d}s \tag{1-20}$$

$$q = \int_{s_1}^{s_2} T\mathrm{d}s \tag{1-21}$$

与 $p-v$ 图相似，在示热图($T-s$ 图)中，以熵 s 为横坐标，温度 T 为纵坐标，途中任意的一个点代表一个平衡状态，对应着一对参数(s, T)，而一条曲线则代表了一个可逆过程，图 1-12 中，$s_2>s_1$，则 $q>0$，表明这是个吸热过程；反之就是个放热过程。

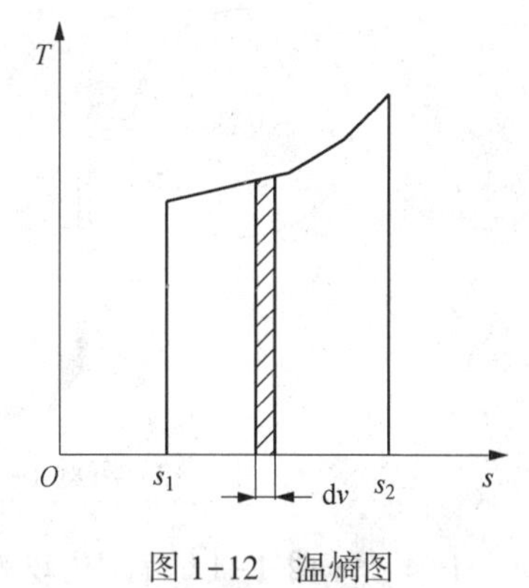

图 1-12　温熵图

经历该过程后，系统中单位质量工质所吸收的热量为即为 $q=\int_{s_1}^{s_2} T\mathrm{d}s$。与 $p-V$ 图一样，$T-s$ 图在热力过程分析中，是一个非常重要的工具。

拓展阅读——热力学性质与热物理性质

热力学性质：英文名称为 thermo dynamic property，系指与热力系统及热力过程密切相关的流体的物理性质，主要用于动力工程与工程热力学领域。

热物理性质：英文名称为 thermo physical property，系指与热物理过程相关的所有材料的物理性质，包括的范围及使用的场合比热力学性质更广。

本书即以“热工”命名，为了统一、方便起见，各种材料，包括流体的物理性质，均称为热力学性质。

思 考 题

1-1 某容器上装有一压力表以监测内部压力情况，容器密封良好，温度维持不变，更未加入或取走其中的工质，但监测人员发现最近压力表读数有所增大，这是为什么？

1-2 平衡状态与稳定状态有什么区别和联系？热力学中引入平衡状态有什么意义？

1-3 准平衡过程和可逆过程有什么区别和联系？

1-4 孤立系统是绝热系统吗？绝热系统能对外做功吗？

1-5 “过程”和“状态”有什么联系和区别？

习 题

1-1 用抽气泵从某密闭刚性容器中抽出气体，使其内部压力(绝压)维持在745mmHg，试问该系统的真空度为多少(Pa)？又若向其中充气使其表压达到0.015MPa，那么系统的内部压力为多少(Pa)？当地大气压为760mmHg。

1-2 某原油储罐直径为80m，内储密度为890kg/m^{3}原油85000t，试问原油给罐底造成的压力有多少(kg/m^2)？

1-3 如图1-13所示，用一U形管压差计测量气包内的压力。已知U形管内“汞柱”高度为45mm，“水柱”高度为15mm。当地大气压为756mmHg，试求气包内的绝压为多少(Pa)？

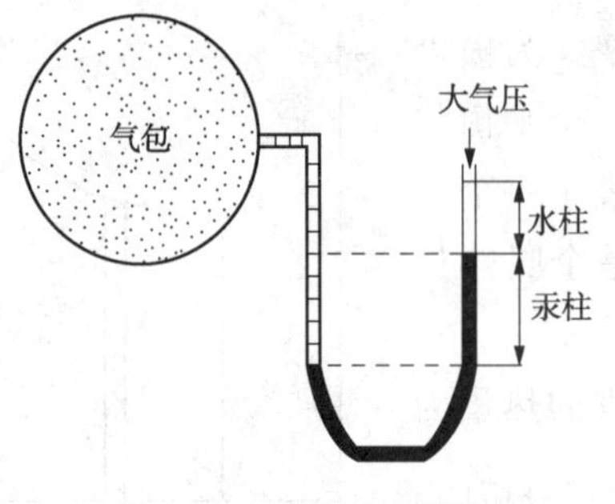

图1-13 习题1-3附图

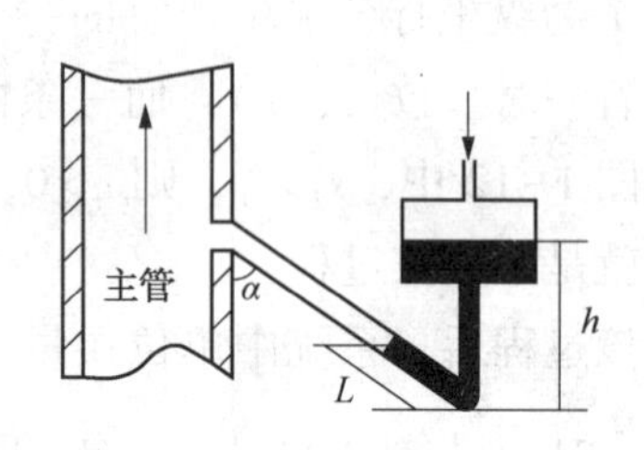

图1-14 习题1-4附图

1-4 如图1-14所示，以斜管压差计测量垂立输气主管内压力。斜管与主管间夹角α为50°，斜管内汞柱长度L为10cm，压差计立管汞柱高度h为18cm，压差计上方为当地大气压760mmHg(汞面上方有薄薄的一层水，其造成的压力可忽略不计)，试问输气主管内压力为多少(Pa)？

1-5 某热力系统经历一个可逆过程，压力与体积呈现出的关系为$pV^{1.5}=c$(常数)。系统由起始状态为压力0.25MPa，体积0.60 m^3；压缩到终了时的体积0.35 m^3。试计算在此过程中，外界对系统所做的功。

1-6 某地当天中午大气温度为32.5℃，请问气温相当于多少(℉)；又若另一地方当时的气温为86℉，请问可折算为多少(℃)？

2 热力学第一定律

热力学第一定律是一切热力过程必须遵循的能量转换与守恒定律。本章主要介绍热力学第一定律的实质及不同热力体系热力学第一定律的表述形式。

2.1 热力学第一定律概述

能量守恒与转换定律是自然界的基本规律之一。它指出：自然界中的一切物质都具有能量，能量不可能被创造，也不可能被消灭；但能量可以从一种形态转变为另一种形态，且在能量的转化过程中能量的总量保持不变。

热力学第一定律是能量守恒与转换定律在热现象中的应用，它确定了热力过程中热力系与外界进行能量交换时，各种形态的能量在数量上的守恒关系。

在工程热力学的范围内，主要考虑的是热能和机械能之间的相互转换与守恒，所以第一定律可表述为："热是能的一种，当机械能变热能，或热能变机械能的时候，它们间的比值是一定的"，或表述为"热可以变为功，功也可变为热。一定量的热消失时必产生相应量的功；消耗一定量的功时必出现与之对应的一定量的热"。

热力学第一定律是人类在实践中累积的经验总结，它不能用数学或其他的理论来证明；但第一类永动机迄今仍未造成，以及由第一定律所得出的一切推论都与实际经验相符合等事实，可以充分说明它的正确性，因而热力学第一定律也常表述为：第一类永动机是不可能制成的。

实际上，所有热能动力装置(热机)，都必须利用燃料燃烧所获得的热能来产生机械能。如前所述，在热机中，热能和机械能的转换是通过适当的热力循环实现的。在进行一个热力循环时，工质从外界接受一定的净热量，同时工质对外输出一定的净功。当然，在经历一个热力循环后，工质又回复到初始状态。所以工质本身没有发生改变。因而根据热力学第一定律，热力循环中，工质作为一个热力学系统，它所接受的净热量应该等于对外所作的净功，即

$$\oint \delta Q = \oint \delta W \tag{2-1}$$

或者按 1kg 工质计算，有

$$\oint \delta q = \oint \delta w \tag{2-2}$$

其中，热量和功的单位为J，因其单位量值较小，故工程上的常用单位为kJ。单位时间所作的功称为功率，其单位为W，而工程上的常用单位为kW及MW。

2.2 闭口系统的热力学第一定律

热力学第一定律的能量方程式是热力学中最基本的方程式之一。它不仅是对热力学系统进行能量分析的重要关系式，同时也是分析热力学系统状态参数变化关系的重要手段。闭口系统能量方程式根据热力学第一定律的能量守恒关系，集中反映了热力过程中热力学系统与外界交换的能量及系统本身的总能量 E 之间的关系。

储存于热力学系统内部各种形式能量的总和称为系统的热力学能，用符号 U 表示。我国法定计量单位中热力学能的单位是焦耳，用符号J表示。1kg物质的热力学能称为比热力学能，用符号 u 表示，其单位为J/kg。

根据气体分子运动学说，热力学能是热力状态的单值函数。在一定的热力状态下，只要分子具有一定的均方根速度和平均距离，就有一定的热力学能，而与达到这一热力状态的路径无关，因而热力学能是状态参数。按照气体分子运动学说，气体的热力学能就是气体分子和原子的动能和位能。气体分子的移动动能和转动动能加上原子的振动动能组成气体的内部动能，而气体分子间的作用力形成的分子间的位能则组成气体的内部位能。显然，气体内部动能仅和气体的温度有关，而气体的内部位能主要和气体的比体积有关。当气体的温度和比体积一定时，热力学能就有确定的数值，因而气体的热力学能是一个状态参数。若系统中工质的质量为 m，总热力学能为 U，则1kg工质的热力学，为 $u=\frac{U}{m}$，称为比热力学能。

由于气体的热力状态可由两个独立状态参数决定，所以热力学能一定是两个独立状态参数的函数，如：

$$u=f(T, v),\ u=f(T, p),\ u=f(p, v) \tag{2-3}$$

一般来说系统的总能量 E 除了由系统热力学状态所确定的系统本身的能量，即热力学能 U 外，还包括由系统整体力学状态确定的系统宏观运动的动能 E_k 及系统的重力位能 E_p，即热力学能与宏观运动动能及位能的总和，叫做工质的总储存能，简称总能。

$$E=U+E_k+E_p \tag{2-4}$$

对于一个闭口系统来说，热力过程中它和外界间的能量交换只限于通过边界传递热量 Q 和功 W。与此同时，由于系统的状态发生变化，系统本身的能量也有变化。一般情况下，闭口系统不作整体位移，E_k 和 E_p 的变化均为零。对于这种系统，系统本身的能量 E 中，只有热力学能 U 可能发生变化。于是根据热力学第一定律的能量守恒原理，在微元热力过程中系统的能量平衡可以表示为

$$\delta Q=\mathrm{d}U+\delta W \tag{2-5}$$

而对于热力过程1-2，则可表示为

$$Q_{1-2}=(U_2-U_1)+W_{1-2} \tag{2-6}$$

如按系统中每 1kg 工质计算，则由上述两式可得到

$$\delta q=\mathrm{d}u+\delta w \tag{2-7}$$

$$q_{1-2}=(u_2-u_1)+w_{1-2} \tag{2-8}$$

上述四个公式称为闭口系统能量方程式。它们说明：闭口系统在热力过程中从外界接受的热量一部分用于增加系统的热力学能，另一部分用于对外界做功。

上述公式中各项的正负号规定为：系统吸热为正，放热为负；系统对外界做功为正，外界对系统做功为负。

在导出上述公式时，没有对过程进行的条件作任何规定，故公式既可用于准静态过程和可逆过程，也可用于非准静态过程和不可逆过程。但无论用于何种过程，为了能确定初始状态及终了状态下系统的热力学能，至少该两状态应该是平衡状态。

当系统所经过的过程为微元可逆过程时，过程中系统对外界所作的容积变化功可以用 $p\mathrm{d}V$ 的形式表示，于是式(2-4)~式(2-8)可以表示如下：

对微元可逆过程，闭口系统能量方程式为

$$Q=\mathrm{d}U+p\mathrm{d}V \tag{2-9}$$

对可逆过程 1-2，则有

$$Q_{1-2}=(U_2-U_1)+\int_1^2 p\mathrm{d}V \tag{2-10}$$

如按系统中每 1kg 工质计算，则由上述两式可得到

$$q=\mathrm{d}u+p\mathrm{d}\nu \tag{2-11}$$

$$q_{1-2}=(u_2-u_1)+\int_1^2 p\mathrm{d}\nu \tag{2-12}$$

在应用上述能量方程式时，必须注意方程式所适用的条件和各项能量的正负号及单位。对于循环过程，$\oint\delta Q=\oint\delta W+\oint\mathrm{d}U$，完成一个循环后，工质恢复到原来状态，由于热力学能是状态参数，所以 $\oint\mathrm{d}U=0$。于是 $\oint\delta Q=\oint\delta W$

即闭口系统完成一个循环后，它在循环中与外界交换的净热量等于与外界交换的净功量。

2.3 开口系统的热力学第一定律

许多能量转换装置工作时不断有工质流过设备。分析这类装置时，常采用开口系统即控制体的分析方法。在推导开口系统热力学第一定律时，首先介绍下流动功和焓的概念。

如图 2-1 所示为工质经管道进入气缸的过程。设工质的状态参数是 p、ν、T，用 $p-V$ 图中的点 C 表示，移动过程中工质的状态参数不变。工质作用在面积为 A 的活塞上的力为 pA，当工质流入气缸时推动活塞移动了距离 Δl，所作的功为 $pa\Delta l$。式中 m 表示进入气缸的工质质量。这一份功叫做推动功。1kg 工质的推动功等于 $p\nu$，如图 2-1 中矩形面积所示。

在做推动功时工质的状态没有改变，因此它的热力学能也未改变。传递给活塞的能量显然是别处传来的，譬如在后方某处有另外一个活塞在推动工质使它流动。这样的物质系称为外部功源，它与系统只交换功量。例如对于汽轮机，蒸汽进入汽轮机所传递的推动功

来源于锅炉中定压吸热汽化的水在汽化过程中的膨胀功。锅炉中不断汽化的水即为进入汽轮机蒸汽的外部功源。工质(如蒸汽)在移动位置时总是从后向前获得推动功，而对前面作出推动功，即使没有活塞存在时也完全一样。工质在传递推动功时没有热力状态的变化，当然也不会有能量形态的变化，此处工质所起的作用只是单纯地运输能量，像传输带一样。需要强调的是，推动功只有在工质移动位置时才起作用。

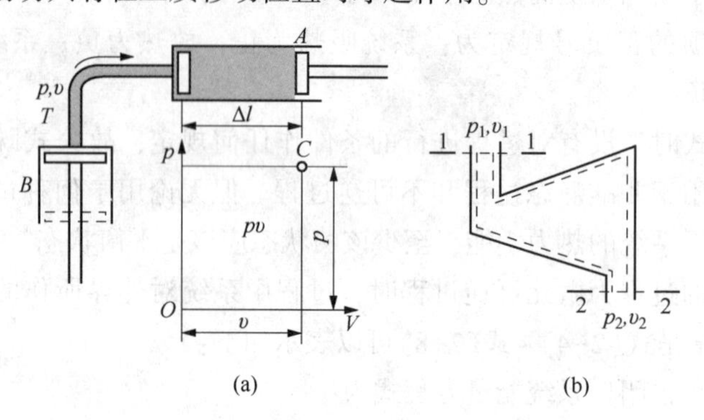

图 2-1　推动功

下面进一步考察开口系统和外界之间功的交换。如图 2-1(b)所示，取燃气轮机为一开口系统，当 1kg 工质从截面 1-1 流入该热力系统时，工质带入系统的推动功为 $p_1\nu_1$，工质在系统中进行膨胀，由状态 1 膨胀到状态 2，作膨胀功 w，然后从截面 2-2 流出，带出系统的推动功为 $p_2\nu_2$。推动功差 $\Delta(p\nu)=p_2\nu_2-p_1\nu_1$ 是系统为维持工质流动所需的功，称为流动功。故而，在不考虑工质的动能及位能变化时，开口系与外界交换的功量是膨胀功与流动功之差，即 $w-(p_2\nu_2-p_1\nu_1)$；若计入工质的动能和位能的变化，则还应计入动能差及位能差。

在各种方式的能量传递过程中，往往是在工质膨胀做功时实现热能向机械能的转化。机械能转化为热能的过程虽然还可以由摩擦、碰撞等来完成，但只有通过对工质压缩做功的转化过程才有可能是可逆的，所以热能和机械能的可逆转换总是与工质的膨胀和压缩联系在一起的。

在有关热工计算中时常有 $U+pV$ 出现，为了简化公式和简化计算，把它定义为焓，用符号 H 表示，即

$$H=U+pV \tag{2-13}$$

1kg 工质的焓称为比焓，用 h 表示，即

$$h=u+p\nu \tag{2-14}$$

式(2-14)就是焓的定义。从式中可以看出，焓的单位是 J，比焓的单位是 J/kg。从上式还可以看出，焓是一个状态参数。在任一平衡状态下，u、p 和 ν 都有一定的值，因而焓 h 也有一定的值，而与达到这一状态的路径无关。这符合状态参数的基本性质，满足状态参数的定义，因而焓也就一定具备状态参数的其他特点。从式(2-3)知，u 既然可以表示 p 和 ν 的函数，所以

$$h=u+p\nu=f(p,\ \nu) \tag{2-15}$$

因此，焓也可以表示成另外两个独立状态参数的函数，即

$$h=f(p,\ T),\ h=f(T,\ v) \tag{2-16}$$

同样还有

$$\Delta h_{1-a-2}=\Delta h_{1-b-2}=\int_1^2 \mathrm{d}h=h_2-h_1 \tag{2-17}$$

和

$$\oint \mathrm{d}h=0 \tag{2-18}$$

$u+pv$ 的合并出现并不是偶然的。u 是 1kg 工质的热力学能，是储存于 1kg 工质内部的能量。如上节所说，pv 可为 1kg 工质的推动功，即 1kg 工质移动时所传输的能量。当 1kg 工质通过一定的界面流入热力系统时，储存于它内部的热力学能当然随着也带进了系统，同时还把从外部功源获得的推动功加带进了系统，因此系统中因引进 1kg 工质而获得的总能量是热力学能与推动功之和($u+pv$)，这正是由式(2-14)表示的比焓。在热力设备中，工质总是不断地从一处流到另一处，随着工质的移动而转移的能量不等于热力学能而等于焓，故在热力工程的计算中焓有更广泛的应用。

下面给出热力学开口系统的热力学第一定律的推导及公式。

热力学第一定律的能量方程式就是系统变化过程的能量平衡方程式，是分析状态变化过程的基本方程式。它可以从系统在状态变化工程中各项能量的变化和它们的总量守恒这一原则推出。把热力学第一定律的原则应用于系统中的能量变化时可以写成如下形式：

进入系统的能量-离开系统的能量=系统中存储能量的变化量 (2-19)

如图 2-2 所示为一开口系统示意图。在 $\mathrm{d}\tau$ 时间内进行一个微元过程：质量为 δm_1(体积为 $\mathrm{d}V_1$)的微元工质流入进口截面 1-1，质量为 δm_2(体积为 $\mathrm{d}V_2$)的微元工质流出出口截面 2-2；同时系统从外界接受热量 δQ，对机器设备做功 δW_i。W_i 表示工质在机器内部对机器所作的功，称做内部功，以别于机器的轴上向外传出的轴功 W_s，两者的差额是机器各部分摩擦引起的损失，忽略摩擦损失时两者相等。完成该微元过程后系统内工质质量增加了 $\mathrm{d}m$，系统的总能量增加了 $\mathrm{d}E_{CV}$。

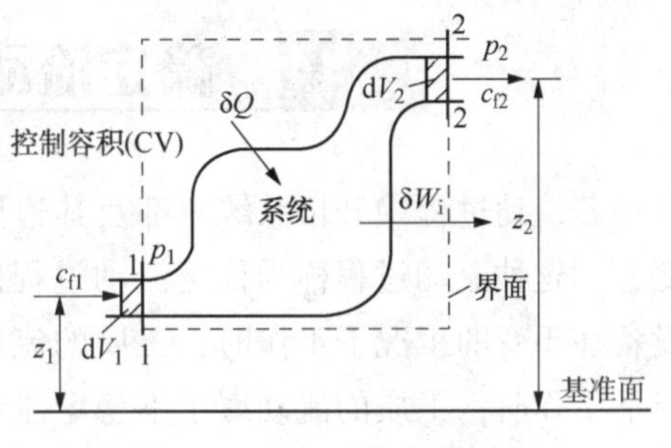

图 2-2 开口系统能量平衡

考察该微元过程中的能量平衡：

进入系统的能量 $\mathrm{d}E_1+p_1\mathrm{d}V_1+\delta Q$

离开系统的能量 $\mathrm{d}E_2+p_2\mathrm{d}V_2+\delta W_i$

控制容积的储存能增量 $\mathrm{d}E_{CV}$

式中 $\mathrm{d}E_1$、$\mathrm{d}E_2$——微元过程中工质带进和带出系统的总能，$\mathrm{d}E_1=\mathrm{d}(U_1+E_{k1}+E_{p1})$、$\mathrm{d}E_2=\mathrm{d}(U_2+E_{k2}+E_{p2})$；

$\mathrm{d}E_{CV}$——控制容积内总能的增量，$\mathrm{d}E_{CV}=\mathrm{d}(U+E_k+E_p)_{CV}$；

$p_1\mathrm{d}V_1$、$p_2\mathrm{d}V_2$——微元工质流入和流出系统的推动功。

于是据式(2-19)有

$$\mathrm{d}E_1+p_1\mathrm{d}V_1+\delta Q-(\mathrm{d}E_2+p_2\mathrm{d}V_2+\delta W_i)=\mathrm{d}E_{CV}$$

整理得

$$\delta Q = \mathrm{d}E_{CV} + (\mathrm{d}E_2 + p_2\mathrm{d}V_2) - (\mathrm{d}E_1 + p_1\mathrm{d}V_1) + \delta W_i$$

考虑到 $E=me$ 和 $V=mv$，且 $h=u+pv$，则上式可改写成

$$\delta Q = \mathrm{d}E_{CV} + \left(h_2 + \frac{c_{f2}^2}{2} + gz_2\right)\delta m_2 - \left(h_1 + \frac{c_{f1}^2}{2} + gz_1\right)\delta m_1 + \delta W_i \tag{2-20}$$

如果流进流出控制容积的工质各有若干股，则式(2-19)可写成

$$\delta Q = \mathrm{d}E_{CV} + \sum_j \left(h + \frac{c_f^2}{2} + gz\right)_{out} \delta m_{out} - \sum_i \left(h + \frac{c_f^2}{2} + gz\right)_{in} \delta m_{in} + \delta W_i \tag{2-21}$$

若考虑单位时间内的系统能量关系，则仅需在式(2-21)两边均除以 $\mathrm{d}\tau$。令 $\frac{\delta Q}{\mathrm{d}\tau}=\Phi$，$\frac{\delta m_{in}}{\mathrm{d}\tau}=q_{m,in}$，$\frac{\delta m_{out}}{\mathrm{d}\tau}=q_{m,out}$ 及 $\frac{\delta W_i}{\mathrm{d}\tau}=P_i$。

式中 Φ、q_m、P_i——单位时间内的热流量、质量流量及内部功量，称为热流率、质流率和内部功率。

于是

$$\Phi = \frac{\mathrm{d}E_{CV}}{\mathrm{d}\tau} + \sum_j \left(h + \frac{c_f^2}{2} + gz\right)_{out} q_{m,out} - \sum_i \left(h + \frac{c_f^2}{2} + gz\right)_{in} q_{m,in} + p_i \tag{2-22}$$

式(2-20)~式(2-22)称为开口系能量方程的一般表达式。

2.4 稳定流动能量方程式及其应用

若流动过程中开口系统内部及其边界上各点工质的热力参数及运动参数都不随时间而变，则这种流动过程称为稳定流动过程；反之，则为不稳定流动或瞬变流动过程。当热力设备在不变的工况下工作时，工质的流动可视为稳定流动过程；当其在启动、加速等变工况下工作时，工质的流动属于不稳定流动过程。一般，设计热力设备时均按稳定流动过程计算。下面从开口系能量方程的一般表达式导出稳定流动能量方程式。

因为稳定流动时热力系统任何截面上工质的一切参数都不随时间而变，因此稳定流动的必要条件可表示为

$$\frac{\mathrm{d}E_{CV}}{\mathrm{d}\tau}=0, \qquad \sum q_{m,in} = \sum q_{m,out}$$

如图 2-2 所示，在只有单股流体进出时，有

$$q_{m1} = q_{m2} = q_m$$

将这些条件代入式(2-22)，并用 q_m 除式(2-22)，得到

$$q = \Delta h + \frac{1}{2}\Delta c_f^2 + g\Delta z + w_i \tag{2-23}$$

或写成微量形式

$$\delta q = \mathrm{d}h + \frac{1}{2}\mathrm{d}c_f^2 + g\mathrm{d}z + \delta w_i \tag{2-24}$$

式中 q、w_i——1kg 工质进入系统后，系统从外界吸入的热量和在机器内部作的功。

当流入质量为 m 的流体时，稳定流动能量方程可写为

$$Q=\Delta H+\frac{1}{2}m\Delta c_f^2+mg\Delta z+W_i \tag{2-25}$$

或写成微量形式

$$\delta Q=\mathrm{d}H+\frac{1}{2}m\mathrm{d}c_f^2+mg\mathrm{d}z+\delta W_i \tag{2-26}$$

式(2-23)~式(2-26)为不同形式的稳定流动能量方程式，它们是根据能量守恒与转换定律导出的，除流动必须稳定外无任何附加条件，故而不论系统内部如何改变，有无扰动或摩擦，均能应用，是工程上常用的基本公式之一。

由式(2-23)可得

$$q-\Delta u=\frac{1}{2}c_f^2+g\Delta z+\Delta(pv)+W_i \tag{2-27}$$

上式等号右边由四项组成，前两项，即 $\frac{1}{2}\Delta c_f^2$ 和 $g\Delta z$ 是工质机械能的变化；第三项 $\Delta(pv)$ 是维持工质流动所需的流动功；第四项 w_i 是工质对机器作的功。它们均源自于工质在状态变化过程中通过膨胀而实施的热能转变成的机械能。等式左边是工质在过程中的容积变化功。因此上式说明，工质在状态变化过程中从热能转变而来的机械能总等于膨胀功。由于机械能可全部转变为功，所以 $\frac{1}{2}\Delta c_f^2$、$g\Delta z$ 及 w_i 之和是技术上可以利用的功，称之为技术功，用 w_i 表示：

$$w_t=w_i+\frac{1}{2}(c_{f2}^2-c_{f1}^2)+g(z_2-z_1) \tag{2-28}$$

由式(2-27)并考虑到 $q-\Delta u=w$，则

$$w_t=w-\Delta(pv)=w-(p_2v_2-p_1v_1) \tag{2-29}$$

对可逆过程

$$w_t=\int_1^2 p\mathrm{d}v+p_1v_1-p_2v_2=\int_1^2 p\mathrm{d}v-\int_1^2 \mathrm{d}(pv)=-\int_1^2 v\mathrm{d}p \tag{2-30}$$

其中 $-v\mathrm{d}p$ 可用图 2-3 中画斜线的微元面积表示，$-\int_1^2 v\mathrm{d}p$ 则可用面积 5-1-2-6-5 表示。

在微元过程中，则

$$\delta w_t=-v\mathrm{d}p \tag{2-31}$$

由式(2-30)可见，若 $\mathrm{d}p$ 为负，即过程中工质压力降低，则技术功为正，此时工质对机器做功；反之机器对工质做功。蒸汽轮机、燃气轮机属于前一种情况，活塞式压气机和叶轮式压气机属于后一种情况。

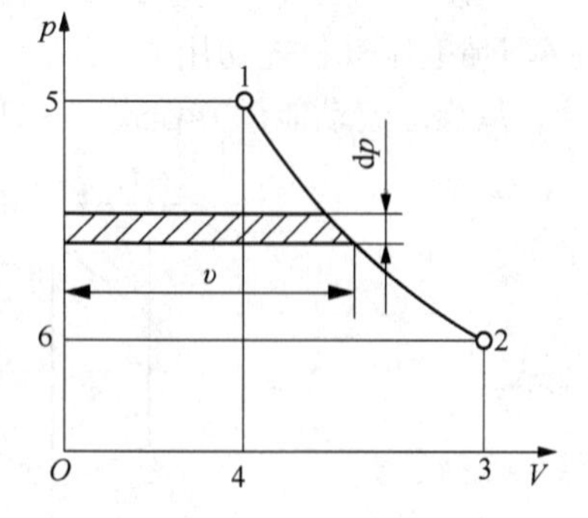

图 2-3　技术功的表示

引进技术功概念后，稳定流动能量方程式(2-23)可写为

$$q=h_2-h_1+w_t=\Delta h+w_t \tag{2-32}$$

对于质量为 m 的工质，则

$$Q=\Delta H+W_t \tag{2-33}$$

对于微元过程，有

$$\delta q=dh+\delta w_t \tag{2-34}$$

$$\delta Q=dH+\delta W_t \tag{2-35}$$

若过程可逆，则

$$q=\Delta h-\int_1^2 v dp,\ \delta q=dh-vdp \tag{2-36}$$

$$Q=\Delta H-\int_1^2 V dp,\ \delta Q=dH-Vdp \tag{2-37}$$

式(2-32)也可由热力学第一定律的解析式直接导出：

$$\delta q=du+pdv=d(h-pv)+pdv=dh-pdv-vdp+pdv=dh-vdp$$

因此，热力学第一定律的各种能量方程式在形式上虽有不同，但由热变功的实质都是一致的，只是不同场合不同应用而已。

热力学第一定律的能量方程式在工程上应用很广，可用于计算任何一种热力设备中能量的传递和转化。闭口系统能量方程式反映出热力状态变化过程中热能和机械能的互相转化。开口系统能量方程式虽然与闭口系统的形式不同，但由热能转化成的机械能仍是相当于$(q-\Delta u)$的膨胀功 w。因此，从热功互换角度来看，式(2-6)才是热力状态变化过程的核心，是最基本的能量方程。

在应用能量方程分析问题时，应根据具体问题的不同条件，作出某种假定和简化，使能量方程更加简单明了。下面举例说明。

(1) 动力机

工质流经汽轮机、燃气轮机等动力机(图 2-4)时，压力降低，对机器做功；进口和出口的速度相差不多，动能差很小，可以不计；对外界略有散热损失，q 是负的，但数量通常不大，也可忽略；位能差极微，可以不计。把这些条件代入稳定流动能量方程式(2-23)，可得 1kg 工质对机器所作的功为

$$w_i=h_1-h_2=w_t$$

(2) 压气机

工质流经压气机(图 2-5)时，机器对工质做功，使工质升压；工质对外界略有放热，w_i(习惯上压气机耗功用 w_C 表示，且令 $w_C=-w_i$)和 q 都是负的；动能差和位能差可忽略不计。从稳定流动能量方程式(2-23)可得对每千克工质需做功为

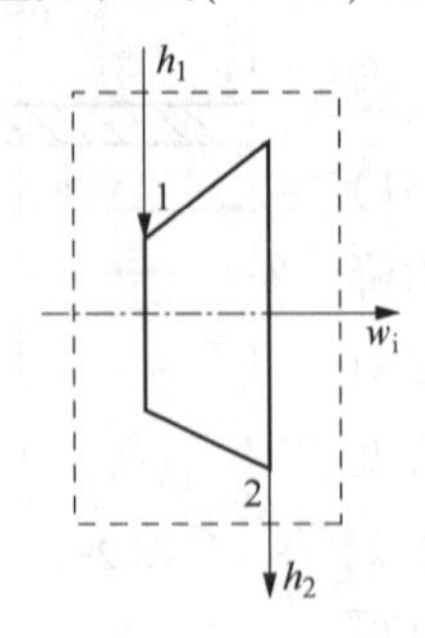

图 2-4　动力机能量平衡

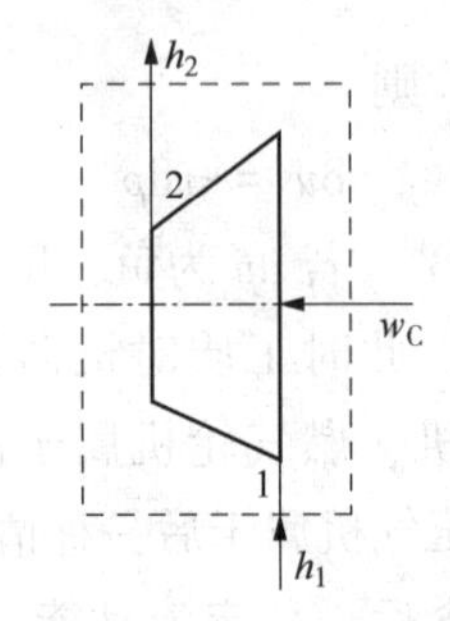

图 2-5　压气机能量平衡

$$w_C=-w_i=(h_2-h_1)+(-q)=-w_t$$

(3) 换热器

工质流经锅炉、回热器等热交换器(图 2-6)时和外界有热量交换而无功的交换，动能差和位能差也可忽略不计。若工质流动是稳定的，从式(2-23)可得 1kg 工质的吸热量为

$$q=h_2-h_1$$

(4) 管道

工质流经诸如喷管、扩压管等这类设备(图 2-7)时，不对设备做功，位能差很小，可不计；因喷管长度短，工质流速大，来不及和外界交换热量，故热量交换也可忽略不计。若流动稳定，则用式(2-23)可得 1kg 工质动能的增加为

$$\frac{1}{2}(c_{f2}^2-c_{f1}^2)=h_1-h_2$$

(5) 节流

工质流过阀门(图 2-8)时流动截面突然收缩，压力下降，这种流动称为节流。由于存在摩擦和涡流，流动是不可逆的。在离阀门不远的两个截面处，工质的状态趋于平衡。

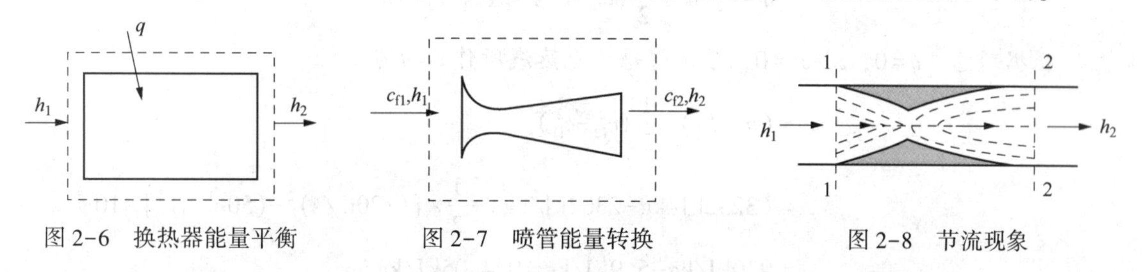

图 2-6　换热器能量平衡　　图 2-7　喷管能量转换　　图 2-8　节流现象

设流动是绝热的，前后两截面间的动能差和位能差忽略不计，又不对外界做功，则对两截面间的工质应用稳定流动能量方程式(2-23)，可得节流前后焓值相等，即

$$h_1=h_2$$

【例 2-1】　如图 2-9 所示，一定量气体在气缸内体积由 $0.9m^3$。可逆地膨胀到 $1.4m^3$，过程中气体压力保持定值，且 $p=0.2MPa$。若在此过程中气体热力学能增加 12000J，试求：

① 求此过程中气体吸入或放出的热量。

② 若活塞质量为 20kg，且初始时活塞静止，求终态时活塞的速度。已知环境压力 $p_0=0.1MPa$。

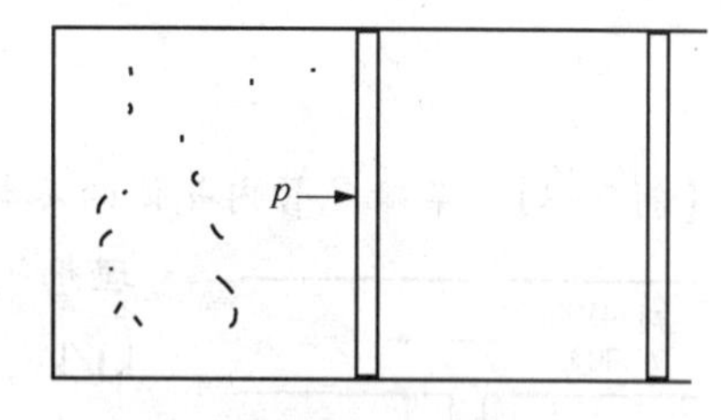

图 2-9　例 2-1 附图

解：①取气缸内的气体为系统。这是闭口系，其能量方程为

$$Q=\Delta U+W$$

由题意　$\Delta U=U_2-U_1=12000J$

由于过程可逆，且压力为常数，故

$$W=\int_1^2 p\mathrm{d}V=P(V_2-V_1)=0.2\times10^6\mathrm{Pa}\times(1.4\mathrm{m}^3-0.9\mathrm{m}^3)=100000\mathrm{J}$$

所以
$$Q=12000J+100000J=112000J$$

因此，过程中气体自外界吸热 112000J。

② 气体对外界作功，一部分用于排斥活塞背面的大气，另一部分转变成活塞的动能增量。所以大气压力做功为

$$W_r = p_0 \Delta V = p_0(V_2 - V_1) = 0.1 \times 10^6 \text{Pa} \times (1.4\text{m}^3 - 0.9\text{m}^3) = 50000\text{J}$$

因此

$$W_u = \int_1^2 p\text{d}V - W_r = 100000\text{J} - 50000\text{J} = 50000\text{J}$$

因为

$$\Delta E_k = W_u = \frac{m}{2}(c_2^2 - c_1^2)$$

所以

$$c_2 = \sqrt{\frac{2W_u}{m} + c_1^2} = \sqrt{\frac{2W_u}{m}} = \sqrt{\frac{2\times 50000\text{J}}{20\text{kg}}} = 70.7\text{m/s}$$

【例 2-2】 已知新蒸汽流入汽轮机时的焓 $h_1 = 3232\text{kJ/kg}$，流速 $c_{f1} = 50\text{m/s}$；乏汽流出汽轮机时的焓 $h_2 = 2302\text{kJ/kg}$，流速 $c_{f2} = 120\text{m/s}$。散热损失和位能差可略去不计。试求每千克蒸汽流经汽轮机时对外界所做的功。若蒸汽流量是 10t/h，求汽轮机的功率。

解：由式(2-26)

$$q = h_2 - h_1 + \frac{1}{2}(c_{f2}^2 - c_{f1}^2) + g(z_2 - z_2) + w_i$$

根据题意，$q=0$，$z_2 - z_1 = 0$，于是得每千克蒸汽所作的功为

$$w_i = (h_1 - h_2) - \frac{1}{2}(c_{f2}^2 - c_{f1}^2)$$

$$= (3232\text{kJ/kg} - 2302\text{kJ/kg}) - \frac{1}{2} \times [(120\text{m/s})^2 - (50\text{m/s})^2] \times 10^{-3}$$

$$= 930\text{kJ/kg} - 5.9\text{kJ/kg} = 924.05\text{kJ/kg}$$

其中 5.95kJ/kg 是工质经汽轮机时动能的增加，可见工质流速在每秒百米数量级时动能的影响仍不大。

工质每小时做功

$$W_i = q_m w_i = 10 \times 10^3 \text{kg/h} \times 924.05\text{kJ/kg} = 9.24 \times 10^6 \text{kJ/h}$$

故汽轮机功率为

$$p = \frac{W_i}{3600} = 2567\text{kW}$$

【例 2-3】 某输气管内气体的参数为 $p_1 = 4\text{MPa}$、$t_1 = 30℃$、$h_1 = 303\text{kJ/kg}$。设该气体是理想气体，它的热力学能与温度之间的关系为 $u = 0.72\{T\}_K$ kJ/kg，气体常数 $R_g = 287\text{J/(kg·K)}$。现将 1m^3 的真空容器与输气管连接，打开阀门对容器充气，直至容器内压力达 4MPa 为止。充气时输气管中气体参数保持不变，问充入容器的气体量为多少千克(设气体满足状态方程 $pV = mR_gT$)？

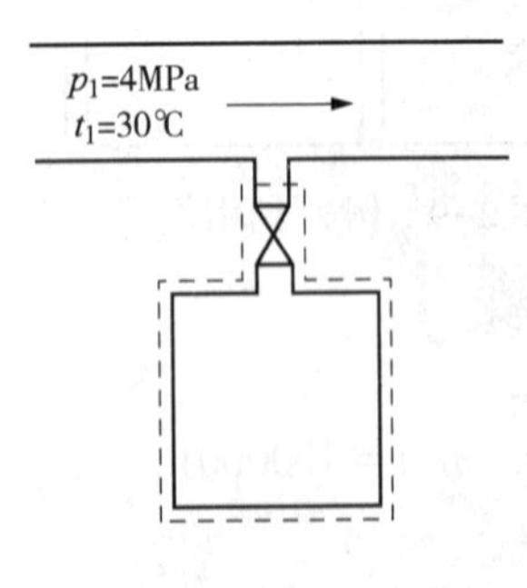

图 2-10 例 2-3 附图

解：图 2-10 为输气管及容器的示意图。若取容器为热力系统，则该系统为一开口系统，可利用方程式(2-20)计算。由题意，充气过程的条件是

$$\delta Q = 0,\ \delta w_i = 0,\ \delta m_2 = 0$$

将上述条件代入式(2-20)，忽略充入气体的动能及位能，并用脚标 in 代替 1 表示进入

容器的参数，即把 δm_1 改为 δm_{in}，把 h_1 改为 h_{in}，表示进入容器的质量和每千克工质的焓。于是得

$$dE_{CV}=h_{in}\delta m_{in}$$

在充气过程中系统本身的宏观动能可忽略不计，因此系统的总能即为系统的热力学能。这样，上式可写成

$$d(mu)_{CV}=h_{in}\delta m_{in}$$

对上式进行积分可得

$$\int d(mu)_{CV}=\int h_{in}\delta m_{in}$$

因输气管中参数不变，故 h_{in} 为常数，上式简化为

$$(mu)_2-(mu)_1=h_{in}\delta m_{in}$$

即
$$U_2=m_2u_2=h_{in}m_{in}$$

容器在充气前为真空，即 $m_1=0$；充气后质量为 m_2，它等于充入容器的质量 m_{in}。这时上式又可写成

$$U_2=m_2u_2=m_{in}h_{in}$$

对 1kg 气体

$$u_2=h_{in}$$

因此，由题意

$$u_2=h_{in}=303\text{kJ/kg}$$

$$T_2=\frac{303\text{kJ/kg}}{0.72\text{kJ/(kg}\cdot\text{K)}}=420.83\text{K}$$

由状态方程可得充入容器的气体质量为

$$m=\frac{pV}{R_gT}=\frac{40\times10^5\text{Pa}\times1\text{m}^3}{287\text{J/(kg}\cdot\text{K)}\times420.83\text{K}}=33.12\text{kg}$$

本题也可直接从系统能量平衡的基本表达式(2-19)出发求解。据题意，进入的能量为 $h_{in}m_{in}$。离开系统的能量为零；系统中储存能的增量是 $(m_2u_2-0)=m_{in}u_2$，所以立刻可得 $m_{in}u_2=m_{in}h_{in}$ 管道中气体的温度是 $t=30℃$，即 303.15K，而充入原为真空的容器内后升高为 420.83K。温度升高表明理想气体的热力学能增大，这是由于气体进入系统时，外界通过进入系统的工质传递进入系统的推动功转换成热能所致。这里，我们可以确确实实“感受”到推动功的存在。

【例 2-4】 一可自由伸缩不计张力的容器内有压力 $p=0.8\text{MPa}$、温度 $t=27℃$ 的空气 74.33kg。由于泄漏，压力降至 0.75MPa，温度不变。称重后发现少了 10kg，不计容器热阻，求过程中通过容器的换热量。已知大气压力 $p_0=0.1\text{MPa}$，温度 $t_0=27℃$，且空气的焓和热力学能分别服从 $h=1005\{T\}_K\text{kJ/kg}$ 及 $u=718\{T\}_K\text{kJ/kg}$。

解：取容器为控制容积，先求初终态容积。初态时

$$V_1=\frac{m_1R_gT_1}{p_1}=\frac{74.33\text{kg}\times287\text{J/(kg}\cdot\text{K)}\times(273+27)\text{K}}{0.8106\text{Pa}}=8.0\text{m}^3$$

终态时

$$m_2 = m_1 - 10\text{kg} = 74.33\text{kg} - 10\text{kg} = 64.33\text{kg}$$

$$V_2 = \frac{m_2 R_g T_2}{p_2} = \frac{64.33\text{kg} \times 287\text{J}/(\text{kg}\cdot\text{K}) \times 300\text{K}}{0.75 \times 10^6\text{Pa}} = 7.39\text{m}^3$$

泄漏过程是不稳定流动放气过程，列出微元过程的能量守恒方程：

加入系统的能量　$\delta Q + \delta W$

离开系统的能量　$h\delta m$

系统储存能的增量　$\mathrm{d}U$

$$\delta Q + \delta W - h\delta m = \mathrm{d}U$$

据题意，容器无热阻，故过程中容器内空气维持27℃不变，因此过程中空气的比焓 h 及比热力学能 u 是常数；同时因不计张力，故空气与外界交换功仅为容积变化功，即环境大气对之做功。对上式积分可得

$$Q - p_0 + (V_1 - V_2) - h(m_1 - m_2) = \Delta U$$

所以

$$\begin{aligned} Q &= (U_1 - U_2) + h(m_1 - m_2) - p_0(V_1 - V_2) \\ &= (m_2 u_2 - m_1 u_1) + h(m_1 - m_2) - p_0(V_1 - V_2) \\ &= u(m_2 - m_1) + h(m_1 - m_2) - p_0(V_1 - V_2) \\ &= (m_1 - m_2)(h - u) - p_0(V_1 - V_2) \\ &= 10\text{kg} \times [1005\text{J}/(\text{kg}\cdot\text{K}) - 718\text{J}/(\text{kg}\cdot\text{K})] \times 300\text{K} - \\ &\quad 0.1 \times 10^6\text{Pa} \times (8.0\text{ m}^3 - 7.39\text{ m}^3) = 8 \times 10^5\text{J} \end{aligned}$$

本题也可取初始时在容器内的全部空气为热力系(闭口系)求解。此时终态空气分两部分：一部分留在容器内；另一部分在大气中(可假想有一边界使之与大气分开)，压力为 p_0，温度为 T_0。此时，能量方程为

$$Q = \Delta U + W$$

若用 u_2' 和 v_2' 分别表示漏入大气中空气的比热力学能和比体积，则

$$\begin{aligned} & m_2 u_2 + (m_1 - m_2) u_2' - m_1 u_1 + p_0[(V_2 + V_2') - V_1] \\ &= m_1(u_2 - u_1) + m_2(u_2 - u_2') + p_0\left[(V_2 - V_1) + \frac{(m_1 - m_2) R_g T_0}{p_0}\right] \end{aligned}$$

上式等号右侧前两项是初、终态空气的热力学能差，第三项是因热力系体积变化而与外界交换的功量。由于过程中空气温度不变且等于环境大气温度，据题意，空气的比热力学能 $u_1 = u_2 = u_2'$，故而

$$\begin{aligned} Q &= p_0(V_2 - V_1) + (m_1 - m_2) R_g T_0 \\ &= 0.1 \times 10^6\text{Pa} \times (7.39\text{ m}^3 - 8.0\text{ m}^3) + \\ &\quad 10\text{kg} \times 287\text{J}/(\text{kg}\cdot\text{K}) \times 300\text{K} = 8 \times 10^5\text{J} \end{aligned}$$

可见，选取热力系不同，列出的方程也随之改变。应通过大量练习使自己能熟练列出各种不同条件下不同的能量方程式。

归纳上述三个例题，求解开口系统问题时应注意控制容积的储存能变化应是控制容积的总能变化。若忽略动能及位能的变化，就只是热力学能的变化，不要误为是焓的变化。

求解时可以直接利用开口系统一般能量方程及(在稳定流动时)稳定流动能量方程；也可以利用系统能量平衡的基本表达式建立能量方程，此时需注意，若为稳定流动，内部储存能增量应是零；还可以采用控制质量分析法，利用闭口系统能量方程，但此时方程中各项内应计入过程中流进和流出系统工质的相应值。

拓展阅读——第一类永动机

第一类永动机：英文名称为 The first perpetual motion engine，是指某物质循环一周回复到初始状态，不吸热而向外放热或做功，这叫“第一类永动机”。这种机器不消耗任何能量，却可以源源不断地对外做功。

焦耳在1840—1848年间做了大量实验，焦耳实验表明，自然界的一切物质都具有能量，它可以有多种不同的形式，但通过适当的装置，能从一种形式转化为另一种形式，在相互转化中，能量的总数量不变。能量守恒转换定律的建立，对制造永动机的幻想作了最后的判决，因而热力学第一定律的另一种表述为：“不可能制造出第一类永动机”。由此可见，热力学第一定律就是涉及热现象领域内的能量守恒和转化定律。

历史上有不少人有过这样美好的愿望：制造一种不需要动力的机器，它可以源源不断地对外界做功，这样可以无中生有的创造出巨大的财富来，在科学历史上从没有过永动机成功过，能量守恒定律的发现，使人们认识到：任何机器，只能转变能量存在的形式，并不能制造能量。因此根本不能制造永动机。它违背热力学第一定律：物体内能的增加等于物体从外界吸收的热量与物体对外界所做功的总和。

科学在不断进步，永动机的研究却从来没有停止。中国乃至世界不知有多少民间科学家甚至专家、学者、教授，花费了大量宝贵的时间、金钱、心血来坚持不懈地寻找这样一种不存在的事物，不能不令人扼腕。他们之中当然也不乏别有用心的骗子，常见的手法是出售或转让他的“永动机图纸”“永动机技术”等。其实，只要一些最基本的物理学常识，就可以识破这种骗术。

思 考 题

2-1 在刚性绝热容器中用隔板将之分为两部分，A 中存有高压空气，B 中保持真空，如图2-11所示。若将隔板抽去，分析容器中空气的热力学能如何变化？若隔板上有一小孔，气体泄漏入 B 中，分析 A、B 两部分压力相同时 A、B 两部分气体的热力学能如何变化？

2-2 热力学第一定律的能量方程式是否可写成 $q=\Delta u+pv$，$q_2-q_1=(u_2-u_1)+(w_2-w_1)$ 的形式，为什么？

2-3 热力学第一定律解析式有时写成下列两种形式：$q=\Delta u+w$，$q=\Delta u+\int_1^2 p\mathrm{d}V$ 分别讨论上述两式的适用范围。

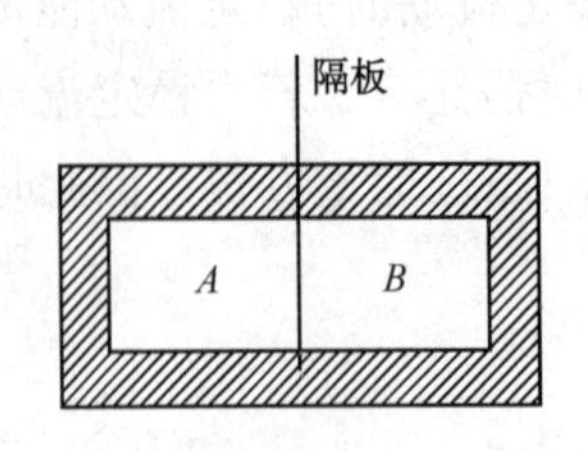

图 2-11　思考题 2-1 附图

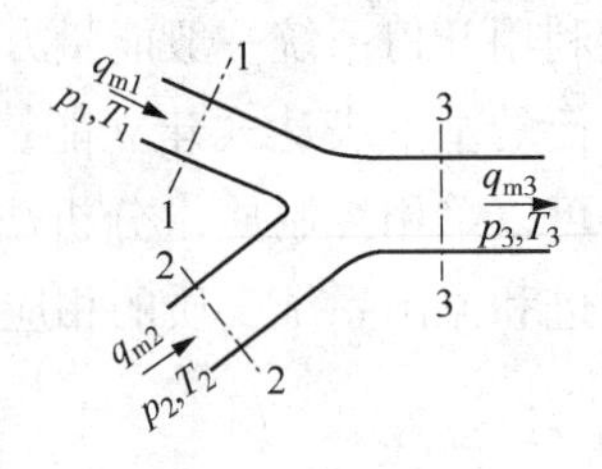

图 2-12　思考题 2-7 附图

2-4　为什么推动功出现在开口系统能量方程式中，而不出现在闭口系统能量方程式中？

2-5　稳定流动能量方程式(2-22)是否可应用于活塞式压气机这种机械的稳定工况运行的能量分析？为什么？

2-6　开口系统实施稳定流动过程，是否同时满足下列三式：$\delta Q=\mathrm{d}U+\delta W$，$\delta Q=\mathrm{d}H+\delta W_{\mathrm{t}}$，$\delta Q=\mathrm{d}H+\frac{m}{2}\mathrm{d}c_{\mathrm{f}}^{2}+mg\mathrm{d}z+\delta W_{\mathrm{i}}$，上述三式中 W、W_{t} 和 W_{i} 的相互关系是什么？

2-7　几股流体汇合成一股流体称为合流，如图 2-12 所示。工程上几台压气机同时向主气道送气以及混合式换热器等都有合流的问题。通常合流过程都是绝热的。取 1-1、2-2 和 3-3 截面之间的空间为控制体积，列出能量方程式并导出出口截面上焓值 h_3 的计算式。

习　题

2-1　一汽车在 1h 内消耗汽油 34.1L，已知汽油的发热量为 44000kJ/kg，汽油密度为 0.75g/cm^3。测得该车通过车轮输出的功率为 64kW，试求汽车通过排气、水箱散热等各种途径所放出的热量。

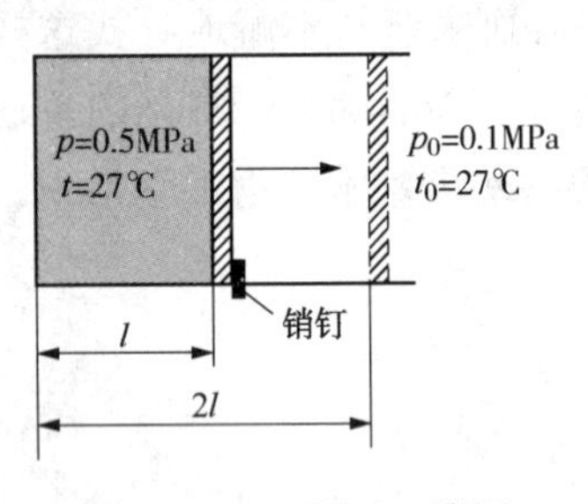

图 2-13　习题 2-2 附图

2-2　1kg 氧气置于如图 2-13 所示的气缸内，缸壁能充分导热，且活塞与缸壁无摩擦。初始时氧气压力为 0.5MPa、温度为 27℃。若气缸长度为 $2l$，活塞质量为 10kg，试计算拔除销钉后，活塞可能达到的最大速度。

2-3　气体在某一过程中吸收了 50J 的热量，同时热力学能增加了 84J，问此过程是膨胀过程还是压缩过程？对外做功是多少？

2-4　在冬季，某加工车间每小时经过墙壁和玻璃等处损失热量 3×10^6kJ，车间中各种机床的总功率为 375kW，且全部动力最终变成了热能。另外，室内经常点着 50 盏 100W 的电灯。为使该车间温度保持不变，问每小时需另外加入多少热量？

2-5　夏日为避免阳光直射，密闭门窗，用电扇乘凉，电扇功率为 60W。假定房间内初温为 28℃、压力为 0.1MPa，太阳照射传入的热量为 0.1kW，通过墙壁向外散热 1800kJ/h。室内有 3 人，每人每小时向环境散发的热量为 418.7kJ。试求面积为 15m^2、高度为 3.0m 的室内每小时温度的升高值。已知空气的热力学能与温度的关系为 $\Delta u=0.72\{\Delta T\}_{K}$kJ/kg。

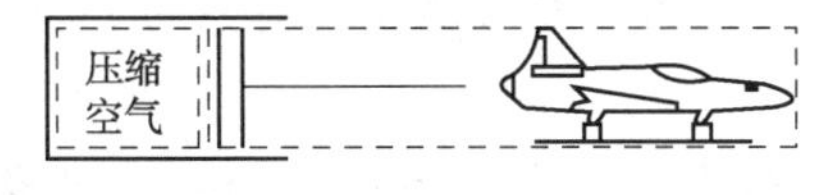

图 2-14 习题 2-6 附图

2-6 一飞机的弹射装置如图 2-14 所示，在气缸内装有压缩空气，初始体积为 $0.28m^3$，终了体积为 $0.99m^3$。飞机的发射速度为 61m/s，活塞、连杆和飞机的总质量为 2722kg。设发射过程进行很快，压缩空气和外界间无传热现象，若不计摩擦损耗，求发射过程中压缩空气的热力学能的变化量。

2-7 如图 2-15 所示，气缸内空气的体积为 $0.008m^3$，温度为 17℃。初始时空气压力为 0.1013MPa，弹簧处于自由状态。现向空气加热，使其压力升高，并推动活塞上升而压缩弹簧。已知活塞面积为 $0.008m^3$，弹簧刚度 $k=400$N/cm，空气热力学能变化的关系式为 $\Delta u_{12}=0.718\{\Delta T\}_{K}$kJ/kg。环境大气压力 $p_b=0.1$MPa，试求使气缸内空气压力达到 0.3MPa 所需的热量。

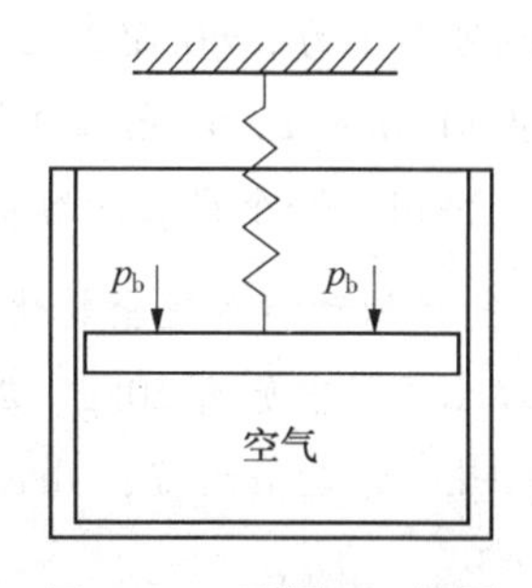

图 2-15 习题 2-7 附图

2-8 有一橡皮气球，当其内部气体的压力和大气压同为 0.1MPa 时呈自由状态，体积为 $0.3m^3$。气球受火焰照射，体积膨胀 1 倍，压力上升为 0.15MPa。设气球的压力升高和体积成正比，试求：①该过程中气体作的功；②用于克服橡皮气球弹力所作的功；③初始时气体温度为 17℃时，球内气体的吸热量。已知该气体的气体常数 $R_g=287$J/(kg·K)，热力学能 $u=0.72\{\Delta T\}_{K}$kJ/kg。

2-9 空气在压气机中被压缩。压缩前空气的参数为 $p_1=0.1$MPa，$v_1=0.845m^3/kg$；压缩后的参数为户 $p_2=0.8$MPa，$v_2=0.175m^3/kg$。设在压缩过程中每千克空气的热力学能增加 146.5kJ，同时向外放出热量 50kJ。压气机每分钟产生压缩空气 10kg。求：①压缩过程中对每千克空气作的功；②每生产 1kg 压缩空气所需的功(技术功)；③带动此压气机所用电动机的功率。

2-10 某蒸汽动力厂中锅炉以 40T/h 的蒸汽供入蒸汽轮机，进口处压力表上读数为 9MPa，蒸汽的焓为 3441kJ/kg；蒸汽轮机出口处真空表上的读数为 0.0974MPa，出口蒸汽的焓为 2248kJ/kg。汽轮机对环境散热为 6.81×10^5kJ/h。求：①进、出口处蒸汽的绝对压力(当地大气压是 101325Pa)；②不计进、出口动能差和位能差时汽轮机的功率；③进口处蒸汽速度为 70m/s、出口处速度为 140m/s 时对汽轮机的功率有多大影响？④蒸汽进、出口高度差为 1.6m 时对汽轮机的功率又有多大影响？

2-11 用一台水泵将井水从 6m 深的井里泵到比地面高 30m 的水塔中，水流量为 $25m^3/h$，水泵消耗功率为 12kW。冬天井水的温度为 3.5℃。为防止冬天结冰，要求进入水塔的水温不低于 4℃。整个系统及管道均包有一定厚度的保温材料，问是否有必要在管道中设置一加热器？如有必要的话，需加入多少热量？设管道中水进、出口的动能差可忽略不计；水的比热容 $c_p=4.187$kJ/(kg·K)，且水的焓差 $\Delta h=c_p\Delta t$；水的密度为 $1000kg/m^3$。

2-12 一刚性绝热容器，容积 $V=0.028m^3$，原先装有压力为 0.1MPa、温度为 21℃的空气。现将连接此容器与输气管道的阀门打开，向容器内快速充气。设输气管道内气体的状态参数保持不变：p=0.7MPa，t=21℃。当容器中压力达到0.2MPa时阀门关闭，求容器内气体可能达到的最高温度。设空气可视为理想气体，其热力学能与温度的关系为 $u=0.72\{\Delta T\}_{K}$kJ/kg；焓与温度的关系为 $h=1.005\{\Delta T\}_{K}$kJ/kg。

2-13　医用氧气袋中空时呈扁平状态，内部容积为零。接在压力为14MPa、温度为17℃的钢质氧气瓶上充气。充气后氧气袋隆起，体积为0.008m^3、压力为0.15MPa。由于充气过程很快，氧气袋与大气换热可以忽略不计，同时因充入氧气袋内气体的质量与钢瓶内气体的质量相比甚少，故可以认为钢瓶内氧气参数不变。设氧气可视为理想气体，其热力学能可表示为 $u=0.657\{\Delta T\}_{K}$kJ/kg，焓与温度的关系为 $h=0.917\{\Delta T\}_{K}$kJ/kg，理想气体服从 $pV=mR_{g}T$，求充入氧气袋内的氧气有多少(kg)？

2-14　一个很大的容器放出2kg某种理想气体，过程中系统吸热200kJ。已知放出的2kg气体的动能如完全转化为功，就可以发电3600J，其比焓的平均值 $\bar{h}$=301.7kJ/kg。有人认为此容器中原有20kg、温度为27℃的理想气体，试分析这一结论是否合理。假定该气体的比热力学能 $u=c_{v}T$，且 c_{v}=0.72kJ/(kg·K)。

3 气体的热力性质与热力过程

能量及质量是物质的基本属性，不能脱离物质单独存在。能量转换及传递过程必须借助于工质才能实现。任何热力过程的实现，除了必须遵循热力学基本定律外，还必须符合工质的客观属性。研究各种工质的热力性质，是工程热力学的重要组成部分。工程上常用的工质是气态物质，在它们的工作条件下，大部分气体可以看作是理想气体，对于非理想气体，也可根据它们偏离理想气体的程度来进行计算。本章介绍理想气体的性质及理想气体的热力过程，这些内容不仅有重要的工程实用价值，同时也为实际气体的计算打下必要的基础。

3.1 理想气体及其状态方程

关于理想气体微观结构的假设，其基本要点是：理想气体分子是本身不占体积的弹性质点；分子之间除弹性碰撞外无其他相互作用；理想气体中大量分子处于无规则的紊乱运动状态。这些假设条件是建立气体分子运动论的基础，了解理想气体的微观物理模型，对于理解理想气体的热力性质是有帮助的。

实际上，完全符合这些微观假设条件的理想气体是不存在的。它仅仅是一种理想化的概念。在工程热力学中，理想气体的定义是建立在波义耳·马略特及盖·吕萨克等实验定律的基础上的。凡是状态方程(p，v，T之间函数的关系)满足克拉贝龙方程式的气体，即$pv=R_gT$方程，均称为理想气体。

实验已经证明，当压力足够低，温度足够高时，气体的比容就足够大。这时，气体分子本身所占的体积，相对于气体总体积来说足够小，可忽略不计；分子之间的吸斥力随分子间平均距离的增大而变得足够小，也可忽略。因此，气体的性质就越接近于理想气体。已经证实，一切实际气体，当压力趋近于零时，都可以看作是理想气体；压力趋近于零，仍是不太现实的条件，这是充分而不必要的。

在工程计算中，一种气体能否当作理想气体处理，完全取决于气体的状态及所要求的计算准确度，而与过程的性质无关。所谓气体的压力足够低，比容足够大，是指气体处于该状态时，如果用理想气体状态方程来计算，能完全满足工程计算的准确度要求。这样，处于该状态下的气体，就可认为是理想气体。例如，O_2、N_2、H_2、CO、CO_2等气体以及空气、烟气及燃气等混合气体，在通常的温度、压力下，都可看作是理想气体。又如，水蒸气、氨、氟里昂等工质，在它们的工作状态下，离液态较近，都不能当作理想气体，因此，不能用理想气体状态方程来计算。甚至，对于同一种气体，在初态可以当作理想气体，但随着过程的进展，其状态逐渐偏离理想气体状态，达到终态时已不符合理想气体状态方程了。可见，理想气体状态方程是理想气体最重要的基本性质，是否足够精确地满足该方程，是判别一种气体能否当作理想气体的依据。

3.2 理想气体的热力性质

3.2.1 理想气体的热力学能及焓

首先根据热力学能及焓的定义来说明理想气体的热力学能及焓的性质。系统的热力学能是指内部动能及内部位能的总和。内部动能与分子热运动的强度有关，它是系统温度的函数；内部位能与分子间的平均距离有关，它是系统比容的函数。因此，系统的热力学能可表示为系统温度与比容的函数。有

$$u=u_{动能}+u_{位能}=u(T,\ v) \tag{3-1}$$

对于理想气体，分子间没有相互作用，不存在内部位能($u_{位能}=0$)，因此，理想气体的热力学能仅是温度的函数。有

$$u=u_{动能}+u_{位能}=u_{动能}=u(T) \tag{3-2}$$

根据焓的定义，$h=u+pv$，以及理想气体的性质，$u=u(T)$，$pv=R_gT$，可以得出

$$h=u+pv=u(T)+R_gT=h(T) \tag{3-3}$$

上式说明，理想气体的焓仅是温度的函数。

理想气体热力学能的性质可以通过著名的焦尔实验来证实。图 3-1 是焦尔实验装置的示意图。两个金属容器(透热)由阀门相连，A 中充以一定压力的空气，B 抽成真空。将两容器置于有绝热壁的水浴中，待稳定后测出实验前的水温。实验时打开阀门，使空气自由膨胀充满两容器，达到稳定时再测出水的终温。可以在不同的初始压力及水温的条件下，重复上述实验。焦尔实验的测量结果表明：空气在自由膨胀过程中温度不变。现以空气为研究对象进行能量分析，不难看出，空气向真空膨胀时无功量交换；水及空气的温度都不变，无热量交换。根据热力学第一定律可以得出：空气自由膨胀过程中热力学能不变。实验中空气的压力及比容是变化的，而温度保持不变。这说明在实验的状态变化范围内，空气的热力学能仅与温度有关，而与压力及比容无关。值得指出，当初始压力高于 22atm 时，用高精度的温度计才能发现温度稍有变化。可见，在相当大的压力范围内，可以足够精确地把空气当作理想气体。焦尔实验证明了理想气体的热力学能仅仅是温度的函数。

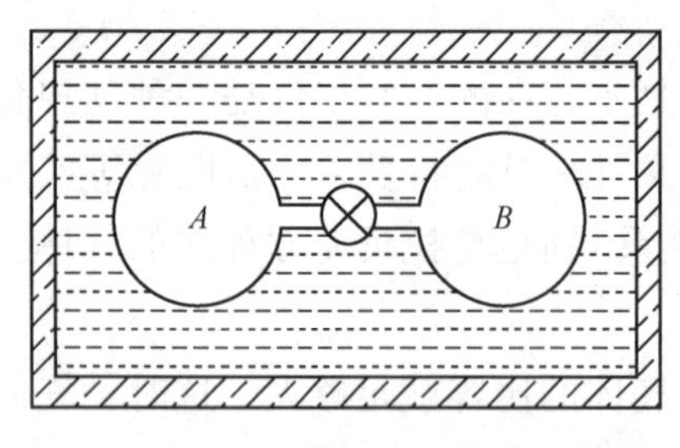

图 3-1　焦尔实验示意图

理想气体热力学能及焓的上述性质，还可以根据热力学微分方程及状态方程，用数学

分析的方法直接推得。可见，其结论的正确性是确实无疑的。

3.2.2 气体比热容定义及其影响因素

比热容简称比热。比热容的概念最初是在量热学中提出来的，是表征工质热物性的一个量热系数，可用它来计算热量。单位质量工质的温度变化 1K 所交换的热量，称为该工质的比热容。这是比热容的一般概念，但作为定义还是不确定的。因为热量是个过程量，相同的温度变化，若经历的途径不同，所交换的热量是不同的；另外，即使经历相同的途径，若存在耗散，由此产生的热效应也会影响热量的数值。所以，对比热容的定义应指定途径，对比热容的测定应在内部可逆的条件下进行。最常用的量热方法，是在容积不变或在压力不变的条件下来测定的，与此对应的比热容称为定容比热容及定压比热容，分别用 c_v 及 c_p 来表示。它们的定义表达式可写成

$$c_v = \frac{\delta q_v}{dT};\ c_p = \frac{\delta q_p}{dT} \tag{3-4}$$

相应的热量计算公式分别为

$$q_{v1} = \int_{T_1}^{T_2} c_{v_1}(T,\ v_1)\,dT;\ q_{p1} = \int_{T_1}^{T_2} c_{p_1}(T,\ p_1)\,dT \tag{3-5}$$

式(3-5)说明，从相同的初态(v_1，p_1)出发，分别经历不同的途径达到相同的终态温度 T_2 时，所交换的热量是不同的。同时还说明，只有知道了 $c_{v_1}(T,\ v_1)$ 及 $c_{p_1}(T,\ p_1)$ 的函数关系，即在可逆的条件下，才能用式(3-5)来计算热量。

比热容的热力学定义，是在量热学比热容定义的基础上，根据热力学第一定律来建立的。在可逆、定容的条件下，有

$$c_v = \frac{\delta q_v}{dT} = \left(\frac{du + p dv}{dT}\right)_v = \left(\frac{\partial u}{\partial T}\right)_v = c_v(T,\ v) \tag{3-6}$$

式(3-6)是热力学中定容比热容的定义表达式，说明定容比热容 c_v 是用定容下比热容力学能对温度的偏导数来定义的。当状态一定时，该偏导数有确定的值，所以 c_v 是系统状态的单值函数，具有状态参数的性质；表示在该状态比容不变的条件下，气体温度变化 1K 时比热力学能变化的数值。定容比热容是个强度参数，它不仅是温度的函数，还与比容有关，$c_v = c_v(T,\ v)$。

同理，在可逆、定压的条件下，有

$$c_p = \frac{\delta q_p}{dT} = \left(\frac{dh - v dp}{dT}\right)_p = \left(\frac{\partial h}{\partial T}\right)_p = c_p(T,\ p) \tag{3-7}$$

式(3-7)是定压比热容的热力学定义表达式，它是用定压下比焓对温度的偏导数来定义的，表示在该状态压力不变的条件下，气体温度变化 1K 时比焓变化的数值。定压比热容与定容比热容是同一状态下具有不同含义的两个状态参数，都是强度参数。定压比热容不仅是温度的函数，还与压力相关，即 $c_p = c_p(T,\ p)$。

由此可见，比热容的热力学定义具有更普遍的意义。它不仅包含了量热学定义中关于比热容的物理内涵(即比热容具有计算热量的基本功能，而且在计算热量时具有过程量的性质)；更重要的是它明确地指出了比热容具有状态参数的性质。比热容的状态参数性质，在

建立热力学微分关系中起了重要的作用；同时，根据比热容的状态参数性质所建立起来的比热容与其他状态参数之间的函数关系，有重要的工程实用价值，使量热学中的某些实验可用数学分析的方法来替代。

通过对比热容定义的分析，不难看出：

① 比热容与工质所处的状态有关。

② 比热容与量热过程的性质有关，c_v 与 c_p 是两个不同的状态参数。

③ 比热容是热物性参数，与工质的种类有关。

④ 比热容与单位量有关。

⑤ 比热容与热容的关系。

按照定义比热容时所选用的单位量的不同，比热容可分为质量比热容 c、摩尔比热容 $\bar{c}$ 及容积比热容 c'。它们的单位分别为：kJ/(kg·K)、kJ/(kmol·K)及 kJ/(Nm^3·K)，从不同的单位，就可看出它们的物理意义。这三种比热容之间的换算关系可写成：

$$\bar{c}=22.4c'=Mc \tag{3-8}$$

式(3-8)与工质的种类，所处的状态及经历的过程都无关，实际上只是一种单位换算关系。

比热容是强度参数，用小写 c 表示；热容是容度参数，用大写 C 表示。比热容与热容的关系，就是比容度参数与容度参数之间的关系，显然有

$$C=mc=n\bar{c}=V_0c' \tag{3-9}$$

式(3-9)中，m、n 及 V_0 分别表示工质的质量(kg)，摩尔数(kmol)及折合标准容积(Nm^3)，它们之间有如下的关系

$$M=\frac{m}{n}\text{kg/kmol}$$

$$\frac{V_0}{n}=22.4\text{Nm}^3/\text{kmol}$$

$$n=\frac{m}{M}=\frac{V_0}{22.4}\text{kmol}$$

3.2.3 理想气体比热容的性质

比热容的热力学定义对于任何工质都是普遍适用的。对于理想气体，热力学能及焓仅是温度的函数，而与压力及比容无关，即有 $u=u(T)$ 及 $h=h(T)$。因此，根据比热容的一般定义，理想气体的比热容可以表示为

$$c_v\equiv\left(\frac{\partial u}{\partial T}\right)_v=\frac{du}{dT}=c_v(T) \tag{3-10}$$

$$c_p\equiv\left(\frac{\partial h}{\partial T}\right)_p=\frac{du}{dT}=c_p(T) \tag{3-11}$$

从式(3-10)及式(3-11)可以看出理想气体比热容有如下基本性质：

① 气体种类一定时，理想气体的比热容仅是温度的函数，当温度一定时，比热容的数值就完全确定，与该温度下气体所处的状态无关；在一定的温度下，理想气体比热容的数

值随气体种类的不同而不同。

② 在任何温度下，理想气体定容比热容 c_v，均表示要使该温度发生 1K 的变化时，气体比热力学能变化的数值；理想气体定压比热容 c_p，则表示要使该温度发生 1K 的变化时，气体比焓变化的数值。它们仅代表该温度时的状态性质，而与过程的性质及途径无关。

③ 理想气体在一定温度范围内的平均定容(定压)比热容，表示在该温度范围内，平均每发生 1K 或 1℃ 的温度变化，所引起的比热力学能(比焓)变化的数值；可表示为

$$c_v\big|_{T_1}^{T_2}=\frac{u_2-u_1}{T_2-T_1} \tag{3-12}$$

$$c_p\big|_{T_1}^{T_2}=\frac{h_2-h_1}{T_2-T_1} \tag{3-13}$$

平均比热容仅与初终两态的温度有关，而与过程的性质及途径无关。

④ 只有在可逆的定容及定压过程中，c_v 及 c_p 才表示温度变化 1K 时气体所交换的热量。值得指出，这仅是确定比热容数值的一种方法及途径，并不影响比热容是状态参数的性质。对于非理想气体的可逆过程，这个结论同样适用。

3.2.4 比热差及比热比

根据焓的定义 $h=u+pv$ 及理想气体状态方程 $pv=R_gT$，不难得出

$$dh=du+d(pv)=du+R_gdT$$

根据理想气体比热容的性质式(3-10)及式(3-11)，有 $c_pdT=c_vdT+R_gdT$，整理得到

$$c_p-c_v=R_g \tag{3-14}$$

对于 1kmol 理想气体，则有

$$\bar{c}_p-\bar{c}_v=MR_g=R=8.314\text{kJ/(kmol·K)} \tag{3-15}$$

式(3-14)及式(3-15)就是著名的迈耶公式，说明理想气体定压比热容与定容比热容之差是一个常数。

定压比热容和定容比热容之比称为比热比，用 γ 表示。对于理想气体，比热比 γ 等于定熵指数 k，因此可写成

$$\gamma=\frac{c_p}{c_v}=k \tag{3-16}$$

利用梅耶公式，不难得出

$$c_v=\frac{1}{k-1}R_g \tag{3-17}$$

$$c_p=\frac{k}{k-1}R_g \tag{3-18}$$

根据摩尔质量的定义表达式，有

$$M=\frac{m}{n}=\frac{R}{R_g};\quad \bar{c}=Mc=22.4c'$$

以上这些公式建立了 c_p、c_v、k、R_g 及 M 这五个参数之间的关系，只要知道其中任意两个参数，就可求出其他三个参数，进而还可确定相应的摩尔比热容及容积比热容。因此，

应当牢记这些常用的基本公式。

【例3-1】 已知N_2的$k=1.4$，$M=28.016$kg/kmol；O_2的$M=32$kg/kmol。试计算：①N_2的常值质量比热容c_p及c_v；②物理标准状态下N_2的比容v_0及密度ρ_0；③O_2的气体常数，$1Nm^3O_2$的质量及$3kgO_2$折合多少标准立方米。

解：①根据"质量"量与"摩尔"量之间的关系，对于N_2：

$$R_g=\frac{R}{M}=\frac{8.314}{28.016}=0.2968\text{kJ/(kg·K)}$$

由比热比及梅耶公式，可得出

$$c_v=\frac{1}{k-1}R_g=\frac{0.2968}{1.4-1}=0.7419\text{kJ/(kg·K)}$$

$$c_p=kc_v=1.4\times0.7419=1.039\text{kJ/(kg·K)}$$

② 对于N_2：

$$v_0=\frac{22.4}{M}=\frac{22.4}{28.016}=0.80\ \text{Nm}^3/\text{kg}$$

$$\rho_0=\frac{1}{v_0}=\frac{1}{0.80}=1.25\ \text{kg/Nm}^3$$

③ 对于O_2：

$$R_g=\frac{R}{M}=\frac{8.314}{32}=0.2598\text{kJ/(kg·K)}$$

$$\rho_0=\frac{M}{22.4}=\frac{32}{22.4}=1.429\ \text{kg/Nm}^3$$

$$V_0=\frac{m}{\rho_0}=\frac{3}{1.429}=2.10\ \text{Nm}^3$$

3.2.5 定值比热容、真实比热容及平均比热容

(1) 定值比热容

定值比热容的数值可以直接从气体分子运动学说的比热容理论导出。气体分子运动论的比热容理论是在理想气体物理模型的基础上；按照能量均分定理，即理想气体热力学能按气体分子运动的自由度平均分配；并在不考虑分子内部原子振动动能及微粒能态改变的前提下，根据经典力学的基本定律推导出来的。

理想气体的定值比热容与温度无关，仅取决于气体的种类及分子运动自由度总数。根据能量均分定理，分子运动自由度总数大，说明气体内部运动形式多，需要更多的能量才足以分配到更多的运动形式中去，因此温度升高1K所需的热量就越多，即摩尔比热容随自由度总数增大而增大。

值得指出，上述的定值比热容是在不考虑原子振动动能及微粒能态改变的前提下得出的，对于单原子气体是符合的，对于多原子气体则误差较大，不宜采用。气体分子运动学说的比热容理论所得出的结论，虽然实用价值不大，但对于深入理解比热容的概念还是有帮助的。

实际计算中，常把25℃时各种气体比热容的实验数据，作为定值比热容的值。附录附表3列有常用气体的定值比热容数值。只有在一般的定性分析中，或对计算精确度要求不高的情况下，才采用定值比热容。

（2）真实比热容

实际上，分子内部原子振动及能态改变的影响是必须考虑的，特别是在高温下，这种影响更大。实践证明，理想气体的热力学能变化与温度变化并不成正比，它们的比例不是常数，因此，理想气体的比热容不是常数，而是随温度的升高而增大。在图3-2中，表示了几种理想气体的定压比热容随温度变化的曲线。

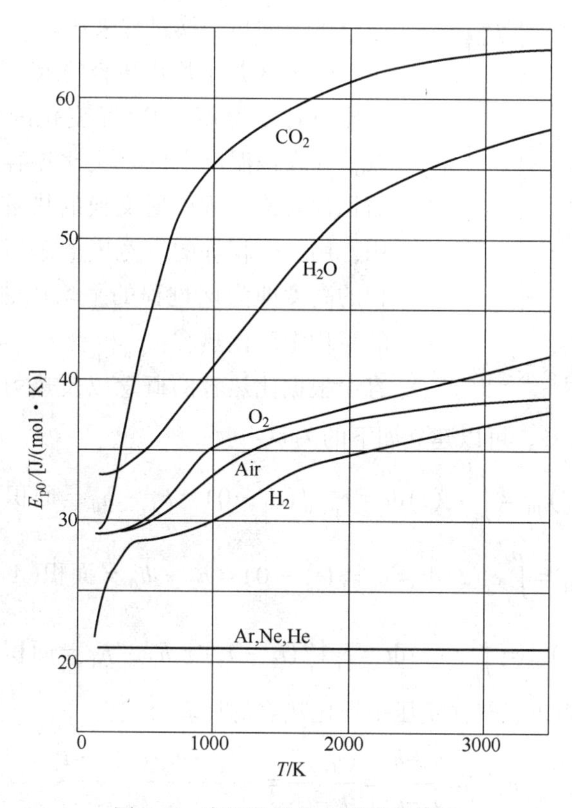

图3-2　定压比热容与温度的关系

图3-2上的曲线，是根据压力足够低时的实验数据，并把压力外推到零压时得出的（p_0称为零压，$\bar{c}_{p0}$表示零压下的定压摩尔比热容）。比热容的量子理论考虑了微态下各种能量模式的能级及能态改变的影响，其结论与图3-2是一致的。从图中可以看出：

① 单原子气体的比热容与温度无关；而双原子气体及多原子气体的比热容，随温度变化是比较明显的。

② 相同温度下气体分子的原子数越多，气体的比热容越大。

③ 气体分子的原子数相同，气体的比热容随温度变化的曲线比较接近。

通常根据实验数据，可以把理想气体比热容与温度的关系，整理成经验公式。例如：

$$\bar{c}_{p0}=a_0+a_1T+a_2T^2+a_3T^3 \tag{3-19}$$

$$\bar{c}_{v0}=a_0'+a_1'T+a_2'T^2+a_3'T^3 \tag{3-20}$$

式中的各个参数与气体的种类有关，对于一定的气体都有确定的值。按照梅耶公式，

显然有 $\bar{c}_{p0}-\bar{c}_{v0}=R_g$。附表 4 列出了各种常用气体定压摩尔比热容的经验公式以及相应系数的数值。如果已知定压摩尔比热容，可用梅耶公式来求得定容摩尔比热容；有了摩尔比热容的数值，质量比热容及容积比热容即可根据三者之间的关系算出来。按照经验公式计算出来的任意温度下理想气体比热容的数值，称为真实比热容。

(3) 平均比热容

应用真实比热容公式，只能计算在任意温度下理想气体比热容的数值。在热工计算中经常遇到的是对热力过程的计算，需要知道状态变化过程中的平均比热容。平均比热容的计算公式，可以通过可逆的热交换过程来导得。

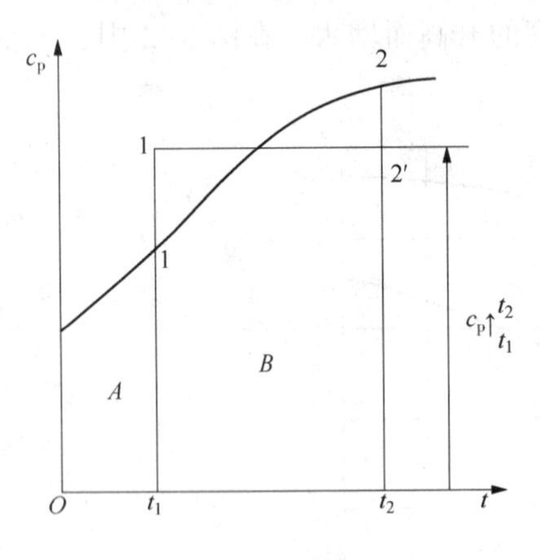

图 3-3　平均比热容示意图

图 3-3 是平均比热容的示意图。曲线 $c_p(t)$ 表示定压比热容随温度(t℃)而变化的关系；曲线上的每一点，代表该温度下的真实比热容；任何一段曲线下的面积代表该过程中所交换的热量。如果过程线下的面积，用一个相等的等宽度的矩形面积来替代，则该面积的高度即为该过程的平均比热容。$c_p|_0^t$ 表示 0～t℃的平均定压比热容；$c_p|_{t_1}^{t_2}$表示 t_1～t_2℃的平均定压比热容。根据比热容的概念以及热力学第一定律，对于定压过程 0-1、0-2 及 1-2，可以建立如下的关系：

$$(q_p)_{01}=\int_0^{t_1}c_p(t)\mathrm{d}t=c_p|_0^{t_1}(t_1-0)=h_1-h_0=\text{面积}\,A$$

$$(q_p)_{02}=\int_0^{t_2}c_p(t)\mathrm{d}t=c_p|_0^{t_2}(t_2-0)=h_2-h_0=\text{面积}(A+B)$$

$$(q_p)_{12}=\int_{t_1}^{t_2}c_p(t)\mathrm{d}t=c_p|_{t_1}^{t_2}(t_2-t_1)=h_2-h_1=\text{面积}\,B$$

由上述关系可得出理想气体定压平均比热容的计算公式：

$$c_p|_{t_1}^{t_2}=\frac{h_2-h_1}{t_2-t_1}=\frac{(q_p)_{12}}{t_2-t_1}=\frac{c_p|_0^{t_2}\cdot t_2-c_p|_0^{t_1}\cdot t_1}{t_2-t_1} \tag{3-21}$$

同理，可以得出定容平均比热容的计算公式：

$$c_v|_{t_1}^{t_2}=\frac{u_2-u_1}{t_2-t_1}=\frac{(q_v)_{12}}{t_2-t_1}=\frac{c_v|_0^{t_2}\cdot t_2-c_v|_0^{t_1}\cdot t_1}{t_2-t_1} \tag{3-22}$$

附表 3 及附表 4，分别列出了各种理想气体从 0～t℃的定压及定容平均比热容的数值。式(3-21)及式(3-22)中的平均比热容 $c_p|_0^t$及 $c_v|_0^t$，均可从附表 3 及附表 4 中查到。可见，只需知道初终两态的温度，利用平均比热容的计算公式，就可算出该过程的 $c_p|_{t_1}^{t_2}$及 $c_v|_{t_1}^{t_2}$。

值得指出，尽管平均比热容 $c_p|_{t_1}^{t_2}$及 $c_v|_{t_1}^{t_2}$的计算公式，是分别通过可逆的(性质)定压及定容过程(途径)导出来的，但从公式(3-21)及式(3-22)可知，平均比热容只与初终两态的温度有关，而与过程的性质(是否可逆)及途径(定压或定容)无关，而且还与初、终温度下所处的状态也无关。

从式(3-21)及式(3-22)还可看出平均比热容的物理意义。理想气体定压(定容)平均比热容，表示在其温度范围内温度变化 1K 所引起的比焓变化（比热力学能变化）的平均数值；或者表示，在该温度变化范围内，平均每度所具有的比焓（比热力学能）的数值。它们是与过程性质及所处状态都无关的物理量。只有在热交换过程中，定压（定容）平均比热容才表示定压过程（定容过程）温度变化 1K 所交换的热量，是与过程的性质及途径有关的物理量。如前所述，这仅是确定比热容数值的一种方法和途径。

【例 3-2】 由附表 4 查得氧气在 1000℃时的平均定容比热容为 $c_v\big|_0^{1000℃}=0.775\text{kJ/(kg·K)}$，试确定 1000℃时下列比热容的数值：①平均定容摩尔比热容及平均定容容积比热容；②平均定压质量比热容、平均定压摩尔比热容及平均定压容积比热容。

解：已知 $t=1000℃$，$c_v\big|_0^{1000℃}=0.775\text{kJ/(kg·K)}$

根据三种比热容的换算关系

$$\bar{c}=22.4c'=Mc$$

可以求得

$$\bar{c}_v\big|_0^t=Mc_v\big|_0^t=32\times0.775=24.8\text{kJ/(kmol·K)}$$

$$c_v'\big|_0^t=\frac{\bar{c}_v\big|_0^t}{22.4}=\frac{24.8}{22.4}=1.107\text{ kJ/(Nm}^3\text{·K)}$$

根据梅耶公式，有

$$\bar{c}_p\big|_0^t=\bar{c}_v\big|_0^t+R=24.8+8.314=33.114\text{kJ/(kmol·K)}$$

再根据三种比热容的换算关系，可以求得

$$c_p\big|_0^t=\frac{\bar{c}_p\big|_0^t}{M}=\frac{33.114}{32}=1.035\text{kJ/(kg·K)}$$

这个结果与附表 3 中氧气在 1000℃时的数值是一致的。

$$c_p'\big|_0^t=\frac{\bar{c}_p\big|_0^t}{22.4}=\frac{33.14}{22.4}=1.478\text{ kJ/(Nm}^3\text{·K)}$$

$$R_g=c_p\big|_0^t-c_v\big|_0^t=1.038-0.775=0.26\text{kJ/(kg·K)}$$

这个结果与附表 1 中氧气的气体常数值（0.2598）也是很接近的。

3.2.6 理想气体的热力学能、焓和熵的计算

（1）理想气体热力学能变化及焓变化的计算

热力学能及焓都是状态参数，它们的变化仅与初终两态有关，而与经历的变化过程无关。理想气体的热力学能及焓仅是温度的函数，所以它们的变化仅与初终两态的温度有关，而与经历的过程及所处的状态都无关。

在图 3-4 所示的 $p-v$ 图上，有两条温度分别为 T_1 及 T_2 的等温线。根据理想气体热力学能的性质，有

$$u(T_1)=u_1=u_1'$$

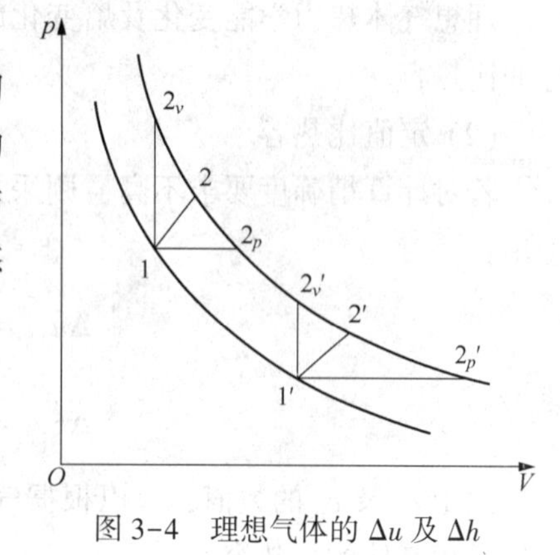

图 3-4 理想气体的 Δu 及 Δh

$$u(T_2)=u_2=u_{2v}=u_{2p}=u_2'=u_{2v'}=u_{2p'}$$

在同一条等温线上，理想气体的热力学能与所处的状态无关。因此，在这两条等温线之间所经历的任何过程，它们的热力学能变化都相等，可表示为

$$\Delta u_{12}=\Delta u_{12v}=\Delta u_{12p}=\Delta u_{1'2'}=\Delta u_{12'v}=\Delta u_{12'p}=u(T_2)-u(T_1)$$

同理，它们的焓变化也均相等，有

$$\Delta h_{12}=\Delta h_{12p}=\Delta h_{12v}=\Delta h_{1'2'}=\Delta h_{12'p}=\Delta h_{12'v}=h(T_2)-h(T_1)$$

理想气体的比热容仅是温度的函数，有

$$c_v=\frac{du}{dT}=c_v(T)\text{；}\ c_p=\frac{dh}{dT}=c_p(T)$$

因此，对于一个微元过程，有

$$du=c_v(T)dT\text{；}\ dh=c_p(T)dT$$

如果知道过程中比热容与温度之间的函数关系，就可以通过积分运算求出初终两态的热力学能变化及焓变化。

理想气体的热力学能变化及焓变化与过程的性质无关，可以选择最简便的途径来建立它们的计算公式，由此得出的结论可适用于具有相同初态温度及终态温度的任何过程。对于可逆的定容过程及定压过程，由大量的量热实验已经建立了比热容随温度而变化的函数关系，$c_v=c_v(T)$ 及 $c_p=c_p(T)$。根据热力学第一定律，对于上述两个过程，可以得出

$$q_v=\int_{T_1}^{T_2}c_v(T)dT=u_2-u_1 \tag{3-23}$$

$$q_p=\int_{T_1}^{T_2}c_p(T)dT=h_2-h_1 \tag{3-24}$$

式(3-23)及式(3-24)是计算理想气体热力学能变化及焓变化的普适公式，其中的 $c_v(T)$ 及 $c_p(T)$ 与气体的种类及温度有关。当气体种类一定时，只要初终两态的温度确定，不论是怎样的初、终状态，也不论经历的是怎样的变化过程，理想气体的热力学能变化及焓变化都可用它们来计算。值得指出，对于非理想气体，式(3-23)只能用来计算定容过程的热力学能变化；式(3-24)只能用来计算定压过程的焓值变化，对于其他过程这些公式都是不适用的。

理想气体热力学能变化及焓变化的计算，可以根据对计算精确度要求的不同来选用相应的比热容。

(2) 定值比热容

若对计算精确度要求不高，则采用定值比热容最为简便，式(3-23)及式(3-24)可以得出：

$$\Delta u_{12}=\int_{t_1}^{t_2}c_v dT=c_v(T_2-T_1) \tag{3-25}$$

$$\Delta h_{12}=\int_{t_1}^{t_2}c_p dT=c_p(T_2-T_1) \tag{3-26}$$

式中 c_v 及 c_p 的数值，可以根据气体的种类从附表 1 中查取。如果对精确度要求较高，则应采用其他的比热容。

（3）平均比热容

若采用平均比热容来计算，温度用 t℃表示，有

$$\Delta u_{12}=c_{\mathrm{v}}\big|_{t_1}^{t_2}(t_2-t_1)=c_{\mathrm{v}}\big|_0^{t_2}t_2-c_{\mathrm{v}}\big|_0^{t_1}t_1 \tag{3-27}$$

$$\Delta h_{12}=c_{\mathrm{p}}\big|_{t_1}^{t_2}(t_2-t_1)=c_{\mathrm{p}}\big|_0^{t_2}t_2-c_{\mathrm{p}}\big|_0^{t_1}t_1 \tag{3-28}$$

式中 $c_{\mathrm{p}}\big|_0^t$ 及 $c_{\mathrm{v}}\big|_0^t$ 的数值，可以根据气体的种类及温度 t，分别从附表 3 及附表 4 中查取。

（4）气体热力性质表

若采用气体热力性质表来计算，式(3-23)及式(3-24)可分别写成

$$\Delta u_{12}=\int_0^{T_2}c_{\mathrm{v}}(T)\,\mathrm{d}T-\int_0^{T_1}c_{\mathrm{v}}(T)\,\mathrm{d}T=u(T_2)-u(T_1) \tag{3-29}$$

$$\Delta h_{12}=\int_0^{T_2}c_{\mathrm{p}}(T)\,\mathrm{d}T-\int_0^{T_1}c_{\mathrm{p}}(T)\,\mathrm{d}T=h(T_2)-h(T_1) \tag{3-30}$$

其中

$$u(T)=\int_0^{T}c_{\mathrm{v}}(T)\,\mathrm{d}T \tag{3-31}$$

$$h(T)=\int_0^{T}c_{\mathrm{p}}(T)\,\mathrm{d}T \tag{3-32}$$

常用气体在任意温度 T 时的比热力学能 $u(T)$ 及比焓 $h(T)$，可以从附表 5 中查取或通过附表 2 计算得出。实际上，$u(T)$ 及 $h(T)$ 的数值，是从 0K 到 TK 的平均真实比热容计算出来的，它与平均比热容的计算方法式(3-27)、式(3-28)，实质上是一致的，仅是初始温度不同而已。

（5）真实比热容的经验公式

若采用真实比热容的经验公式来计算，则式(3-26)可写成

$$\Delta \bar{h}_{12}=\int_{T_1}^{T_2}(a_0+a_1T+a_2T^2+a_3T^3)\,\mathrm{d}T \tag{3-33}$$

式(3-33)是对 1kmol 气体而言的，因为附表 2 中只给出了定压摩尔比热容的经验公式，可以根据气体的种类查得公式中的各个系数，然后再计算焓值的变化。热力学能的变化可根据焓的变化式求取，即有

$$\Delta \bar{u}_{12}=\Delta \bar{h}_{12}-R_{\mathrm{g}}(T_2-T_1) \tag{3-34}$$

不难看出，用经验公式来计算，实质上是直接用从 T_1 到 T_2 的平均真实比热容来计算 $\Delta \bar{h}_{12}$ 及 $\Delta \bar{u}_{12}$ 的，从而排除了从 0K 到 T_2 及 T_1 这一段温度范围内的变化，对计算误差的影响，因此，这种计算方法精度较高。

（6）理想气体熵变化的计算

应用热力学第二定律可以证明，在闭口、可逆的条件下，存在如下的关系式：

$$\mathrm{d}S=\left(\frac{\delta q}{\mathrm{d}T}\right)_{\mathrm{rev}} \tag{3-35}$$

下面我们推导出理想气体熵变的计算公式。

值得指出，熵的性质与热力学能及焓不同，理想气体的熵不仅仅是温度的函数，它还与压力或比容有关。但熵也是一个状态参数，具有点函数的特征。当初、终两态确定时，系统的熵变就完全确定了，与过程性质及途径无关。所以，熵变的计算也可以脱离实际过

程独立地进行。因此，在建立熵变计算公式时，可以暂且不考虑影响熵变的种种实际因素，而选择最简单的热力学模型(闭口，可逆)来推导，由此得出的结论仍可适用于具有相同初、终态的任何过程。关系式式(3-35)的重要作用是为建立熵变的计算公式，指出了一个最简便的方法。

根据热力学第一定律及理想气体的性质，可以把熵的全微分表达式式(3-35)写成如下的形式

$$dS=\left(\frac{\delta q}{dT}\right)_{rev}=\frac{du+pdv}{T}=c_v\frac{dT}{T}+R_g\frac{dv}{v} \tag{3-36}$$

$$dS=\left(\frac{\delta q}{dT}\right)_{rev}=\frac{dh-vdp}{T}=c_p\frac{dT}{T}-R_g\frac{dp}{p} \tag{3-37}$$

$$dS=c_v\frac{dp}{p}+c_p\frac{dv}{v} \tag{3-38}$$

以上三式都是熵变的微分形式。不难发现，在这些式子中，已经应用了“闭口可逆”的前提、能量方程、理想气体状态方程及其微分形式，以及理想气体热力学能、焓及比热容的性质。

当闭口系统经历一个可逆过程从初态 1 变化到终态 2 时，可以用积分的方法求得熵变的计算公式。采用常值比热容，则有

$$\Delta S_{1,2}=S_2-S_1=c_v\ln\frac{T_2}{T_1}+R_g\ln\frac{v_2}{v_1} \tag{3-39}$$

$$\Delta S_{1,2}=S_2-S_1=c_p\ln\frac{T_2}{T_1}-R_g\ln\frac{p_2}{p_1} \tag{3-40}$$

$$\Delta S_{1,2}=S_2-S_1=c_v\ln\frac{p_2}{p_1}+c_p\ln\frac{v_2}{v_1} \tag{3-41}$$

上述三个熵变公式是等效的，可以根据已知条件来选用。式中的 c_p、c_v 及 R_g 可根据气体的种类从附表 1 中查取。在一般性的分析计算中，这一组公式是最常用的基本公式。

在对计算精确度要求较高的情况下，可利用气体热力性质表来计算。熵的变化可通过对式(3-37)的积分来求得，即有

$$\begin{aligned}\Delta S_{1,2}&=\int_{T_1}^{T_2}c_p\frac{dT}{T}-R_g\ln\frac{p_2}{p_1}=\int_{T_0}^{T_2}c_p\frac{dT}{T}-\int_{T_0}^{T_1}c_p\frac{dT}{T}-R_g\ln\frac{p_2}{p_1}\\&=S_{T_2}^0-S_{T_1}^0-R_g\ln\frac{p_2}{p_1}\end{aligned} \tag{3-42}$$

其中

$$\int_{T_0}^{T}c_p\frac{dT}{T}=S_T^0-S_{T_0}^0=S_T^0 \tag{3-43}$$

式(3-42)及式(3-43)中，$S_{T_0}^0$ 表示标准基准态(1 标准大气压，T_0)时的熵值，T_0 是基准温度，一般选用 $T_0=0K$，并有 $S_{T_0}^0=S_0^0=0$。S_T^0 表示温度 T 时的标准状态(1 标准大气压，T)熵，上标“0”表示标准压力 $p_0=101325Pa$，s_T^0 仅是温度的函数，它的数值，可以根据气体的种类及温度可从附表 5 中查取或通过附表 2 计算得出。

【例 3-3】 氧气被加热后温度从 1000K 升高到 1400K，试计算每公斤氧气的焓变化及热力学能变化。①用常值比热容；②用平均比热容；③用热力性质表；④用真实比热容的经验公式。

解：①用常值比热容计算

由附表 1 查得氧气的参数值：

$$c_p=0.917\text{kJ/(kg}\cdot\text{K)};\ R_g=0.2598\text{kJ/(kg}\cdot\text{K)};\ M=32\text{g/mol}$$

根据焓变化的计算公式及焓的定义式，有

$$\Delta h_{12}=c_p(T_2-T_1)=0.917\times(1400-1000)=366.8\text{kJ/kg}$$

$$\Delta u_{12}=\Delta h_{12}-R_g(T_2-T_1)=366.8-0.2598\times400=262.9\text{kJ/kg}$$

② 用平均比热容计算

$$T_1=1000\text{K}=727℃;\ T_2=1400\text{K}=1127℃$$

由附表 3 查得 O_2 平均等压比热容的数值

$$c_p\big|_0^{800}=1.016\text{kJ/(kg}\cdot\text{K)};\ c_p\big|_0^{700}=1.0005\text{kJ/(kg}\cdot\text{K)}$$

$$c_p\big|_0^{1200}=1.051\text{kJ/(kg}\cdot\text{K)};\ c_p\big|_0^{1100}=1.043\text{kJ/(kg}\cdot\text{K)}$$

利用插入法可求得

$$c_p\big|_0^{727}=\frac{1.016-1.005}{100}\times27+1.005=1.00797\text{kJ/(kg}\cdot\text{K)}$$

$$c_p\big|_0^{1127}=\frac{1.051-1.043}{100}\times27+1.043=1.04516\text{kJ/(kg}\cdot\text{K)}$$

根据平均比热容的公式，有

$$c_p\big|_{727}^{1127}=\frac{1.04516\times1127-1.00797\times727}{1127-727}=1.11275\text{kJ/(kg}\cdot\text{K)}$$

平均摩尔比热容为

$$\bar{c}_p\big|_{t_1}^{t_2}=Mc_p\big|_{t_1}^{t_2}=32\times1.11275=35.61\text{kJ/(kmol}\cdot\text{K)}$$

$$\Delta h_{12}=c_p\big|_{727}^{1127}(t_2-t_1)=1.11275\times400=445.1\text{kJ/kg}$$

$$\Delta u_{12}=\Delta h_{12}-R_g\Delta T=445.1-0.2598\times400=341.2\text{kJ/kg}$$

③ 用气体热力性质表来计算

由附表 2 中数据计算可得 O_2 的参数：

$$\bar{u}(1400)=34008\text{kJ/kmol};\ \bar{u}(1000)=23075\text{kJ/kmol}$$

$$\bar{h}(1400)=45648\text{kJ/kmol};\ \bar{h}(1000)=31389\text{kJ/kmol}$$

可以直接算得焓变化及热力学能变化：

$$\Delta\bar{h}_{12}=45648-31389=14259\text{kJ/kmol}$$

$$\Delta h_{12}=\frac{\Delta\bar{h}_{12}}{M}=\frac{14259}{32}=445.59\text{kJ/kg}$$

$$\Delta\bar{u}_{12}=34008-23075=10933\text{kJ/kmol}$$

$$\Delta u_{12}=\frac{\Delta\bar{u}_{12}}{M}=\frac{10933}{32}=341.66\text{kJ/kg}$$

或 $\Delta u_{12}=\Delta h_{12}-R_g\Delta T=445.59-0.2598\times400=341.67\text{kJ/kg}$

④ 用真实比热容的经验公式来计算

不论采用哪种计算方法，应先由附表 2 查得 O_2 的真实比热容系数；

$$a_0=25.48；\ a_1=15.20\times10^{-3}；\ a_2=-5.062\times10^{-6}；\ a_3=1.312\times10^{-9}$$

根据焓变化的计算公式，有

$$\begin{aligned}\Delta\bar{h}_{12}&=\int_{T_1}^{T_2}(a_0+a_1T+a_2T^2+a_3T^3)\mathrm{d}T\\&=a_0(T_2-T_1)+\frac{a_1}{2}(T_2^2-T_1^2)+\frac{a_2}{3}(T_2^3-T_1^3)+\frac{a_3}{4}(T_2^4-T_1^4)\\&=25.48\times400+\frac{15.2}{2}\times10^{-3}(1400^2-1000^2)-\frac{5.062}{3}\times\\&\quad10^{-6}(1400^3-1000^3)+\frac{1.312}{4}\times10^{-9}(1400^4-1000^4)\\&=10192+7296-2942.7+932.04=15477.3\text{kJ/kmol}\end{aligned}$$

平均真实摩尔比热容为

$$\bar{c}_p\Big|_{1000}^{1400}=\frac{\Delta\bar{h}_{12}}{T_2-T_1}=\frac{15477.3}{400}=38.693\text{kJ/(kmol·K)}$$

$$\Delta h_{12}=\frac{\Delta\bar{h}_{12}}{M}=\frac{15477.3}{32}=483.7\text{kJ/kg}$$

$$\Delta u_{12}=\Delta h_{12}-R_g\Delta T=\frac{\Delta\bar{h}_{12}}{M}=483.7-0.2598\times400=379.8\text{kJ/kg}$$

利用平均温度下的真实比热容来计算：

$$T_{平均}=\frac{1400+1000}{2}=1200\text{K}$$

$$\begin{aligned}\bar{c}_{p,1200}&=a_0+a_1T+a_2T^2+a_3T^3\\&=25.48+15.20\times10^{-3}\times1200-5.062\times10^{-6}\times1200^2+\\&\quad1.312\times10^{-9}\times1200^3=38.698\text{kJ/(kmol·K)}\end{aligned}$$

$$\Delta\bar{h}_{12}=\bar{c}_{p,1200}(T_2-T_1)=38.698\times400=15479.1\text{kJ/kmol}$$

$$\Delta h_{12}=\frac{\Delta\bar{h}_{12}}{M}=\frac{15479.1}{32}=483.7\text{kJ/kg}$$

$$\Delta u_{12}=\Delta h_{12}-R_g\Delta T=\frac{\Delta\bar{h}_{12}}{M}=483.7-0.2598\times400=379.78\text{kJ/kg}$$

用初终两态真实比热容的平均值来计算

$$\begin{aligned}\bar{c}_{p,1000}&=25.48+15.20\times10^{-3}\times1000-5.062\times10^{-6}\times1000^2+1.312\times10^{-9}\times1000^3\\&=36.93\text{kJ/(kmol·K)}\end{aligned}$$

$$\begin{aligned}\bar{c}_{p,1400}&=25.48+15.20\times10^{-3}\times1400-5.062\times10^{-6}\times1400^2+1.312\times10^{-9}\times1400^3\\&=40.44\text{kJ/(kmol·K)}\end{aligned}$$

$$\bar{c}_p\Big|_{1000}^{1400}=\frac{36.93+40.44}{2}=38.69\text{kJ/(kmol}\cdot\text{K)}$$

$$\Delta\bar{h}_{12}=\bar{c}_p\Big|_{1000}^{1400}(1400-1000)=15474\text{kJ/kmol}$$

$$\Delta h_{12}=\frac{\Delta\bar{h}_{12}}{M}=\frac{15474}{32}=483.6\text{kJ/kg}$$

$$\Delta u_{12}=\Delta h_{12}-R_g\Delta T=\frac{\Delta\bar{h}_{12}}{M}=483.6-0.2598\times400=379.6\text{kJ/kg}$$

提示：①用真实比热容的经验公式来计算焓变化时，可按温度范围直接积分；也可用平均温度下的真实比热容；或者用初、终两态真实比热容的平均值，这三种方法计算的结果是完全相同的。实质上，它们都是直接用从 $T_1\sim T_2$ 的平均真实比热容来计算焓的变化量。

② 用平均比热容表与用气体热力性质表来计算焓变化时，所得结果是非常接近的。实质上，它们是分别用 0~t℃及 0~TK 的平均真实比热容来计算焓的变化量。

③ 从计算结果可以看出：在温度较高时，用定值比热容来计算时误差较大，不宜采用；用真实比热容公式计算时精度虽高，但不太方便；采用平均比热容表及气体热力性质表来计算，不仅方便，而且有足够高的精确度。

【例 3-4】 环境空气状态为 $T_1=290\text{K}$，$p_1=0.1\text{MPa}$，现将 0.2m^3 环境空气压缩到 $p_2=0.5\text{MPa}$，$T_2=600\text{K}$，试计算该压缩过程中空气熵的变化。①按定值比热容计算；②按空气热力性质表计算。

解：熵是状态参数，如果初终两态已知，则熵的变化完全确定，与过程的性质及途径无关，可以脱离实际过程独立地进行计算。空气是理想气体，可以应用如下的熵变公式来计算：

$$\Delta S_{1,2}=S_2-S_1=m(s_2-s_1)=m\left(c_p\ln\frac{T_2}{T_1}-R_g\ln\frac{p_2}{p_1}\right)$$

① 按定值比热容计算

由附表 1 查得

$$R_g=0.2871\text{kJ/(kg}\cdot\text{K)};\ c_p=1.004\text{kJ/kg}$$

用理想气体状态方程可算得空气的质量：

$$m=\frac{p_1V_1}{R_gT_1}=\frac{100\times0.2}{0.2871\times290}=0.24\text{kg}$$

代入熵变计算公式，得

$$\begin{aligned}\Delta S_{1,2}=S_2-S_1=m(s_2-s_1)&=m\left(c_p\ln\frac{T_2}{T_1}-R_g\ln\frac{p_2}{p_1}\right)\\&=0.24\times\left(1.004\times\ln\frac{600}{290}-0.2871\times\ln\frac{0.5}{0.1}\right)\\&=0.24\times0.2979=0.0643\text{kJ/K}\end{aligned}$$

② 按空气的热力性质表计算

熵变公式可写成：

$$\Delta S_{1,2}=S_2-S_1=m(s_2-s_1)=m\left(s_{T_2}^0-s_{T_1}^0-R_g\ln\frac{p_2}{p_1}\right)$$

其中，s_T^0 由附表 5 查得

$$s_{600K}^0=2.40902;\ s_{290K}^0=1.66802$$

代入熵变计算公式，得

$$\Delta S_{1,2}=S_2-S_1=m(s_2-s_1)=m\left(s_{T_2}^0-s_{T_1}^0-R_g\ln\frac{p_2}{p_1}\right)$$

$$=0.24\times\left(2.40902-1.66802-0.2871\ln\frac{0.5}{0.1}\right)$$

$$=0.24\times0.2789=0.0669\text{kJ/kg}$$

3.3 理想混合气体及其热力性质

在热力工程中经常遇到混合气体，如空气、燃气、烟气等。进行混合气体的热力计算，首先要知道它的热力性质。混合气体的热力性质，取决于组成气体(又称为组元)的种类及组成成分。因此，研究定组成定成分混合气体的基本方法是，先根据组成气体的热力性质以及组成成分，计算出混合气体的热力性质，然后再把混合气体当作单一气体来进行各种热力计算。如果各组成气体均具有理想气体的性质，则它们的混合物必定满足理想气体的条件；反之亦然。本节所讨论的混合气体，都是定组成定成分的理想气体混合物。

3.3.1 理想气体混合物的基本定律

(1) 吉布斯等温等容混合定律

理想气体混合物中各组元的状态，可以用该组元在混合气体的温度及容积下单独存在时所处的状态来表示。这称为吉布斯等温定容混合定律，简称吉布斯定律。应用这条定律，可以识别在平衡状态下混合气体中各种组成气体各自所处的实际状态。

如图 3-5 所示，有 r 种气体组成的理想气体混合物处在平衡状态，T、p、V 分别表示在该状态下混合气体的温度、压力及容积。根据热平衡的条件，各组成气体的温度必定相等，都等于混合气体的温度，有

$$T_1=\cdots=T_i=\cdots=T_r=T$$

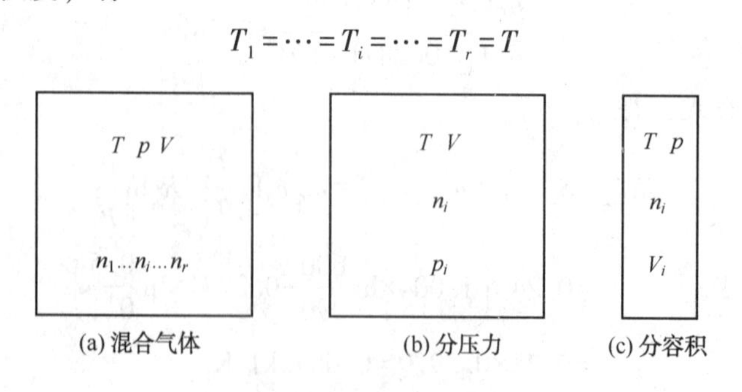

图 3-5　吉布斯定律及分压力和分容积

根据理想气体的性质，分子本身不占体积以及分子之间没有作用力，各组成气体的分子之间互不影响，如同各自单独存在时一样。因而，混合气体中各组成气体所占的容积都相等，都等于混合气体的容积，如同不存在其他组成气体一样。又因混合气体处在平衡状态，其中各组成气体的质量 m_i 或摩尔数 n_i 是完全确定的，即比容 v_i 或 $\bar{v}_i$ 是确定的。根据状态公理，两个独立状态参数(T, v_i)或$(T, \bar{v}_i)$确定之后，该组成气体的实际状态就完全确定了。利用理想气体状态方程，组成气体 i 的实际压力 p_i 即可表示为

$$p_i=\frac{R_g T}{v_i}=\frac{m_i R_g T}{V}=\frac{RT}{\bar{v}_i}=\frac{n_i RT}{V} \tag{3-44}$$

式(3-44)中的 p_i，称为组成气体 i 的分压力。它表示在混合气体的温度下，该组成气体单独占有混合气体容积时所具有的压力，代表混合气体平衡状态下，组成气体所具有的实际压力。值得指出，在混合过程的熵变计算中，正确识别混合物中组成气体的实际状态，起着关键的作用。

(2) 道尔顿定律

理想气体混合物的压力等于各组成气体分压力的总和，这称为道尔顿定律。

根据质量守恒定律，混合气体的总摩尔数 n，必定等于各组成气体摩尔数的总和，有

$$n=\sum_{i=1}^{r} n_i \tag{3-45}$$

根据分压力的定义及理想气体状态方程，由式(3-45)可得出

$$\frac{pV}{RT}=\sum_{i=1}^{r}\frac{p_i V}{RT}=\frac{V}{RT}\sum_{i=1}^{r} p_i$$

即有

$$p=\sum_{i=1}^{r} p_i \tag{3-46}$$

式(3-46)是道尔顿定律的表达式。

(3) 亚美格定律

理想气体混合物的容积等于各组成气体分容积的总和。这称为亚美格定律。

根据理想气体状态方程及质量守恒定律，有

$$V=\frac{nRT}{p}=\frac{RT}{p}\sum_{i=1}^{r} n_i=\sum_{i=1}^{r}\frac{n_i RT}{p}=\sum_{i=1}^{r} V_i \tag{3-47}$$

式(3-47)是亚美格定律的表达式，其中 V_i 称为第 i 种组成气体的分容积，有

$$V_i=\frac{n_i RT}{p} \tag{3-48}$$

式(3-48)是组成气体 i 分容积的定义表达式，它表示在混合气体的温度及压力下，组成气体单独存在时所占有的容积。值得注意，组成气体的分容积 V_i 并不代表在混合状态下组成气体的实际容积；定义分容积的状态(T,p)，并不是在混合状态下组成气体的实际状态(T,p_i)。两者的区别如图 3-5 所示。

3.3.2 混合气体的成分

组成气体的含量与混合气体总量的比值，统称为混合气体的成分。根据物质的量的不

同，混合气体的成分可分为质量成分及摩尔成分，也称为质量分数及摩尔分数；若以 m 及 n 分别表示混合气体的质量及摩尔数；m_i 及 n_i 表示第 i 种组元的质量及摩尔数，则组元 i 的质量成分可表示为

$$x_i = \frac{m_i}{m} = \frac{m_i}{\sum m_i} \tag{3-49}$$

式(3-49)中的 $\sum m_i$ 表示各组成气体质量的总和，为了简便起见，以下的和式均不加上下标。组元 i 的摩尔成分可表示为

$$y_i = \frac{n_i}{n} = \frac{n_i}{\sum n_i} \tag{3-50}$$

显然有

$$\sum x_i = \sum n_i = 1 \; ; y_i = \frac{n_i}{n} = \frac{n_i}{\sum n_i} \tag{3-51}$$

根据“质量”与“摩尔”量之间的关系

$$M = \frac{m}{n} = \frac{R}{R_g} = \frac{\bar{v}}{v} \tag{3-52}$$

可以建立质量成分与摩尔成分之间的关系，有

$$x_i = \frac{m_i}{m} = \frac{n_i M_i}{nM} = y_i \frac{M_i}{M} = y_i \frac{R_g}{R_{gi}} \tag{3-53}$$

式(3-53)中 M 及 R_g 表示混合气体的折合摩尔质量及折合气体常数，它们的计算公式在下面介绍；M_i 及 R_{gi}表示第 i 种组元的摩尔质量及气体常数，它们的数值可根据气体种类从附表 1 中查取。

根据分压力及分容积的定义，对于第 i 种组元写出状态方程，有

$$V_i = n_i RT = p_i V; \quad \frac{p_i}{p} = \frac{V_i}{V} \tag{3-54}$$

式(3-54)说明，组成气体的分容积与混合气体总容积的比值(称为容积成分或容积分数)，等于其分压力与混合气体总压力的比值。利用分压力的定义，摩尔成分可表示为

$$y_i = \frac{n_i}{n} = \frac{p_i V/RT}{pV/RT} = \frac{p_i}{p} = \frac{V_i}{V} \tag{3-55}$$

式(3-55)说明，组成气体的摩尔成分等于它的容积成分，并等于其分压力与混合气体总压力的比值。

3.3.3 混合气体的摩尔质量及气体常数

混合气体的摩尔质量及气体常数是随组成气体的种类及成分的不同而变化的，它们仅代表在一定配比的条件下，各组成气体相应热力性质按配比加权的一种平均值，通常又称为折合摩尔质量及折合气体常数。根据质量守恒定律，有

$$m = \sum m_i \; ; nM = \sum n_i M_i$$

$$M = \frac{\sum n_i M_i}{n} = \sum y_i M_i \tag{3-56}$$

$$R_g = \frac{R}{M} = \frac{R}{\sum y_i M_i} \tag{3-57}$$

由式(3-56)及式(3-57)，可以根据各组元的摩尔质量 M_i 及摩尔成分 y_i 计算出混合气体的折合摩尔质量 M 及折合气体常数 R_g。

根据摩尔成分与质量成分的关系式(3-53)

$$y_i = \frac{x_i R_{gi}}{R_g}$$

可以得出

$$\sum y_i = \sum \frac{x_i R_{gi}}{R_g} = 1$$

$$R_g = \sum x_i R_{gi} \tag{3-58}$$

$$M = \frac{R}{R_g} = \frac{R}{\sum x_i R_{gi}} \tag{3-59}$$

由式(3-58)及式(3-59)，可根据各组元的质量成分 x_i 及气体常数 R_{gi}，计算出混合气体的折合气体常数 R_g 及折合摩尔质量 M。

3.3.4 混合气体的比热容

理想气体的比热力学能、比焓及比热容仅是温度的函数，它们的变化仅与初终两态的温度有关，而与过程的性质及途径无关。对于混合气体及组成气体，热力学能变化的计算公式分别为

$$dU = mc_v(T)dT = n\bar{c}_v(T)dT$$

$$dU_i = m_i c_{vi}(T)dT = n_i \bar{c}_{vi}(T)dT$$

混合气体的温度及温度变化，总是与各组成气体的温度及温度变化相同，混合气体的热力学能变化总是等于各组元热力学能变化的总和，可写成

$$dU = \sum dU_i$$

$$mc_v(T)dT = \sum m_i c_{vi}(T)dT$$

$$c_v(T) = \sum x_i c_{vi}(T) \tag{3-60}$$

$$n\bar{c}_v(T)dT = \sum n_i \bar{c}_{vi}(T)dT$$

$$\bar{c}_v(T) = \sum y_i \bar{c}_{vi}(T) \tag{3-61}$$

式(3-60)及式(3-61)说明，混合气体的定容比热容(c_v 或 $\bar{c}_v$)等于各组成气体相应的定容比热容与相应成分乘积的总和。

同理，混合气体的定压比热容(c_p 或 $\bar{c}_p$)等于各组成气体相应的定压比热容与相应成分乘积的总和。可以表示为

$$c_p(T) = \sum x_i c_{pi}(T) \tag{3-62}$$

$$\bar{c}_p(T) = \sum y_i \bar{c}_{pi}(T) \tag{3-63}$$

值得指出，上述的混合气体比热容公式，对于定值比热容、平均比热容及真实比热容都是适用的。实际上，利用混合气体比热容公式，求出任何一种比热容之后，其他的比热容可以根据迈耶公式及三种比热容之间的关系来求取，即有

$$c_p(T)-c_v(T)=R_g,\ \bar{c}_p(T)-\bar{c}_v(T)=R$$

$$\bar{c}_p(T)=22.4c_p'=Mc_p,\ \bar{c}_v(T)=22.4c_v'=Mc_v$$

3.3.5 混合气体的热力学能、焓及熵

U、H 及 S 都是容度参数，具有可加性，因此有

$$U = \sum n_i\bar{u}_i = \sum m_i u_i \quad \bar{u} = \sum y_i\bar{u}_i \quad u = \sum x_i u_i \tag{3-64}$$

$$H = \sum n_i\bar{h}_i = \sum m_i h_i \quad h = \sum y_i\bar{h}_i \quad h = \sum x_i h_i \tag{3-65}$$

$$S = \sum n_i\bar{s}_i = \sum m_i s_i \quad \bar{s} = \sum y_i\bar{s}_i \quad s = \sum x_i s_i \tag{3-66}$$

$$\mathrm{d}\bar{u} = \sum y_i\bar{c}_{vi}\mathrm{d}T \quad \mathrm{d}u = \sum x_i c_{vi}\mathrm{d}T \tag{3-67}$$

$$\mathrm{d}\bar{h} = \sum y_i\bar{c}_{pi}\mathrm{d}T \quad \mathrm{d}h = \sum x_i c_{pi}\mathrm{d}T \tag{3-68}$$

$$\mathrm{d}\bar{s} = \sum y_i(\bar{c}_{pi}\mathrm{dln}T - R\mathrm{dln}p_i) \quad \mathrm{d}s = \sum x_i(c_{pi}\mathrm{dln}T - R\mathrm{dln}p_i) \tag{3-69}$$

上述公式说明，混合气体的容度参数，等于各组成气体同名容度参数的总和；混合气体的比参数，等于各组成气体同名比参数与相应成分的乘积的总和；混合气体容度参数的变化，可通过各组成气体同名容度参数的变化来进行计算。在应用式(3-69)计算熵的变化时，一定要正确识别组成气体的实际状态。

混合气体的计算公式很多，记不胜记。实际上，如果知道了混合气体热力性质(c_p、c_v、R_g、k 及 M)中的任意两个独立参数，就可求出其他三个参数，进而还可求出相应的摩尔比热容及容积比热容。因此，不必去死记混合气体中的每个公式，只要记住任意两个独立参数(如 c_p 及 R)的公式，就可把定组成定成分的混合气体当作单一气体，直接应用理想气体的计算公式来进行计算。

3.4 理想气体的热力过程

3.4.1 概述

(1) 研究热力过程的任务与方法

工程上广泛应用的各种热工设备，尽管它们的工作原理各不相同，但都是为了完成某种特定的任务，而进行相应的热力过程。用热力学观点来进行热力分析时，这些热工设备，可以无一例外地看作是一种具体的热力学模型。它们都包括系统、边界及外界三个基本组

成部分；具备“系统状态变化”“系统与外界的相互作用”以及“两者之间的内在联系”这三个基本要素。

系统内工质状态的连续变化过程称为热力过程。工质状态变化是与各种作用量密切相联系的，这种联系就是热力学基本定律及工质基本属性的具体体现，而各种热工设备，则正是实现这种联系的具体手段。实施热力过程的目的可归纳为两类：控制系统内部工质状态变化的规律，使之在外界产生预期的效果；或者，为了使工质维持或达到某种预期的状态，应控制外部条件，使之对系统给以相应的作用量。前者如各种动力循环及制冷循环；后者如锅炉、炉窑、压气机、换热器等。实际上，任何热力过程都包含工质的状态变化和外界作用量，这是同一事物的两个方面，仅是目的不同而已。研究热力过程的目的任务就在于运用热力学的基本定律及工质的基本属性，揭示热力过程中工质状态变化的规律与各种作用量之间的内在联系，并从能量的量和质两个方面进行定性分析及定量计算。

在热工设备中不可避免地存在摩擦、温差传热等不可逆因素。因此，实际热力过程都是不可逆过程。热力学的基本分析方法是，把实际过程近似的、合理的、理想化成可逆的热力过程，即暂且不考虑次要因素，抓着问题的本质及主要因素来进行分析。这样，不仅可以应用热力学的关系及数学工具进行分析计算，而且所得的结果用经验系数加以修正后，即可应用于实际过程，因此具有普遍的指导意义。

（2）研究范围及前提

本章限于研究理想气体的热力过程。因此，一方面要熟练地掌握并运用理想气体的各种基本属性；另一方面，也要防止不加分析地把理想气体的有关结论，应用到非理想气体中去。对于理想气体，下列公式适用于任何过程；如无特殊说明，本章公式中的比热容均为常值比热容。

$$pV=mR_gT=nRT$$

$$u=u(T)\text{；}\ h=h(T)\text{；}\ c_v=\frac{du}{dT}=c_v(T)\text{；}\ c_p=\frac{dh}{dT}=c_p(T)\text{；}\ c_p-c_v=R_g$$

$$du=c_v dT\text{；}\ dh=c_p dT$$

$$ds=c_v\frac{dT}{T}+R_g\frac{dv}{v}=c_p\frac{dT}{T}-R_g\frac{dp}{p}=c_p\frac{dv}{v}+c_v\frac{dp}{p}$$

本章主要讨论理想气体的可逆过程。因此，一方面要熟练地掌握并运用可逆过程的概念及性质。例如：可逆过程可以用状态参数坐标图上的曲线来表示；可逆过程中的功量及热量可以用下列公式来计算

$$w_v=\int_1^2 p dv\text{；}\ w_t=-\int_1^2 v dp\text{；}\ \int_1^2 p dv=\int_1^2 d(pv)-\int_1^2 v dp$$

$$q_v=\int_1^2 c_v dT\text{；}\ q_p=\int_1^2 c_p dT\text{；}\ q=\int_1^2 T ds$$

另一方面，也要防止不加分析地把可逆过程的结论及公式，应用到不可逆过程中去。

本章主要讨论闭口系统的可逆过程，但是，有关的结论可以应用于开口系统的无摩擦稳定流动过程。如前所述，开口系统的稳定状态与相应的平衡状态是一一对应的；闭口系统的可逆过程与无摩擦稳定流动过程也是一一对应的；闭口系统从初态可逆地变化到终态，相当于开口系统无摩擦稳定流动过程中从入口状态变化到出口状态；闭口系统的准静态功

的模式是 $\int_1^2 p\mathrm{d}v$，开口系统的准静态功的模式是 $-\int_1^2 v\mathrm{d}p$，它们也是密切相关的。这种对应关系，明显地表现在热力学第一定律表达式之间的关系上。不难理解有

$$\delta q=\mathrm{d}u+p\mathrm{d}v=\mathrm{d}h-v\mathrm{d}p$$

此式适用于任何工质的任何可逆过程。如果工质是理想气体，则可进一步写成

$$\delta q=c_{\mathrm{v}}\mathrm{d}T+p\mathrm{d}v=c_{\mathrm{p}}\mathrm{d}T-v\mathrm{d}p$$

上式适用于理想气体的任何可逆过程。

(3) 分析理想气体热力过程的一般步骤

① 根据过程的特征，建立过程方程。

② 根据过程方程及理想气体状态方程，确定过程中基本状态参数间的关系。

③ 在 p-V 图及 T-s 图上画出过程曲线，并写出过程曲线的斜率表达式。

④ 对过程进行能量分析，包括 Δu、Δh、Δs 的计算以及功量及热量的计算。

⑤ 对过程进行能质分析，对于可逆过程这一步骤可以省去。

3.4.2 基本热力过程

根据状态公理，对于简单可压缩系统，如果有二个独立的状态参数保持不变，则系统的状态不会发生变化。一般来说，气体发生状态变化过程时，所有的状态参数都可能发生变化，但也可以允许一个(最多只能一个)状态参数保持不变，而让其他状态参数发生变化。如果在状态变化过程中，分别保持系统的比容、压力、温度或比熵为定值，则分别称为定容过程、定压过程、定温过程及定熵过程。这些有一个状态参数保持不变的过程统称为基本热力过程。

(1) 定容过程

比容保持不变的过程称为定容过程。

① 定容过程方程

根据定容过程的特征，其过程方程为

$$v=\text{定值}$$

② 定容过程的参数关系

根据定容过程的过程方程，v=定值；以及理想气体状态方程 $pv=R_{\mathrm{g}}T$，即可得出定容过程中的参数关系

$$\frac{p_1}{T_1}=\frac{p}{T}=\frac{p_2}{T_2}=\frac{R_{\mathrm{g}}}{v}=\text{定值} \tag{3-70}$$

式(3-70)说明，在定容过程中气体的压力与温度成正比。例如，定容吸热时，气体的温度及压力均升高；定容放热时，两者均下降。

③ 定容过程的图示

定容过程在 p-V 图上的斜率可表示为

$$\left(\frac{\partial p}{\partial v}\right)_v=\pm\infty \tag{3-71}$$

如图 3-6 所示，定容线在 p-V 图上是一条与横坐标 v 轴相垂直的直线，若以 1 表示初

态，则12_v表示定容放热；$12_v'$表示定容吸热，它们是两个过程。

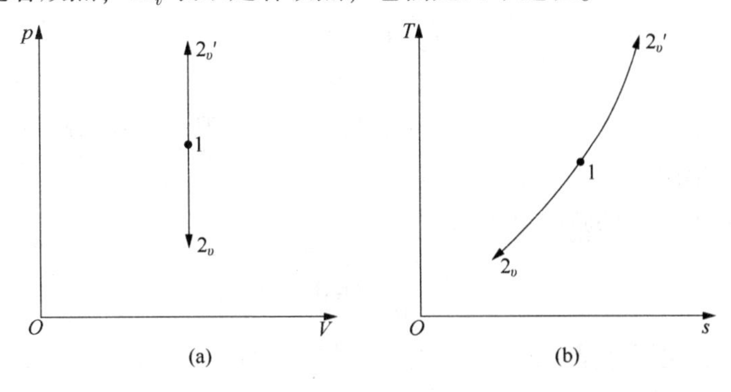

图 3-6　定容过程

定容过程在 T-s 图上的斜率表达式，可以根据熵变公式及定容过程的特征导得，有

$$\left(\frac{\partial T}{\partial s}\right)_v=\frac{T}{c_{\mathrm{v}}},\quad \Delta s_{\mathrm{v}}=c_{\mathrm{v}}\ln\frac{T_2}{T_1} \tag{3-72}$$

在 T-s 图上，定容线是一条指数曲线，其斜率随温度升高而增大，即曲线随温度升高而变陡。图 3-6 中，12_v 表示定容放热线；$12_v'$ 表示定容吸热线，它们是与 p-V 图上同名过程相对应的两个过程，过程线下的面积代表所交换的热量。

④ 定容过程的能量分析

根据理想气体的性质，假定比热容为常数，有

$$\Delta u_{12}=c_{\mathrm{v}}(T_2-T_1)$$

$$\Delta h_{12}=c_{\mathrm{p}}(T_2-T_1)$$

$$\Delta s_{12}=c_{\mathrm{v}}\ln\frac{T_2}{T_1}$$

根据定容过程的特征，$\mathrm{d}v=0$，可以得出

$$w_{\mathrm{v}}=\int_1^2 p\mathrm{d}v=0$$

$$w_{\mathrm{t}}=-\int_1^2 v\mathrm{d}p=v(p_1-p_2)$$

定容过程中的热量，可以利用比热容的概念来计算，也可以利用热力学第一定律表达式来计算。即有

$$q_{\mathrm{v}}=c_{\mathrm{v}}(T_2-T_1)=u_2-u_1 \tag{3-73}$$

系统的热力学能变化等于系统与外界交换的热量，这是定容过程中能量转换的特点。

(2) 定压过程

压力保持不变的过程称为定压过程。

① 定压过程方程

根据定压过程的特征，其过程方程为

$$p=\text{定值}$$

② 定压过程的参数关系

根据过程方程及状态方程，可得出

$$\frac{v_1}{T_1}=\frac{v}{T}=\frac{v_2}{T_2}=\frac{R_g}{p}=\text{定值} \tag{3-74}$$

式(3-74)说明在定压过程中气体的比容与温度成正比。因此，定压加热过程中气体温度升高必为膨胀过程；定压压缩过程中气体比容减小必为温度下降的放热过程。

③ 定压过程的图示

定压过程在 $p-V$ 图上的斜率可表示为

$$\left(\frac{\partial p}{\partial v}\right)_p=0 \tag{3-75}$$

如图 3-7 所示，定压过程在 $p-V$ 图上是一条与纵坐标 p 相垂直的水平直线。其中12_p 表示定压膨胀过程；$12_p^{'}$ 表示定压压缩过程，它们分别表示两个过程，过程线下的面积表示功量。

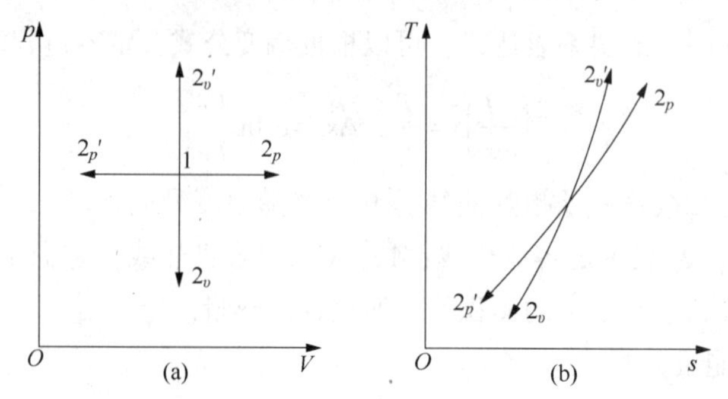

图 3-7　定压过程与定容过程

定压过程在 $T-s$ 图上的斜率表达式，可以根据熵变公式及定压过程的特征导得，即有

$$\left(\frac{\partial T}{\partial s}\right)_p=\frac{T}{c_p},\ \ \Delta s_p=c_p\ln\frac{T_2}{T_1} \tag{3-76}$$

可见在 $T-s$ 图上，定压线也是一条指数曲线，但因 $c_p>c_v$ 所以通过同一状态的定压线总比定容线平坦。为了便于比较，在图 3-7 中同时画出了通过同一初态的定压线及定容线。其中12_p 是定压吸热过程；$12_p^{'}$ 是定压放热过程，它们是与 $p-V$ 图上同名过程相对应的两个过程，过程线下的面积代表相应的热量。

④ 定压过程的能量分析

定压过程中 Δu_{12}、Δh_{12}及 Δs_{12}可表示为

$$\Delta u_{12}=c_v(T_2-T_1)\text{；}\ \Delta h_{12}=c_p(T_2-T_1)\text{；}\ \Delta s_{12}=c_p\ln\frac{T_2}{T_1}$$

定压过程的功量及热量，可以表示为

$$w_v=\int_1^2 p\mathrm{d}v=p(v_2-v_1)\ \ ,\ w_t=\int_1^2-v\mathrm{d}p=0$$

$$q_p=h_2-h_1=c_p(T_2-T_1) \tag{3-77}$$

式(3-77)表达了定压过程中能量转换的特征，即系统在定压下所交换的热量等于工质焓值的变化。

(3) 定温过程

温度保持不变的状态变化过程称为定温过程。按照分析热力过程的一般步骤，可以依次得出以下结论：

① 定温过程的过程方程

$$T=定值$$

② 定温过程的参数关系

$$p_1v_1=pv=p_2v_2=R_gT=定值 \tag{3-78}$$

定温过程中压力与比容成反比。

③ 定温过程的图示

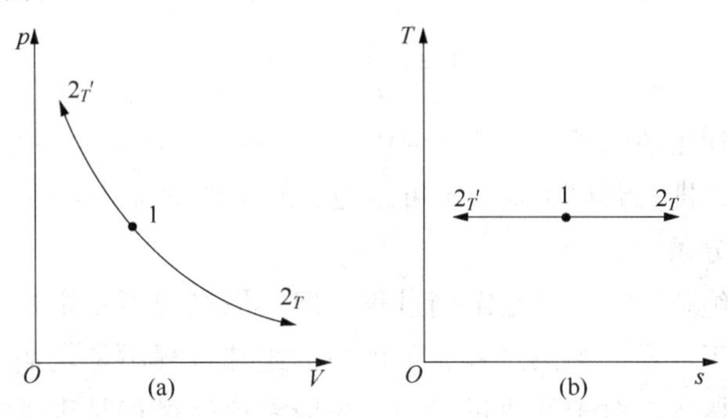

图 3-8　定温过程

对式(3-78)全微分可得出　　　　$pdv+vdp=0$

因此定温过程在 $p-V$ 图上的斜率可表示为

$$\left(\frac{\partial p}{\partial v}\right)_T=-\frac{p}{v}或\ \mathrm{d}\ln p=-\mathrm{d}\ln v \tag{3-79}$$

如图 3-8 所示，在 $p-V$ 图上定温过程是一条等边双曲线，过程线的斜率为负值。其中 12_T 是等温膨胀过程；$12_T'$ 是等温压缩过程。过程线下的面积代表容积变化功 w_v；过程线与纵坐标所围面积代表技术功 w_t，在定温过程中，两者是相等的。

定温过程在 $T-s$ 图上的斜率可表示为

$$\left(\frac{\partial T}{\partial s}\right)_T=0 \tag{3-80}$$

定温过程在 $T-s$ 图上是一条与纵坐标 T 轴相垂直的水平直线，其中 12_T 及 $12_T'$ 是与 $p-V$ 图上同名过程线相对应的两个过程。过程线 12_T 下面的面积为正，表示吸热；$12_T'$ 下面的面积为负，表示放热。

④ 定温过程的能量分析

理想气体的热力学能及焓仅是温度的函数，在定温过程中，显然有

$$\Delta u_{12}=0;\ \Delta h_{12}=0$$

定温过程中的熵变可按下式计算：

$$\Delta s_{12}=R_g\ln\frac{v_1}{v_2}=-R_g\ln\frac{p_2}{p_1}$$

定温过程中的功量及热量可表示为

$$w_v=\int_1^2 p\mathrm{d}v=\int_1^2-v\mathrm{d}p=w_t$$

$$q_T=w_v=w_t=R_gT\ln\frac{v_2}{v_1}=-R_gT\ln\frac{p_2}{p_1} \tag{3-81}$$

式(3-81)表达了定温过程中能量转换的特征，即定温过程中热力学能及焓都不变，系统在定温过程中所交换的热量等于功量($q_T = w_v = w_t$)。

(4) 定熵过程

比熵保持不变的过程称为定熵过程。影响系统熵值变化的内因及外因将在热力学第二定律中仔细讨论，在这里必须强调一下保持比熵不变的充要条件。

已经证明，在闭口可逆的条件下有

$$ds = \left(\frac{\delta q}{T}\right)_{rev} = 0$$

显然，在闭口可逆绝热的条件下有 $ds = 0$。根据闭口系统与开口系统之间的内在联系，可以得出这样的结论，即在开口系统稳定可逆绝热的条件下有 $ds = 0$。总而言之，可逆绝热是保持比熵不变的充分条件。

值得指出，可逆绝热过程一定是定熵过程，但定熵过程不一定是可逆绝热过程。本节讨论的定熵过程仅限于可逆的绝热过程。不可逆的绝热过程不是定熵过程。定熵过程与绝热过程是两个不同的概念。对于绝热过程，首先应考察该过程是否可逆，然后才能确定是否可以应用定熵过程的有关结论。

① 定熵过程的过程方程

根据定熵的条件及熵变的计算公式式(3-41)，可以得出

$$ds = c_v \frac{dp}{p} + c_p \frac{dv}{v} = 0 \tag{3-82}$$

假定比热容为常数，则比热比也是常数，有

$$k = \frac{c_p}{c_v} = \text{定值} \tag{3-83}$$

由式(3-82)及式(3-83)，可得出

$$\frac{dp}{p} = -k\frac{dv}{v} \text{或} \ d\ln p = -d\ln v^k \tag{3-84}$$

对式(3-84)积分，从初态 1 到终态 2 的积分结果为

$$\ln\frac{p_2}{p_1} = -\ln\left(\frac{v_2}{v_1}\right)^k = \ln\left(\frac{v_1}{v_2}\right)^k \tag{3-85}$$

由式(3-85)可得出

$$\frac{p_2}{p_1} = \left(\frac{v_1}{v_2}\right)^k \tag{3-86}$$

或写成

$$p_1 v_1^k = p_2 v_2^k = pv^k = \text{常量} \tag{3-87}$$

式(3-87)是理想气体定熵过程的过程方程，其中比热比 k 是过程方程的指数，通常称点为定熵指数。

② 定熵过程的参数关系

根据定熵过程及理想气体状态方程，不难得出定熵过程中的参数关系：

$$pv^k = pv \cdot v^{k-1} = R_g T \cdot v^{k-1} = \text{定值} \tag{3-88}$$

式(3-88)除以气体常数，可得出

$$Tv^{k-1}=T_1v_1^{k-1}=T_2v_2^{k-1}=\text{常量} \tag{3-89}$$

由式(3-87)及式(3-89)，可得出

$$\frac{v_1}{v_2}=\left(\frac{p_2}{p_1}\right)^{1/k}=\left(\frac{T_2}{T_1}\right)^{1/(k-1)} \tag{3-90}$$

式(3-90)可写成：

$$\frac{T_2}{T_1}=\left(\frac{p_2}{p_1}\right)^{(k-1)/k} \tag{3-91}$$

③ 定熵过程的图示

在 $p-v$ 图上定熵过程线的斜率表达式可以由式(3-84)得出

$$\left(\frac{\partial p}{\partial v}\right)_s=-k\frac{p}{v} \tag{3-92}$$

式(3-92)说明，定熵线是一条高次双曲线。图 3-9 中同时画出了通过同一初态的定温线及定熵线。因为 $k>1$，所以定熵线比定温线陡，它们的斜率都是负的。12_s 表示可逆绝热膨胀过程；$12_s'$ 是定熵压缩过程。过程线下的面积表示容积变化功；过程线与纵坐标所围的面积表示技术功。$T-s$ 图上定熵线的斜率表达式为

$$\left(\frac{\partial T}{\partial s}\right)_s=\pm\infty \tag{3-93}$$

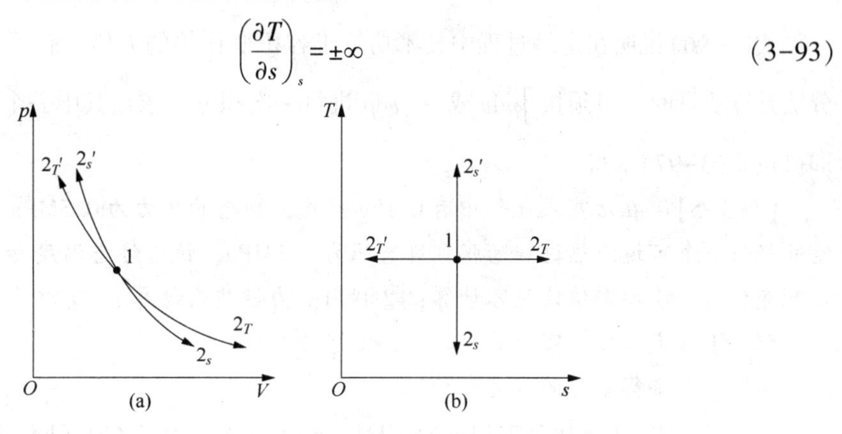

图 3-9　定熵过程与定温过程

在 $T-s$ 图上定熵线是一条与横坐标 s 轴相垂直的直线。12_s 及 $12_s'$ 分别表示 $p-V$ 图上同名过程线相对应的两个过程。过程线下面的面积均为零，表示没有热量交换。

④ 定熵过程的能量分析

定熵过程中的 Δu_{12}、Δh_{12} 及 Δs_{12} 可分别表示为

$$\Delta u_{12}=c_v(T_2-T_1)\text{；}\ \Delta h_{12}=c_p(T_2-T_1)\text{；}\ \Delta s_{12}=0$$

定熵过程是可逆绝热过程，显然有

$$\delta q=0;\ q=\int_1^2 T\mathrm{d}s=0$$

闭口系统的容积变化功可以根据热力学第一定律计算：

$$w_{1-2}=u_1-u_2=c_v(T_1-T_2)=\frac{R_g}{k-1}(T_1-T_2)=\frac{1}{k-1}(p_1v_1-p_2v_2)$$

$$=\frac{1}{k-1}R_gT_1\left[1-\left(\frac{p_2}{p_1}\right)^{(k-1)/k}\right]=\frac{1}{k-1}p_1v_1\left[1-\left(\frac{p_2}{p_1}\right)^{(k-1)/k}\right] \tag{3-94}$$

式(3-94)说明，在定熵过程中，系统的热力学能变化完全是由功量交换所引起的，系统对外做功时热力学能减小。外界对系统做功时，系统的热力学能增加，这是定熵过程中能量转换的特征。显然，式(3-94)的容积变化功公式也可应用积分的方法求得。

对于稳定无摩擦流动的开口系统，若忽略动能、位能的变化，则轴功 w_s 即等于技术功 w_t，因此轴功 w_s 可根据热力学第一定律来算得

$$w_s=w_t=h_1-h_2=c_p(T_1-T_2)=\frac{kR_g}{k-1}(T_1-T_2)=\frac{k}{k-1}(p_1v_1-p_2v_2)$$

$$=\frac{k}{k-1}R_gT_1\left[1-\left(\frac{p_2}{p_1}\right)^{(k-1)/k}\right]=\frac{k}{k-1}p_1v_1\left[1-\left(\frac{p_2}{p_1}\right)^{(k-1)/k}\right] \tag{3-95}$$

在稳定工况下系统的状态是不变的，式中 1 及 2 分别表示进出口质量流的状态。式(3-95)建立了稳定定熵流动过程中，系统交换的功量与质量流焓值变化之间转换关系。

由式(3-92)，或者比较式(3-94)及式(3-95)，可以得出

$$-v\mathrm{d}p=kp\mathrm{d}v \tag{3-96}$$

$$w_t=kw_v \tag{3-97}$$

式(3-96)说明在定熵过程中技术功等于容积变化功的 k 倍。有了这一层关系，在用积分法计算功量时，只须按 $\int p\mathrm{d}v$ 或 $-\int v\mathrm{d}p$ 进行一次积分，求出其中一个功量后，另一个功量即可按式(3-97)求得。

【例 3-5】 在活塞式气缸中有 0.1kg 空气，初态的压力为 0.5MPa，温度为 600K。假定空气经历一个可逆绝热过程膨胀到终态压力 0.1MPa。试求终态温度和容积以及膨胀过程的容积变化功。①按定值比热容计算；②利用热力性质表计算。

解：①按定值比热容计算

由附表 1 查得空气的有关参数：

$$R_g=0.2871\text{kJ/(kg·K)},\ k=1.4,\ c_v=0.716\text{kJ/(kg·K)}$$

根据理想气体状态方程，可以求得

$$v_1=\frac{R_gT_1}{p_1}=\frac{0.2871\times600}{500}=0.3445\text{m}^3/\text{kg}$$

$$V_1=mv_1=0.1\times0.3445=0.03445\text{m}^3$$

按定熵过程的参数关系，可以求得

$$T_2=T_1\left(\frac{p_2}{p_1}\right)^{\frac{k-1}{k}}=600\times\left(\frac{0.1}{0.5}\right)^{\frac{1.4-1}{1.4}}=378.8\text{K}$$

$$v_2=v_1\left(\frac{p_1}{p_2}\right)^{\frac{1}{k}}=0.3445\times\left(\frac{0.5}{0.1}\right)^{\frac{1}{1.4}}=1.088\text{m}^3/\text{kg}$$

$$V_2=mv_2=0.1\times1.088=0.1088\text{m}^3$$

在闭口、绝热，动、位能不计的条件下，热力学第一定律的普遍表达式可简化成

$$W_v = -\Delta U = mc_v(T_1 - T_2) = 0.1 \times 0.716 \times (600 - 378.8) = 15.84\text{kJ}$$

② 利用热力性质表计算

由附表 5，根据 $T_1 = 600\text{K}$，可以查得

$$u_1 = 434.78\text{kJ/kg},\ s_1^0 = 2.409\text{kJ/(kg·K)}$$

$$p_{r1} = 16.28,\ v_{r1} = 105.8$$

根据定熵过程的参数关系，有

$$s_2^0 = s_1^0 + R_g \ln\frac{p_2}{p_1} = 2.409 + 0.2871\ln\left(\frac{0.1}{0.5}\right) = 1.947\text{kJ/(kg·K)}$$

再由附表 5，根据 $s_2^0 = 1.947\text{kJ/(kg·K)}$，用插入法算得

$$T_2 = 383\text{K},\ u_2 = 273.86\text{kJ/kg},\ p_{r2} = 3.256,\ v_{r2} = 336.8$$

用定熵相对压力的概念进行校核：

$$p_{r2} = p_{r1}\frac{p_2}{p_1} = 16.28 \times \frac{0.1}{0.5} = 3.256$$

根据定熵相对比容的概念，可以算得

$$v_{r2} = v_{r1}\frac{v_2}{v_1} = 0.3445 \times \frac{336.8}{105.8} = 1.097\text{m}^3/\text{kg}$$

【例 3-6】 一台压气机在绝热条件下稳定工作，吸入的空气状态为 290K，0.1MPa，出口的空气压力为 0.9MPa，假定进出口的动、位能变化及摩擦都忽略不计，试求每压缩 1kg 空气压气机所需的轴功。①按定值比热容计算；②用空气热力性质表计算。

解：①按定值比热容计算

由附表 1，查得空气的热性参数：

$$c_p = 1.004\text{kJ/(kg·K)},\ k = 1.40$$

工质在开口系统中稳定无摩擦的绝热流动过程是定熵过程，利用定熵过程的参数关系，可算得

$$\frac{T_2}{T_1} = \left(\frac{p_2}{p_1}\right)^{(k-1)/k} = 290 \times \left(\frac{0.9}{0.1}\right)^{\frac{0.4}{1.4}} = 543.3\text{K}$$

在稳定、绝热及忽略动位能变化的条件下，热力学第一定律普遍表达式可以简化成：

$$w_s = h_1 - h_2 = c_p(T_1 - T_2) = 1.004 \times (290 - 543.3) = -254.3\text{kJ/kg}$$

负值表示外界向压气机输入的轴功。

② 按空气热力性质表计算

由附表 5，当 $T_1 = 290\text{K}$ 时，可查得

$$p_{r1} = 1.2311,\ h_1 = 290.16\text{kJ/kg}$$

根据定熵相对压力的性质，即定熵过程中相对压力的比值等于初终两态的压力比，有

$$p_{r2} = p_{r1}\frac{p_2}{p_1} = 1.2311 \times \frac{0.9}{0.1} = 11.08$$

由附表 5，根据 $p_{r2} = 11.08$，可查得

$$T_2 = 539.8\text{K},\ h_2 = 544.14\text{kJ/kg}$$

根据热力学第一定律，即可算出：

$$w_s = h_1 - h_2 = 290.16 - 544.14 = -253.98\text{kJ/kg}$$

可以看出，在温度不太高，温度变化范围不太大的情况下，用常值比热容来计算有足够的精确度。

(5) 多变过程

四个基本热力过程，在热力分析及计算中起着重要的作用。基本热力过程的共同特征是，有一个状态参数在过程中保持不变。实际过程是多种多样的，在许多热力过程中，气体的所有状态参数都在发生变化。对于这些过程，是不能把它们简化成基本热力过程的。因此，要进一步研究一种理想的热力过程，其状态参数的变化规律，能高度概括地描述更多的实际过程。这种理想过程就是多变过程。

① 多变过程的过程方程

多变过程的过程方程为

$$pv^n = \text{定值} \tag{3-98}$$

式中，n 称为多变指数。满足多变过程方程且多变指数保持常数的过程，统称为多变过程。对于不同的多变过程，n 有不同的值。n 可以是 $-\infty \sim +\infty$ 之间的任何一个实数，因而相应的多变过程也可以有无限多种。

实际过程中气体状态参数的变化规律并不符合多变过程方程，即很难保持 n 为定值。但是，任何实际过程总能看作是由若干段过程所组成，每一段中 n 接近某一常数，而各段中的 n 值并不相同。这样，就可用多变过程的分析方法来研究各种实际过程。

值得指出，四个基本热力过程都是多变过程的特例。pv^n = 定值，不难看出：

当 $n=0$ 时，$pv^0 = p$ = 定值，定压过程

当 $n=1$ 时，$pv = R_g T$ = 定值，定温过程

当 $n=k$ 时，pv^k = 定值，定熵过程

当 $n=\pm\infty$ 时，pv^∞ = 定值，$p^{1/\infty}v$ = 定值，定容过程

多变过程方程与定熵过程方程具有相同的函数形式，仅是指数不同而已。在分析多变过程时，应充分利用这个特点，以便直接引用定熵过程中的有关结论。

根据式(3-98)，可以得出多变过程方程的微分形式：

$$\frac{dp}{p} + n\frac{dv}{v} = 0 \tag{3-99}$$

对上式积分，可以得出

$$\ln\frac{p_2}{p_1} + n\ln\frac{v_2}{v_1} = 0 \tag{3-100}$$

$$n = \frac{\ln p_2 - \ln p_1}{\ln v_1 - \ln v_2} \tag{3-101}$$

式(3-101)是多变指数 n 的计算公式。从式(3-101)不难看出四个基本热力过程的 n 值分别为

定压过程，$p_1 = p_2$，$n=0$

$$定容过程，v_1=v_2，n=\pm\infty$$

$$定温过程，p_1v_1=p_2v_2，n=1$$

$$定熵过程，\frac{p_1}{p_2}=\left(\frac{v_2}{v_1}\right)^k，n=k$$

② 多变过程的参数关系

根据过程方程 $pv^n=$定值，以及状态方程 $pv=R_gT$，可以得出

$$\frac{p_2}{p_1}=\left(\frac{v_1}{v_2}\right)^n，\frac{T_2}{T_1}=\left(\frac{v_1}{v_2}\right)^{n-1}，\frac{T_2}{T_1}=\left(\frac{p_2}{p_1}\right)^{(n-1)/n}$$

可见，多变过程中的参数关系与定熵过程中的参数关系，具有相同的形式，仅用多变指数 n 替代定熵指数。当 $n=k$ 时，该多变过程就是定熵过程。

③ 多变过程的图示

状态参数坐标图是进行热力分析及热力计算的重要工具，熟练应用各种状态参数座标图是本课程的教学基本要求之一，也是衡量热力分析能力的一个重要指标。对于多变过程图示的分析，不仅起到小结的作用，还能在提高图示能力方面起积极的作用。

a. 多变过程线的斜率表达式

根据式(3-99)，可以得出在 $p-V$ 图上多变过程线的斜率表达式

$$\left(\frac{\partial p}{\partial v}\right)_{\mathrm{n}}=-n\frac{p}{v} \tag{3-102}$$

当多变指数 n 的数值确定时，过程曲线的斜率就完全确定。从式(3-102)可知，当 n 为下列数值时，该式就变成相应的基本热力过程线的斜率表达式。

$$当 n=0 时，\left(\frac{\partial p}{\partial v}\right)_n=0=\left(\frac{\partial p}{\partial v}\right)_p，定压过程$$

$$当 n=1 时，\left(\frac{\partial p}{\partial v}\right)_n=-\frac{p}{v}=\left(\frac{\partial p}{\partial v}\right)_T，定温过程$$

$$当 n=k 时，\left(\frac{\partial p}{\partial v}\right)_n=-k\frac{p}{v}=\left(\frac{\partial p}{\partial v}\right)_s，定熵过程$$

$$当 n=\pm\infty时，\left(\frac{\partial p}{\partial v}\right)_n=\pm\infty=\left(\frac{\partial p}{\partial v}\right)_v，定容过程$$

现在讨论 $T-s$ 图上多变过程线的斜率表达式。根据理想气体状态方程 $pv=R_gT$，可以得出它的微分形式，有

$$\frac{\mathrm{d}p}{p}+\frac{\mathrm{d}v}{v}=\frac{\mathrm{d}T}{T} \tag{3-103}$$

再由多变过程方程的微分形式(3-99)，有

$$\frac{\mathrm{d}p}{p}=-n\frac{\mathrm{d}v}{v} \tag{3-104}$$

由式(3-103)及式(3-104)，可以得出

$$\frac{\mathrm{d}T}{T}=(1-n)\frac{\mathrm{d}v}{v} \tag{3-105}$$

式(3-105)也直接根据多变过程参数关系 $Tv^{(n-1)}=$定值，对其微分后得出。

根据理想气体熵变公式及式(3-105)，有

$$ds=c_v\frac{dT}{T}+R_g\frac{dv}{v}=c_v\frac{dT}{T}+\frac{R_g}{(1-n)}\cdot\frac{dT}{T}=\left[c_v+\frac{R_g}{(1-n)}\right]\frac{dT}{T}=c_v\frac{n-k}{n-1}\cdot\frac{dT}{T}=c_n\frac{dT}{T}\quad(3-106)$$

式(3-106)是多变过程的熵变计算公式，其中的 c_n 称为多变比热容(它与变值比热容是两个不同的概念)，表示为

$$c_n=c_v\frac{n-k}{n-1}\quad(3-107)$$

由式(3-106)可以得出 T-s 图上多变过程线的斜率表达式：

$$\left(\frac{\partial T}{\partial s}\right)_n=\frac{T}{c_n}\quad(3-108)$$

可以看出，对于一定的多变过程，多变指数 n 为定值，相应的多变比热容 c_n 以及在 T-s 图上多变过程线的斜率就完全确定。根据式(3-107)及式(3-108)，对于四个基本热力过程可以得出：

定压过程，$n=0$，$c_n=c_p$，$\left(\frac{\partial T}{\partial s}\right)_n=\frac{T}{c_n}=\left(\frac{\partial T}{\partial s}\right)_p$

定温过程，$n=1$，$c_n=\pm\infty$，$\left(\frac{\partial T}{\partial s}\right)_n=0=\left(\frac{\partial T}{\partial s}\right)_T$

定熵过程，$n=k$，$c_n=0$，$\left(\frac{\partial T}{\partial s}\right)_n=\pm\infty=\left(\frac{\partial T}{\partial s}\right)_s$

定容过程，$n=\pm\infty$，$c_n=c_v$，$\left(\frac{\partial T}{\partial s}\right)_n=\frac{T}{c_v}=\left(\frac{\partial T}{\partial s}\right)_v$

b. 多变过程线的分布规律

根据多变过程在 p-V 图及 T-s 图上的斜率表达式，就可以按 n 的数值在图上画出相应的多变过程曲线。

在图 3-10 中分别画出了四种基本热力过程的过程线，它们都是多变过程的特例。从同一个初态出发，向两个不同方向的同名过程线，分别代表多变指数相同的两个过程；p-V 图及 T-s 图上的同一个同名过程线，它们的方向、符号及相对位置必须一一对应，它们代表同一个过程。

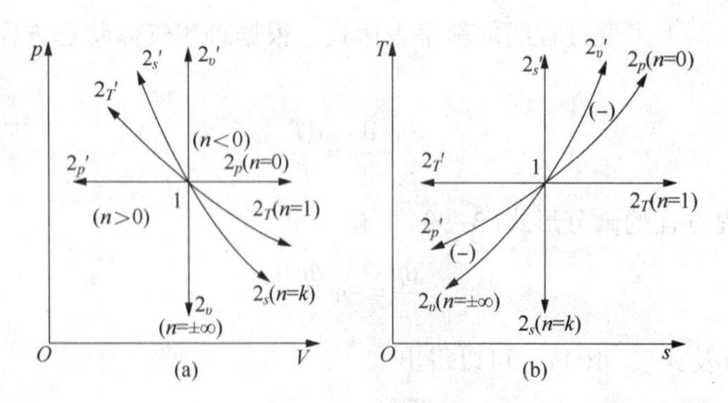

图 3-10　多变过程的图示

从图 3-10 可以看出，同名多变过程曲线在 p-V 图及 T-s 图上的形状虽然各不相同，但

是，多变过程曲线随 n 变化而变化的分布规律，即通过同一初态的各条多变过程曲线的相对位置，在 $p-V$ 图及 $T-s$ 图上是相同的。不难发现，从任何一条过程线(例如定压过程，$n=0$，$c_n=c_p$)出发，多变指数 n 的数值是沿顺时针方向递增的，在定容线上 n 为±∞，从定容线按顺时针方向变化到定压线的区间内，n 为负值。多变比热容 c_n 的数值也是沿顺时针方向递增的，在定温线上 c_n 为±∞，从定温线按顺时针方向变化到定熵线的区间内，c_n 为负值。根据多变过程线的上述分布规律，借助于四种基本热力过程线的相对位置，可以在$p-V$ 图及 $T-s$ 图上，确定 n 为任意值时多变过程线的大致方位；如果再给出过程的一个特征，例如吸热或放热，膨胀或压缩，升温或降温等，就可进一步确定该多变过程的方向。正确地画出多变过程在图上的相对位置，是对过程进行热力分析的基础和先决条件。

c. 多变过程基本性质的判据

如图 3-10 所示，从同一初态出发的四种基本热力过程线，把 $p-V$ 图及 $T-s$ 图分成 8 个区域。任何多变过程的终态，必定落在这四条基本热力过程线上，或者，落在这 8 个区域之中。落在同一条线上或同一个区域内，就有相同的过程性质；落在不同的线上或不同的区域之中，就有不同的过程性质。

多变过程都是可逆过程，因此有

$$\delta w_v = p\mathrm{d}v,\ w_v = \int_1^2 p\mathrm{d}v$$

$$\delta w_t = -v\mathrm{d}p,\ w_t = -\int_1^2 v\mathrm{d}p$$

$$\delta q_n = T\mathrm{d}s = c_n\mathrm{d}T,\ q_n = \int_1^2 T\mathrm{d}s = c_n(T_2 - T_1)$$

对于理想气体，有

$$\mathrm{d}u = c_v\mathrm{d}T,\ \Delta u_{12} = c_v(T_2 - T_1),\ \mathrm{d}h = c_p\mathrm{d}T,\ \Delta h_{12} = c_p(T_2 - T_1)$$

从这些基本公式可以看出：

定温过程，$\mathrm{d}T=0$，$\mathrm{d}u=0$，$\mathrm{d}h=0$

定熵过程，$\mathrm{d}s=0$，$\delta q=0$

定容过程，$\mathrm{d}v=0$，$\delta w_v=0$

定压过程，$\mathrm{d}p=0$，$\delta w_t=0$

所以上述四种基本热力过程，可以作为判断任意多变过程性质的依据。如果被研究的过程线在 $p-V$ 图及 $T-s$ 图上的位置确定之后，可以根据下面的判据对该过程进行定性分析。

① 过程线的位置在通过初态的定温线的上方，$\Delta u>0$，$\Delta h>0$；若在下方则 $\Delta u<0$，$\Delta h<0$。

② 过程线的位置在通过初态的定熵线的右方，$\mathrm{d}s>0$，$\delta q_p>0$；若在左方则 $\mathrm{d}s<0$，$\delta q_p<0$。

③ 过程线的位置在通过初态的定容线的右方，$\mathrm{d}v>0$，$\delta w_v>0$；若在左方则 $\mathrm{d}v<0$，$\delta w_v<0$。

④ 过程线的位置在通过初态的定压线的上方，$\mathrm{d}p>0$，$\delta w_t<0$；若在下方则 $\mathrm{d}p<0$，$\delta w_t>0$。

不难发现，判据①及②，在 $T-s$ 图上是显而易见的，但在 $p-V$ 图上则不易识别；判据③及④，在 $p-V$ 图上是显而易见的，但在 $T-s$ 图上则不易识别。值得指出，上述判据是根据多变过程线在坐标图的分布规律总结出来的，对于 $p-V$ 图及 $T-s$ 图以及其他状态参数坐标图都是普遍适用的。因此，通过 $T-s$ 图来判据①及②；通过 $p-V$ 图来理解判据③及④，就可对任何状态参数坐标上的过程线进行定性分析。

④ 多变过程的能量分析

a. Δu、Δh 及 Δs 的计算

按定值比热容来计算时：

$$\Delta u=u_2-u_1=c_v(T_2-T_1)\text{；}\ \Delta h=h_2-h_1=c_p(T_2-T_1)$$

$$\Delta s=s_2-s_1=c_n\ln\frac{T_2}{T_1}=c_v\frac{n-k}{n-1}\ln\frac{T_2}{T_1}=c_v\ln\frac{T_2}{T_1}+R_g\ln\frac{v_2}{v_1}$$

$$=c_p\ln\frac{T_2}{T_1}-R_g\ln\frac{p_2}{p_1}=c_v\ln\frac{p_2}{p_1}+c_p\ln\frac{v_2}{v_1}$$

按变值比热容来计算时：

$$\Delta u=\int_1^2 c_v\mathrm{d}T=u_2(T)-u_1(T)$$

$$\Delta h=\int_1^2 c_p\mathrm{d}T=h_2(T)-h_1(T)$$

$$\Delta s=s_{T_2}^0-s_{T_1}^0-R_g\ln\frac{p_1}{p_2}$$

b. 多变过程的功量

计算功量时，必须清楚地知道每个功量公式的适用条件以及它们之间的内在联系。

四个基本热力过程的功量计算公式是应该而且容易记住的：

$$n=\pm\infty,\ \mathrm{d}v=0,\ w_v=0,\ w_t=-v(p_1-p_2)$$

$$n=0,\ \mathrm{d}p=0,\ w_v=(p_2-p_1)v,\ w_t=0$$

$$n=1,\ \mathrm{d}T=0,\ w_v=R_gT\ln\frac{v_2}{v_1}=R_gT\ln\frac{p_1}{p_2}=w_t$$

$$n=k,\ \mathrm{d}s=0,\ w_v=-\Delta u_{12},\ w_t=-\Delta h_{12}$$

其他多变过程的功量计算公式，与定熵过程具有相同的形式，只是用多变指数 n 替代了定熵指数 k。因此有

$$w_v=\frac{1}{n-1}R_g(T_1-T_2)=\frac{p_1v_1}{n-1}\left[1-\left(\frac{p_2}{p_1}\right)^{\frac{n-1}{n}}\right] \tag{3-109}$$

$$w_t=\frac{n}{n-1}R_g(T_1-T_2)=\frac{n}{n-1}p_1v_1\left[1-\left(\frac{p_2}{p_1}\right)^{\frac{n-1}{n}}\right]=nw_v \tag{3-110}$$

c. 多变过程的热量

多变过程的热量可以根据热力学第一定律来计算：

$$q_n=\Delta u_{12}+w_v=\Delta h_{12}+w_t$$

也可以根据多变比热容来计算：

$$q_n=\int_1^2 T\mathrm{d}s=\int_1^2 c_n\mathrm{d}T=c_v\frac{n-k}{n-1}(T_2-T_1) \tag{3-111}$$

由以上公式可以看出，多变过程中的参数关系，能量转换的特点以及过程线的斜率，都与多变指数 n 有关，当 n 的数值确定以后，这些关系就完全确定。

【例 3-7】 有一台稳定工况下工作的空气压缩机，压缩过程的平均多变指数为 1.30。

试确定该过程的 Δh、q 及 w_t 的正负号。若改变冷却条件，增强散热，多变指数 n 将如何变化？在 $p-V$ 图及 $T-s$ 图上表示压缩过程的大致方位。

解：通过初态 1 可以画出四种热力过程线。已知空气的绝热指数为 1.4，则 $n=1.30$ 的多变压缩过程可以按 n 的分布规律表示在 $p-V$ 图及 $T-s$ 图上，如图 3-11 所示。

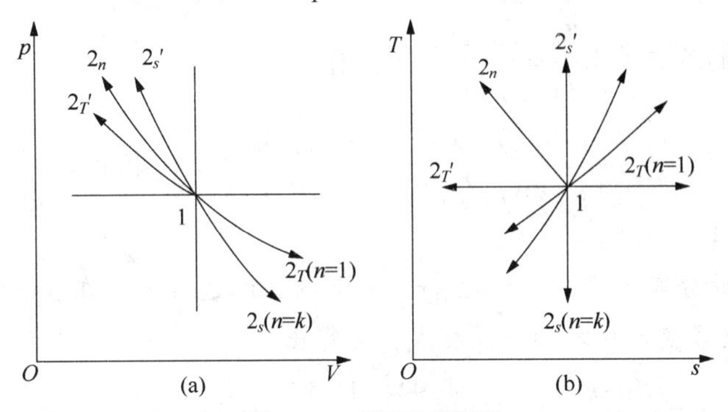

图 3-11　例 3-7 附图

根据多变过程性质的判据，可得出如下结论：

$$\Delta T>0,\ \Delta h>0$$

$$\Delta p>0,\ w_t<0$$

$$\Delta s<0,\ q<0$$

增强散热，过程线 $12n$ 将离定熵线更远，趋近定温线，所以 n 值将减小。

【例 3-8】　绝热指数 $k=1.667$ 的理想气体，从相同的初态 1 出发，先后经历 $n=0.8$ 及 $n=1.4$ 的多变过程 $1a$ 及 $1b$，膨胀到相同的终态比容，即有 $v_a=v_b=2v_1$。试将这两个过程表示在 $p-V$ 图及 $T-s$ 图上，并确定它们的 q、w_v 及 Δu 的正负号。

解：通过初态 1 可以画出四种基本热力过程线，作为分析判断的基准线。$1a$ 为 $n=0.8<1.4$ 的膨胀过程线；$1b$ 为 $n=1.4<1.667=k$ 的膨胀过程线，按 n 的分布规律以及膨胀的条件，可以把它们表示在 $p-V$ 图及 $T-s$ 图上，如图 3-12 所示。根据过程线的位置，及多变过程性质的判据，可得出如下结论：

$$1a\ 过程：\Delta u_{1a}>0,\ w_{v1a}>0,\ q_{1a}>0$$

$$1b\ 过程：\Delta u_{1b}<0,\ w_{v1b}>0,\ q_{1b}>0$$

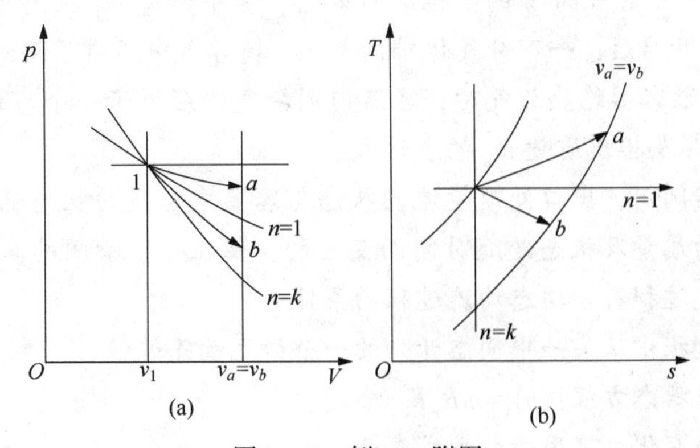

图 3-12　例 3-8 附图

【例 3-9】　1kg 氧气初态压力为 0.12MPa，温度为 300K，压缩终了时的压力为 0.5MPa，温度为 600K。假定该过程是可逆的，试计算：①多变指数 n；②多变比热容 c_n；

③过程中的 Δu_{12}、q_{12} 及 w_{v12}。把该过程表示在 $p-V$ 图及 $T-s$ 图上，并用过程性质的判据来校核 Δu、q 及 w_v 的正负号。

解：由附表 1 查得 O_2 的参数：

$$k=1.395,\ c_v=0.657\text{kg/K}$$

根据多变过程的参数关系 $\frac{T_2}{T_1}=\left(\frac{p_2}{p_1}\right)^{(n-1)/n}$，有

$$\frac{n-1}{n}=\frac{\ln(T_2/T_1)}{\ln(p_2/p_1)}=\frac{\ln(600/300)}{\ln(0.5/0.12)}=0.486$$

解得　$n=1.944$

按多变过程线的分布规律，可以把 $n=1.944$ 的压缩过程表示在 $p-V$ 图及 $T-s$ 图上，如图 3-13 所示。根据多变比热容的计算公式，可得出

$$c_n=c_v\frac{n-k}{n-1}=0.657\times\frac{1.944-1.395}{1.944-1}=0.382\text{kJ/(kg}\cdot\text{K)}$$

$$\Delta u_{12}=c_v(T_2-T_1)=0.657\times(600-300)=197.1\text{kJ/kg}>0$$

$$q_{12}=c_n(T_2-T_1)=0.382\times(600-300)=114.6\text{kJ/kg}>0$$

$$w_{12}=q_{12}-\Delta u_{12}=c_n(T_2-T_1)=114.6-197.1=-82.5\text{kJ/kg}>0$$

计算结果与图示规律是一致的。

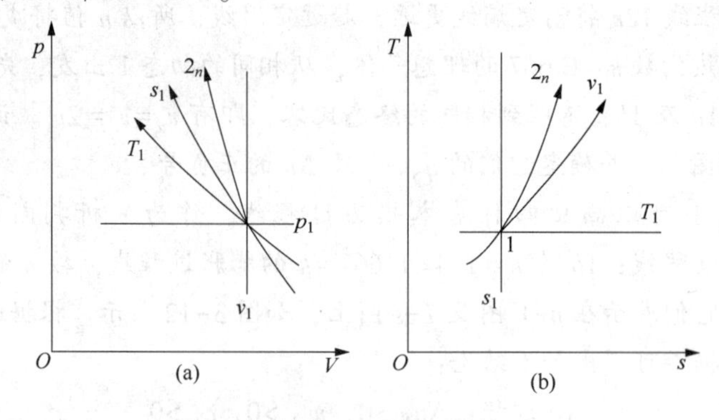

图 3-13　例 3-9 附图

【例 3-10】　有一个容积为 V 的刚性绝热容器，其中储有 m_1 状态为 p_1 及 T_1 的理想气体，k 为定值。阀门开启后，一部分气体排向大气，待容器中压力下降到 p_2 时关闭阀门(图 3-14)。①试证明刚性容器绝热放气时，容器内剩余气体经历了一个可逆的绝热膨胀过程。②试写出终态温度 T_2 及排出质量 m_e 的表达式。

解：系统不包括阀门，出口处质量流的状态与容器内工质的状态始终相同。在放气过程中，容器内气体的质量及状态是随时间而变化的，但在每个瞬间的状态都可看作是均匀一致的，因此，放气过程符合均态均流过程的条件。

现在分析放气过程中从某一中间态开始的一个微元放气过程。

对于中间态写出状态方程：$pV=mR_gT$

在微元过程中的变化，可用微分形式表示：

$$p\text{d}V+V\text{d}p=mR_g\text{d}T+R_gT\text{d}m$$

或写成

$$\frac{dV}{V}+\frac{dp}{p}=\frac{dT}{T}+\frac{dm}{m}$$

对于刚性容器，$dV=0$，因此有

$$\frac{dm}{m}=\frac{dp}{p}-\frac{dT}{T} \tag{3-112}$$

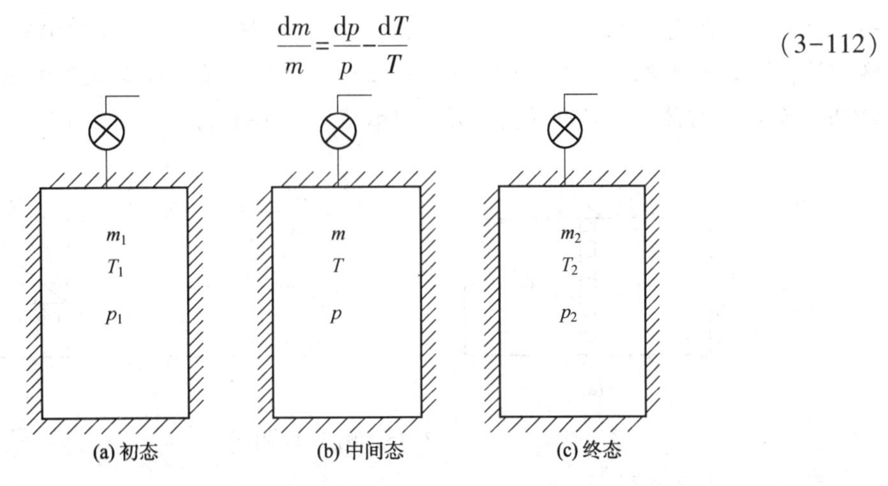

图 3-14 例 3-10 附图

根据能量方程：

$$(\Delta E)=(\Delta E)_Q+(\Delta E)_W+(\Delta E)_M$$

按题意 $(\Delta E)_Q=0$，$(\Delta E)_W=0$，$\Delta E_k=\Delta E_p=0$，$E_{fi}=0$

因此有

$$d(mu)=-\delta m_e h_e$$

$$mdu+udm=-\delta m_e h_e$$

根据质量守恒定律，$dm=-\delta m_e$，代入上式有

$$mdu=(h-u)dm$$

$$\frac{dm}{m}=\frac{du}{h-u}=\frac{c_v dT}{(c_p-c_v)T}=\frac{1}{k-1}\cdot\frac{dT}{T} \tag{3-113}$$

由(a)及(b)，可得出

$$\frac{dp}{p}=\left(\frac{1}{k-1}+1\right)\frac{dT}{T}=\left(\frac{k}{k-1}\right)\frac{dT}{T} \tag{3-114}$$

对式(3-114)积分后，有

$$\ln\frac{p_2}{p_1}=\frac{k}{k-1}\ln\frac{T_2}{T_1},\quad \frac{p_2}{p_1}=\left(\frac{T_2}{T_1}\right)^{k/(k-1)} \tag{3-115}$$

由式(3-115)可见，刚性容器绝热放气过程中，剩余气体的参数关系符合定熵过程的规律，即剩余气体经历一个定熵过程。

由式(3-115)即可写出终态温度 T_2 的表达式：

$$T_2=T_1\left(\frac{p_2}{p_1}\right)^{(k-1)/k}$$

过程中放出的质量 m_e 可表示为

$$m_e=m_1-m_2=\left(\frac{p_1}{T_1}-\frac{p_2}{T_2}\right)\frac{V}{R_g}$$

【例 3-11】 一封闭的气缸如图 3-15 所示，有一无摩擦的绝热活塞位于中间，两边分别充以氮气和氧气，初态均为 $p_1=2\text{MPa}$，$t_1=27℃$。若气缸总容积为 1000 cm^3，活塞体积忽略不计，缸壁是绝热的，仅在氧气一端面上可以交换热量。现向氧气加热使其压力升高到 4MPa，试求所需热量及终态温度，并将过程表示在 $p-V$ 图及 $T-s$ 图上。

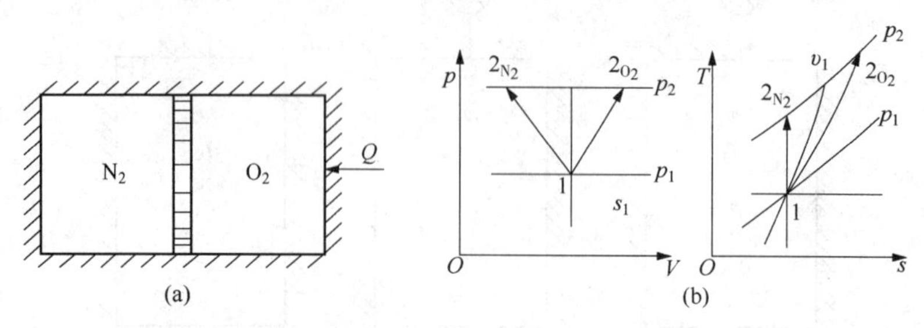

图 3-15 例 3-11 附图

解：从附表 3 查得

O_2
$$R_g'=0.2598\text{kJ/(kg}\cdot\text{K)}$$
$$c_v'=0.657\text{kJ/(kg}\cdot\text{K)}$$

N_2
$$R_g=0.2968\text{kJ/(kg}\cdot\text{K)}$$
$$c_v=0.741\text{kJ/(kg}\cdot\text{K)}$$

利用理想气体状态方程，可算出 O_2 及 N_2 的质量：

$$m'=\frac{p_1'V_1'}{R_{1g}'T_1'}=\frac{2000\times500\times10^{-6}}{0.2598\times300}=0.0128\text{kg}$$

$$m=\frac{p_1V_1}{R_{1g}T_1}=\frac{2000\times500\times10^{-6}}{0.2968\times300}=0.0112\text{kg}$$

氧气受热膨胀推动活塞压缩氮气，以维持两边压力相等。氮气四周是绝热的，可以认为经历一个定熵压缩过程，绝热指数 $k=1.4$，其参数关系为

$$T_2=T_1\left(\frac{p_2}{p_1}\right)^{(k-1)/k}=300\times\left(\frac{4}{2}\right)^{0.4/1.4}=366\text{K}$$

$$V_2=\frac{mR_gT_2}{p_2}=\frac{0.0112\times0.2968\times366}{4000}=304.9\times10^{-6}\text{m}^3$$

对于氧气有

$$V_2'=V-V_2=(1000-304.9)\times10^{-6}=695.1\times10^{-6}\text{m}^3$$

对整体写出能量方程

$$\begin{aligned}Q&=\Delta U'+\Delta U=m'c_v'(T'_2-T_1)+mc_v(T_2-T_1)\\&=0.0128\times0.657\times(836.1-300)+0.0112\times0.741\times(366-300)\\&=5.057\text{kJ}\end{aligned}$$

氧气经历一个多变膨胀过程，多变指数为

$$n'=\frac{\ln\left(\frac{p_2}{p_1}\right)}{\ln\left(\frac{v_1}{v_2'}\right)}=\frac{\ln\left(\frac{4}{2}\right)}{\ln\left(\frac{500}{695}\right)}=-2.11$$

氮气经历一个定熵压缩过程，$n=k=1.4$。又知这两种气体的压力始终相等，因此，可以在 $p-V$ 图及 $T-s$ 图上将这两个过程表示出来，如图 3-15(b)所示。图中 12_{N_2} 表示氮气的定熵压缩过程；12_{O_2} 表示氧气的多变膨胀过程。

3.5 绝热节流

3.5.1 绝热自由膨胀过程

绝热自由膨胀过程是指气体在与外界绝热的条件下向真空进行的不做膨胀功的膨胀过程(图 3-16)。气体最初处于平衡状态[图 3-16(a)]，抽开隔板后，由于容器两边的显著压差，使气体迅速从左侧冲向右侧，经过一段时间的混乱扰动后静止下来，达到平衡的终态[图 3-16(b)]。在这一过程中，气体的体积虽然增大了，但未对外界作膨胀功，同时这一过程又是在绝热的条件下进行的因此

$$w=0,\ q=0$$

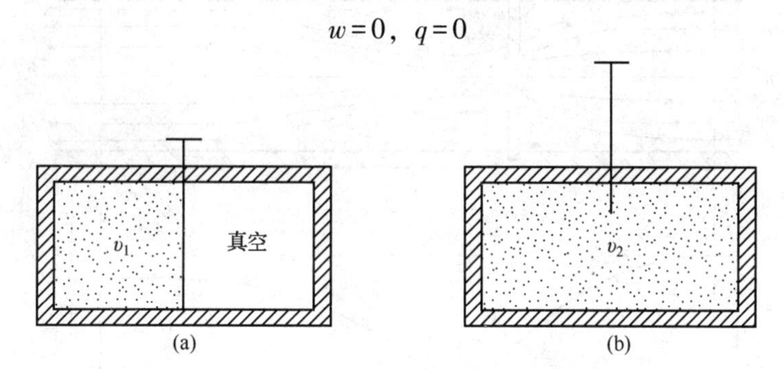

图 3-16　绝热自由膨胀过程

根据热力学第一定律式，可知

$$\left.\begin{aligned}\Delta u=0\\u_2=u_1\end{aligned}\right\}\tag{3-116}$$

所以，绝热自由膨胀后，气体的热力学能保持不变。如果是理想气体，由于热力学能只是温度的函数，热力学能不变，温度也不变：

$$\left.\begin{aligned}\Delta T=0\\T_2=T_1\end{aligned}\right\}\tag{3-117}$$

如果是实际气体，由于自由膨胀后比体积增大，热力学能中分子力所形成的位能有所增加，因此热力学能中分子动能部分就会减小(总的热力学能保持不变)，从而使气体的温度有所降低(这就是所谓“焦耳效应”)：

$$\left.\begin{aligned}\Delta T<0\\T_2<T_1\end{aligned}\right\} \tag{3-118}$$

绝热自由膨胀是典型的存在内摩擦的绝热过程。因为：

$$T\mathrm{d}s=\mathrm{d}u+p\mathrm{d}v=\mathrm{d}u+\delta w+\delta w_1=\delta q+\delta q_1=0$$

即 $T\mathrm{d}s>0$，因为 $T>0$，所以 $\mathrm{d}s>0$，即绝热自由膨胀的熵是增加的。它必然引起气体熵的增加：

$$\left.\begin{aligned}\Delta s>0\\s_2>s_1\end{aligned}\right\} \tag{3-119}$$

3.5.2 绝热节流过程

节流是工程中常见的流动过程。流体在管道中流动时，中途遇到阀门、孔板等物，流体将从突然缩小的通流截面流过，由于局部阻力较大，流体压力会有显著的降落（图 3-17），这种流动称为节流。节流过程是有内摩擦的不做技术功的过程。因为 $-v\mathrm{d}p=\delta w_t+\delta w_1>\delta w_t=0$，即 $-v\mathrm{d}p>0$，因为 $v>0$，所以，$\mathrm{d}p<0$（压力降落），即流体节流后的压力一定低于节流前的压力：

$$p_2<p_1 \tag{3-120}$$

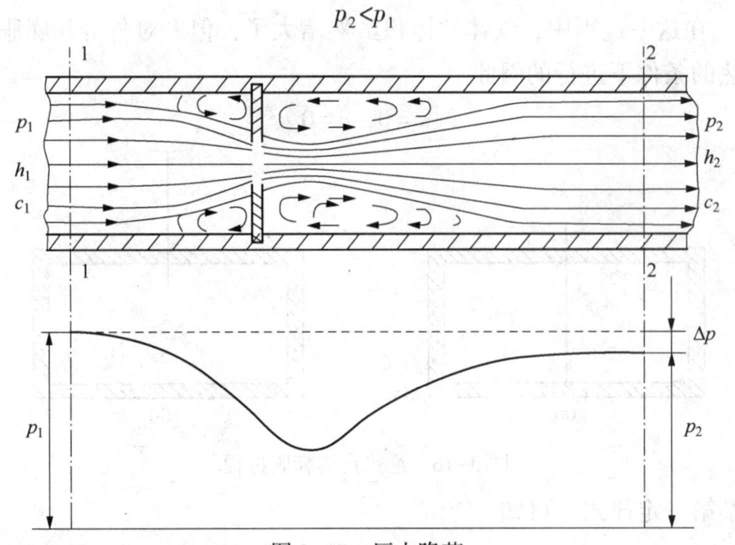

图 3-17 压力降落

通常的节流可以认为是绝热的，因为流体很快通过节流孔，在节流孔前后不长的管段中，流体和外界交换的热量通常都很少，可以忽略不计（$q\approx0$）。在节流孔附近，涡流、扰动（流体的内摩擦）是不可避免的，所以节流过程是典型的存在内摩擦的绝热流动过程。因为 $\mathrm{d}s<0$，节流后流体的熵一定增加：

$$s_2>s_1 \tag{3-121}$$

既然绝热节流是一个不做技术功的绝热的稳定流动过程（$w_t=0$，$q=0$），节流过程前后流体重力位能和动能的变化都可以忽略不计，因此根据热力学第一定律稳定流动的方程可知，绝热节流后流体的焓不变：

$$h_2=h_1 \tag{3-122}$$

如果流体是理想气体，由于节流后焓不变，因而温度也不变(理想气体的焓只是温度的函数)：

$$T_2 = T_1 \tag{3-123}$$

如果流体是实际气体，那么节流后温度可能降低，可能不变，也可能升高，即

$$\left.\begin{array}{l} T_2 < T_1 \\ T_2 > T_1 \\ T_2 = T_1 \end{array}\right\} \tag{3-124}$$

绝热节流引起的流体的温度变化叫做绝热莨流的温度效应，也叫焦耳-汤姆逊效应。

节流过程存在内摩擦。从减少可用能损失的角度，应该避免节流过程。但是，由于节流过程有降低压力、减少流量、降低温度(节流的冷效应 $\Delta T<0$)等作用，而且又很容易实现(比如说，只需在管道上安上一个阀门即可实现节流过程)，因此在工程中经常利用节流过程来调节压力和流量，以及利用节流的冷效应达到制冷目的。另外，还经常利用节流孔板前后的压差测量流量，利用多次节流的显著压降减少气缸体和转动轴之间的泄漏(轴封)，以及通过节流过程的温度效应研究实际气体的性质等。

【例 3-12】 在图 3-16 所示的容器左侧装有 3kg 氮气，压力为 0.2MPa，温度为 400K；右侧为真空。左右两侧容积相同。抽掉隔板后气体进行自由膨胀。

① 由于向外界放热，温度降至 300K；

② 过程在与外界绝热的条件下进行。

求过程的终态压力、热量及熵的变化。

解：①按定比热容理想气体计算。由附表 1 查得氮气的气体常数和恒容比热容为

$$R_g = 0.2968\text{kJ/(kg·K)},\quad c_{v0} = 0.742\text{kJ/(kg·K)}$$

$$p_2 = \frac{mR_gT_2}{V_2} = \frac{mR_gT_2}{2V_1} = \frac{mR_gT_2}{2mR_gT_1/p_1} = \frac{p_1}{2}\cdot\frac{T_2}{T_1} = \frac{0.2\text{MPa}}{2}\times\frac{300\text{K}}{400\text{K}} = 0.075\text{MPa}$$

自由膨胀过程是一个不作膨胀功的过程，根据 $Q=\Delta U+W$，$W=0$，因此

$$Q = \Delta U = mc_{v0}(T_2 - T_1) = 3\times0.742\times(300-400) = -222.6\text{kJ}$$

所以

$$\Delta S = m\cdot\Delta s = m\left(c_{v0}\ln\frac{T_2}{T_1} + R_g\ln\frac{v_2}{v_1}\right)$$

$$= 3\times\left(0.742\times\ln\frac{300}{400} + 0.2968\times\ln2\right) = -0.0232\text{kJ/K}$$

② 理想气体绝热自由膨胀后，热力学能不变，温度也不变：

$$T_2 = T_1 = 400\text{K}$$

所以

$$p_2 = p_1\frac{T_2}{T_1}\cdot\frac{V_1}{V_2} = 0.2\text{MPa}\times\frac{400\text{K}}{400\text{K}}\times\frac{V_1}{2V_1} = 0.1\text{MPa}$$

所以

$$\Delta S = m\cdot\Delta s = m\left(c_{v0}\ln\frac{T_2}{T_1} + R_g\ln\frac{v_2}{v_1}\right) = mR_g\ln\frac{v_2}{v_1}$$

$$= 3\times0.2968\times\ln2 = 0.6172\text{kJ/K}$$

拓展阅读——喷　管

喷管是火箭发动机的一个重要部件，它是指通过改变管段内壁的几何形状以加速气流的一种装置。凡是用来使气流降压增速的管道都叫做喷管，火力发电常用的喷管有两种：一种是渐缩喷管，另一种是缩放喷管，即拉法尔喷管。

在火箭发动机中，通过喷管喉部面积的大小控制燃气的流量，使燃烧室内的燃气保持预定的压强，确保装药正常燃烧；使推进剂燃烧产物通过喷管膨胀加速，将其热能充分转换为燃气的动能，从而使发动机获得推进动力——推力；在导弹发动机中通过喷管实施推力大小和方向的调节与控制。

喷气发动机中把高压燃气(或空气)转变为动能，使气流在其中膨胀加速以高速向外喷射而产生反作用推力的部件，又称排气喷管、推力喷管或尾喷管。喷管类型很多，有固定的或可调的收敛喷管、收敛-扩散喷管、引射喷管和塞式喷管等，根据飞行器性能和发动机工作特点选用。高速歼击机大多采用可调的收敛喷管和可调的收敛-扩散喷管或引射喷管；火箭发动机常用固定式收敛-扩散喷管；垂直或短距起落飞机采用换向喷管。

喷管的基本功能有两个：

(1)通过喷管的喷喉大小控制燃气的质量流率，以达到控制燃烧室内燃气压强的目的；其次，通过采用截面形状先收敛后扩张的拉瓦尔喷管(由收敛段、喉部和扩张段三部分组成)使燃气的流动能够从亚声速加速到超声速，高速喷出后产生反作用推力。

(2)为了控制飞行器的飞行方向和姿态，还可以利用喷管实现推力矢量控制。对于中小型火箭，多采用较简单的锥形喷管；而工作时间长、推力大、质量流率大以及采用高性能推进剂的大型火箭，一般使用特型喷管(如双圆弧形和抛物线形等)。

根据喷管内气体的连续性方程式、气体稳定流动能量方程式和过程方程式，可以导出喷管某位置截面积 A 的变化率与气体流速 c_f 的变化率之间的关系为

$$\frac{dA}{A}=(M_a^2-1)\frac{dc_f}{c_f} \tag{3-125}$$

式中　M_a——马赫数，即气体流速与声速之比。

由式(3-125)可以看出，当马赫数小于1，随着面积的减小，气体流则增大，此时渐缩管[图3-18(a)]是喷管；反之当马赫数大于1，随着面积的增大，气体流速亦增大，此时渐扩管[图3-18(a)]是喷管。渐缩管的最小截面处能达到的最大速度也就是声速，如还要增大气体速度，则需在渐缩管基础上加上一段渐扩管，这就是缩放喷管或拉法尔管[图3-18(b)]。

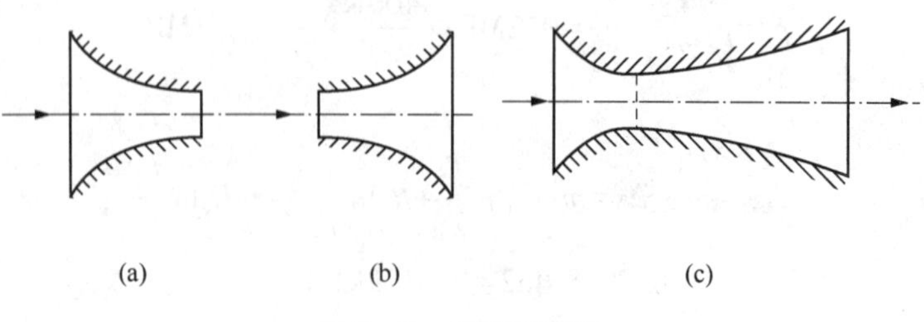

图3-18　喷管示意图

思 考 题

3-1　工程上判断一种工质是否符合理想气体的条件，与分子运动论对理想气体微观结构的假设，有何不同之处？

3-2　如果采用定值比热容，$\Delta u=c_v\Delta T$ 及 $\Delta p=c_p\Delta T$，可以用来计算任意过程中理想气体的热力学能变化及焓变化，为什么？对于非理想气体，这两个公式的适用范围怎样？

3-3　热力学中对 c_v 及 c_p 的定义，与量热学中对它们的定义，有什么区别和联系？

3-4　比热容作为量热系数，必须指明途径，c_v 及 c_p 分别代表测量热量时两种不同的途径，它们都是过程量；但 c_v 及 c_p 的热力学定义，明确地指出了它们都是状态参数。它们究竟是过程量还是状态量？对于这个问题，你是怎样理解的？

3-5　为什么气体常数与气体的种类有关，而通用气体常数与气体的种类无关？

3-6　试写出计算理想气体(常值比热容)熵值变化的三个基本公式，它们是在闭口系统、可逆过程的条件下导得的，为什么可以适用于理想气体的任何过程？

3-7　试写出在 t_1 与 t_2 之间平均比热容 $c_p|_{t_2}^{t_1}$ 的表达式，并用 c_p-t 图说明公式的物理意义。

3-8　在理想气体热力性质表中，u、h 及 s^0 的基准是什么？

3-9　定压比热容与定容比热容并非相互独立的状态参数。如果已知 c_p 及 M，试写出计算 c_v、$\bar{c}_p$、c'_p、c'_v 及 $\bar{c}_v$ 的表达式。

3-10　计算定组成定成分理想气体混合物的基本方法是什么？试写出理想混合气体的折合气体常数及折合定压比热容的表达式，知道了 R_g 及 c_p，怎样计算混合气体的 M、k、c'_v、$\bar{c}_v$、c'_p 及 $\bar{c}_p$ 等热力参数？

3-11　怎样识别混合气体中任何一种组成气体所处的实际状态？依据是什么？

3-12　什么是基本热力过程？试以定容过程为例，说明分析理想气体热力过程的一般方法和步骤。

3-13　试说明下列偏导数的物理意义：

$$\left(\frac{\partial P}{\partial v}\right)_T,\ \left(\frac{\partial P}{\partial v}\right)_s,\ \left(\frac{\partial T}{\partial s}\right)_v,\ \left(\frac{\partial T}{\partial s}\right)_p$$

并进一步写出它们的表达式。

3-14　确定多变过程的位置及识别多变过程基本性质的四条判据是什么？得出这四条判据的依据是什么？试写出与这些判据有关的基本公式。

3-15　试写出多变指数 n 及多变比热容 c_n 的计算公式，为什么说它们是与过程性质有关的常数，而不是状态参数？

3-16　试说明下列各式的应用条件：

$$w_v=u_1-u_2$$

$$w_v=c_v(T_1-T_2)=R_g(T_1-T_2)/(k-1)\Delta T$$

$$w_v=\frac{R_gT_1}{k-1}\left[1-\left(\frac{p_2}{p_1}\right)^{\frac{k-1}{k}}\right]$$

3-17　试说明下列常见过程的基本特征：

① 绝热节流过程；

② 由稳定气源向刚性真空容器的绝热充气过程；

③ 刚性容器绝热放气过程中，容器内剩余气体所经历的过程；

④ 热交换器的边界特征。

习　题

3-1　已知氧气的比热比 $k=1.395$，摩尔质量 $M=32$，试求：

① 氧气的气体常数、定压比热容及定容比热容；

② 在物理标准状态下，氧气的比容；

③ 氧气的定压摩尔比热容及定压容积比热容；

④ 1 Nm^3 氧气的质量；

⑤ 在 $p=0.1MPa$，$T=500℃$ 时氧气的摩尔容积。

3-2　某锅炉的空气预热器在定压下将空气从 25℃ 加热 250℃。空气流量为 $3500Nm^3/h$，试求每小时加给空气的热量：

① 按定值比热容计算；

② 按平均比热容计算；

③ 按空气的热力性质表计算。

3-3　1kg 氮气受热后温度从 100℃ 上升到 1500℃，试按照下列条件分别计算氮气的热力学能变化及焓值变化：

① 按定值比热容计算；

② 按平均比热容计算；

③ 按氮气的热力性质表计算；

④ 按真实比热容的函数关系，用积分法来计算。

从计算结果可得到什么启示？

3-4　若分别采用定容加热及定压加热，使 1kg 氮气从 100℃ 上升到 1500℃，试按定值比热容来计算这两个过程中的加热量各为多少？不同的加热方法对 Δu 及 Δh 有何影响？

3-5　一个门窗开着的房间，若室内空气的压力不变而温度升高了，则室内空气的总热力学能发生了怎样的变化。空气为理想气体，定容比热容为常数。

3-6　容积为 V 的透热真空罐($p_1=0$)，由于漏气而使容器的真空度降低。若漏进容器的质量流与容器中的真空度成比例，比例常数为 a，环境的压力 $p_0=$常数，试确定当容器内的压力达到环境压力的一半($p_2=0.5p_0$)时，需经多长时间？

3-7　由气体分析的结果可知，某废气中各组成气体的容积成分为

$$y_{N_2}=70\%；\ y_{CO_2}=15\%；\ y_{O_2}=11\%；\ y_{CO}=4\%$$

试求：① 各组成气体的质量成分；

② 在 $p=0.101MPa$，$T=420K$ 时废气的比容；

③ 定压冷却到 298K 时的热量 q_{12}、Δu_{12}及 Δh_{12}。

3-8　已经测得烟气的压力为 0.097MPa，温度为 127℃，其质量成分为

$$x_{CO_2}=16\%；\ x_{O_2}=6\%；\ x_{H_2O}=6.2\%；\text{其余为氮气}$$

试求：① 烟气的折合气体常数及折合摩尔质量。

② 各组成气体的容积成分及分压力。

③ 在 10kg 烟气中各组成气体的质量及摩尔数各为多少？

④ 当烟气在定压下冷却到 27℃时，每千克烟气放出的热量 q_{12}、Δu_{12}及 Δh_{12}的数值。

3-9　气缸中 1kg 氮气初态为 0.15MPa，300K。现经下列两种不同的途径达到相同的终态为 0.15MPa，450K：①在定压下达到 450K；②先定温膨胀到 v_2 再定容吸热达到终态。

试求：① 在第二种途径中，应当定温膨胀到多大的压力？

② 氮气的 Δu、Δs 及 Δh。

③ 氮气与外界交换的热量及功量。

④ 将这两种不同的途径表示在 p-V 图及 T-s 图上。

3-10　有一台活塞式氮气压缩机，能使压力由 0.1MPa 提高到 0.4MPa。假定氮气的比热容为定值，且进气温度为 300K。由于冷却条件的不同，压缩过程分别为：①可逆绝热压缩过程；②可逆定温压缩过程。试求压缩过程中消耗的容积变化功以及压缩机消耗的轴功，并在 p-V 图上将上述的功量表示出来。

3-11　在一个空气液化装置中，流经膨胀机的空气质量流率为 0.075kg/s。在膨胀机进口的空气压力及温度分别为 1.5MPa，-60℃，而出口处的空气压力为 170kPa、温度为 -110℃。已知空气流经膨胀机时的传热率等于膨胀机输出功率的 10%，试求该膨胀机输出的功率及传热率。

3-12　试在 p-V 图及 T-s 图上画出通过同一个初态的四种基本热力过程线；并在图上画出从同一个初态出发的下列各种多变过程：

① 工质膨胀做功并向外放热；

② 工质吸热、膨胀做功并且压力升高；

③ 工质被压缩、向外放热并且温度升高；

④ 工质吸热、膨胀并且温度降低。

3-13　如图 3-19 所示，对于比热容为常数的理想气体，试证明：

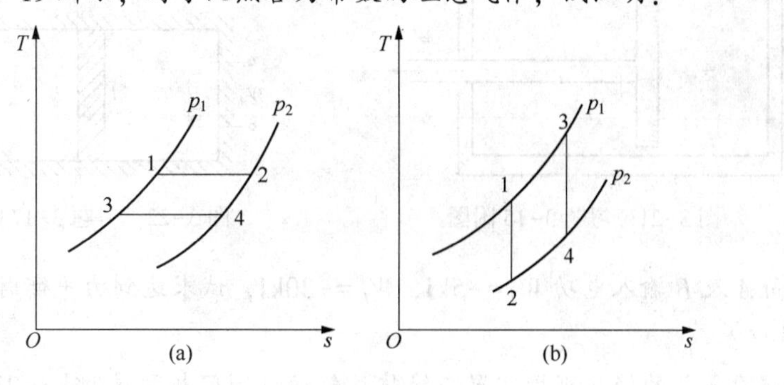

图 3-19　习题 3-13 附图

① 在 T-s 图上任意两条定压线(或定容线)之间的水平距离处处相等，有 $\Delta S_{12}=\Delta S_{34}$；

② 在 T-s 图上任意两条定压线(或定容线)之间的纵座标之比保持不变，有 $T_2/T_1=T_4/T_3$。

3-14　如图 3-20 所示，对于比热容为常数的理想气体，试证明：

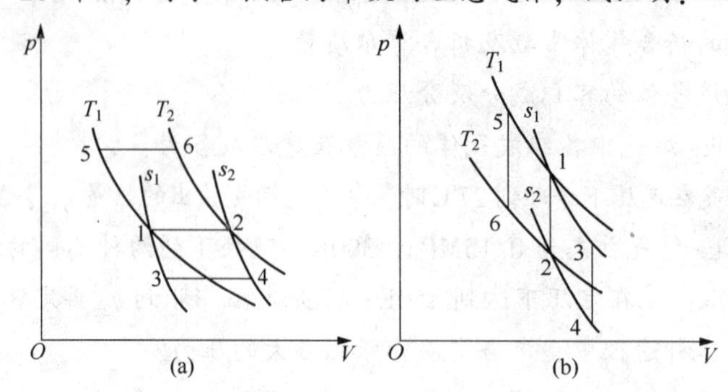

图 3-20　习题 3-14 附图

① 在 p-V 图上任意两条定温线(或定熵线)之间的任何定压线，其熵变均相等，且横座标之比保持不变，有 $v_2/v_1=v_6/v_5$，$v_2/v_1=v_4/v_3$；

②在 p-V 图上任意两条定温线(或定熵线)之间的任何定容线，其熵变均相等，且纵座标之比保持不变，有 $p_2/p_1=p_6/p_5$，$p_2/p_1=p_4/p_3$。

3-15　如图 3-21 所示的封闭绝热气缸，其中有一无摩擦的绝热活塞把气缸分成 A、B 两部分，其中充以压缩空气。已知：

$$p_{A1}=4\text{bar}\qquad T_{A1}=127℃\qquad V_{A1}=0.3\text{m}^3$$

$$p_{B1}=2\text{bar}\qquad T_{B1}=27℃\qquad V_{B1}=0.6\text{m}^3$$

假定活塞两边气体的压力差正好能准静态地推动活塞杆传递功量。若活塞杆的截面积及体积均可忽略不计，试求活塞移动而达到 $p_{A2}=p_{B2}$ 时，A、B 两部分中气体的温度及压力的数值和通过活塞杆输出的功($1\text{bar}=10^5\text{Pa}$)。

3-16　习题 3-15 中若把活塞杆去掉，活塞可在两部分气体的作用下自由移动，试求两边达到力平衡时气体的压力(读者可自行分析为什么不能确定力平衡时 A、B 中的状态)。

3-17　有一绝热活塞将绝热刚性容器分成 A 和 B 两部分(图 3-22)。已知：

$$V_{A1}=V_{B1}=0.1\text{m}^3,\ p_{A1}=p_{B1}=100\text{kPa},\ T_{A1}=T_{B1}=293\text{K}$$

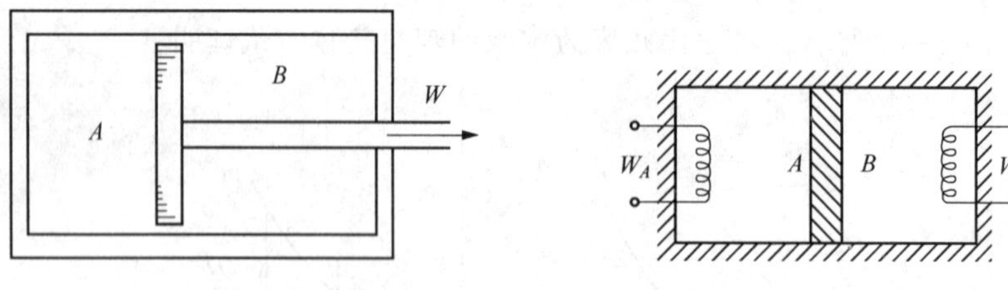

图 3-21　习题 3-15 附图　　　图 3-22　习题 3-17 附图

若分别向 A 及 B 输入电功 $W_A=-5\text{kJ}$，$W_B=-30\text{kJ}$，试求达到力平衡时 A 及 B 的容积 V_{A2} 和 V_{B2} 各为多少？

3-18　储存氮气的绝热刚性容器与绝热气缸通过阀门相联接(图 3-23)。已知：

$$m_{A1}=1\text{kg},\ p_{A1}=2\text{MPa},\ T_{A1}=388\text{K}$$

若举起活塞重物所需的压力为 $p_a=800\text{kPa}$，现打开阀门向气缸内充气，直到容器 A 中的压力降至 $p_{A2}=p_B$ 时才关闭阀门。试求容器 A 的终温及气缸 B 的终态比容和终温。

3-19　有一透热气缸 A 通过阀门与绝热刚性真空容器 B 相联接(图 3-24)。已知：

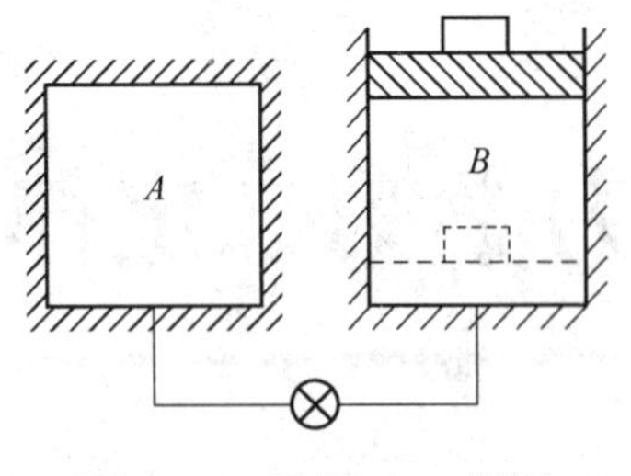

图 3-23　习题 3-18 附图

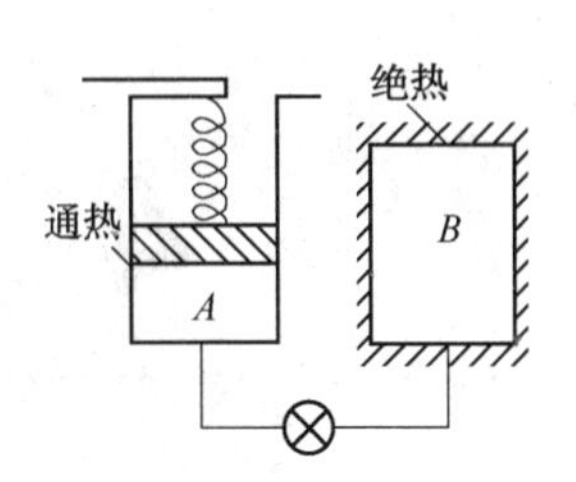

图 3-24　习题 3-19 附图

$$V_B=0.3\text{m}^3,\ p_{B1}=0;\ V_{A1}=0.15\text{m}^3,\ p_A1=3.5\text{MPa};\ T_{A1}=20℃$$

活塞面积为：$A=0.03\text{m}^2$；

弹簧力与位移成正比，$a=\Delta F/\Delta S=40\text{kN/m}$。

现将阀门打开，空气由 A 流向 B，直到容器 B 中的压力达到 $p_{B2}=1.5\text{MPa}$ 时，才将阀门关闭。

试求：①充入容器 B 中的质量及终温 T_{B2}；

② 透热气缸 A 的终态参数 p_{A2} 及 V_{A2}；

③ 充气过程中气缸 A 所交换的热量 Q_A。

3-20　两个容积相同的绝热容器通过阀门相联接(图 3-25)。初态时容器 B 为真空，并已知：$T_{A1}=303\text{K}$，$p_{A1}=400\text{kPa}$，$m_{A1}=2\text{kg}$。现将阀门打开，使空气由 A 流入 B，直到 A 与 B 中的压力相等时才关闭阀门。试求：

① 终态时 A 及 B 中空气的状态参数；

② 流入容器 B 的质量。

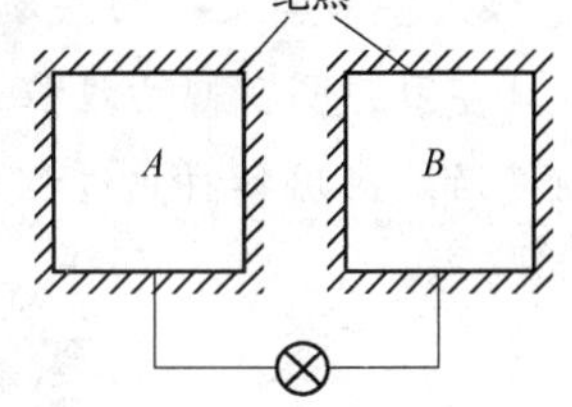

图 3-25　习题 3-20 附图

3-21　如果习题 3-20 中容器 A 为绝热，而容器 B 为透热，周围环境温度 $T_o=298\text{K}$，当容器 A 中的空气压力降到 $p_{A2}=200\text{kPa}$ 时，才将阀门关闭。若其他条件不变，试求：

① 终态时容器 B 中的质量及压力；

② 容器 B 在充气过程中所交换的热量。

4 热力学第二定律

热力学第一定律表明了能量在传递与转化过程中的守恒关系，主要研究热力过程能量转换的数量守恒，但没有考虑到不同类型能量在做功能力上的差别，如同样数量的机械能与热能其价值并不相等，机械能(属优质能)具有直接可用性，可以无条件地转换为热能，而热能(属低质能)必须在一定的补充条件下才可能部分地转换为机械能；其二，热力学第一定律不能判断热力过程的方向性，例如，一块烧红的铁板，放在冷水中冷却，经过一段时间后，铁板与水达到了热平衡，但是，反过来，铁板不能自动获得散失在水中的热量使自身重新热起来，虽然这并不违反热力学第一定律。事实表明任何热力过程都具有方向性，可以自发进行的热力过程，其反方向过程则不能自发进行。热力学第二定律就是解决与热现象有关的过程进行的方向、条件与限度等问题的规律，揭示了能质不守恒的客观规律。所有热力过程都必须同时遵守热力学第一定律和热力学第二定律。学习这章应重点注意：① 热力学第二定律的实质；② 熵的意义、计算及应用；③ 各种热过程方向的判据。通过本章学习，明确热力过程是有方向性的，掌握熵变的计算方法和不可逆熵变分析，应能正确灵活地应用各种热过程方向判据分析工程实际问题，掌握提高热效率的基本原则。

4.1 热力学第二定律概述

4.1.1 热力过程的方向性

观察实际过程，可以发现大量的自然过程都具有方向性。下面看几个常见的例子。

(1) 扩散混合过程

如图 4-1 所示，两种不同种类或不同状态的气体在抽开隔板后可以不需要付出任何代价就能自发地混合在一起，而反过来要将混合着的气体进行分离则需要付出代价，如消耗功或热量，才能进行。

(2) 气体自由膨胀过程

如图 4-2 所示，一侧充满气体，另一侧为真空的容器，当隔板抽走后气体必定自动地向另一侧自由膨胀，不需要克服外界压力做功，但若想将气体自动重新压回原来容器，形成真空是不可能的，必须付出代价。

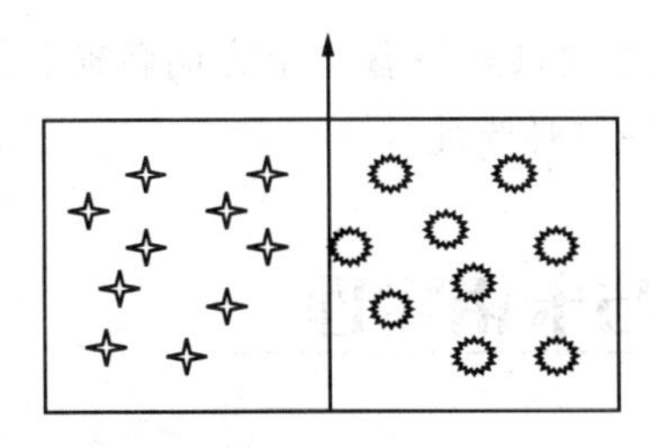

图 4-1　气体混合过程

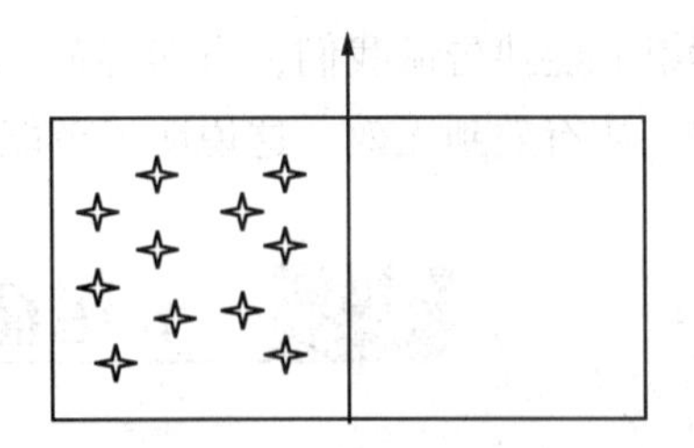

图 4-2　自由膨胀过程

(3) 有限温差传热过程

从日常生活和实践经验可知，热量可以自发地、不付代价地自高温物体传递给低温物体；反之，若要将热从低温物体传向高温物体必须付出代价，如制冷需要耗功。

(4) 功-热的转化——摩擦过程

机械运动摩擦生热，即由机械能转变成热能，是可以自发转变的，不需任何条件；但热不可能自发地变为功，必须借助一些条件。

这样的例子不胜枚举。这些过程都说明了自然过程进行的方向性，因此可将热力过程归纳起来分为两类，一类是不需要任何附加条件就可以自然进行的过程，称为自发过程。显然，这些过程都具有一定的方向性，他们的反方向过程不可能自发地进行，因此自发过程都是不可逆过程。自发过程的反向过程称为非自发过程，他们必须要有附加条件才能进行。

4.1.2　热力学第二定律的表述及实质

热力学第二定律是阐述与热现象相关的各种过程进行的方向、条件与限度的定律，是根据无数实践经验得出的经验定律。科学工作者根据不同种类的热力过程描述过程的方向性，得出热力学第二定律各种不同的表述。经典的表述是 1850—1851 年间从工程应用角度归纳总结出的两种说法，一种是克劳修斯从热量传递方向性的角度出发提出的表述，另一种是开尔文和普朗克从热功转换的角度提出的表述。

克劳修斯将热力学第二定律表述为：热量不可能自发地从低温物体传向高温物体而不引起其他变化，它的实现必须花费一定的代价。开尔文-普朗克表述为：不可能制造出从单一热源吸热，并使之全部转化为功而不留下任何变化的热力循环发动机。这里关键是“单一热源”和“不留下任何变化”。在一些特殊的过程(如理想气体等温过程)中工质可将自单一热源吸收的热量全部转换为功，但是这必定会在系统或外界留下一些变化，使之恢复原态必须花费代价，而且也不能不断地从单一热源吸热，将之全部转换为功。只从单一热源吸热使之完全转变为功而不引起其他变化的机器称为第二类永动机，实践证明这种永动机是制造不出来的。

热力过程具有方向性这一客观规律，归根到底是由于不同类型或不同状态下的能量具有质的区别，而过程的方向性正缘于较高位能质向低位能质的转化。如热量由高温传至低温、机械能转化为热能，都能遵循热力学第一定律，能量的数量保持不变，但是以做功能力为标志的能质却降低了，这是能质的退化或贬值的客观规律。

热力学第二定律告诫我们，自然界的物质和能量只能沿着一个方向转换，即从可利用到不可利用，从有效到无效，这说明了节能与节物的必要性。

4.2 卡诺循环与卡诺定理

热力学第一定律否定了第一类永动机，即不可能制成不花费任何能量就可以产生动力的机器，那么 $\eta_t>100\%$ 是不可能；热力学第二定律又指出，任何热机都不可能将吸收的热量循环不息地全部转变为功，即 $\eta_t=100\%$ 也不可能。那么，热机的热效率最大能达到多少？又与哪些因素有关呢？

卡诺(Carnot)在力求提高热机效率的研究中，发现任何不可逆因素都会引起功损失。不同温度物体之间直接传热引起的损失实质上也是功损失，因为他们之间本来可以利用一台动力机使部分热量转变为功，而热量不可逆地传递使部分本来可能得到的机械功没有得到。因而，设想工质在与热源同样温度下定温吸热，再与冷源同样温度下定温放热，就可以避免损失，最为理想。1824 年，他在论文“关于火的动力”一文中提出了卡诺循环和卡诺定理。

4.2.1 卡诺循环

卡诺循环由两个等温过程和两个可逆绝热过程组成。正向卡诺循环的 $p-V$ 图和 $T-s$ 图如图 4-3 所示。$a-b$ 是可逆等温吸热过程，工质自高温热源 T_1 吸收热量 q_1；$b-c$ 是可逆绝热膨胀过程，工质从温度 T_1 下降到 T_2；$c-d$ 是可逆定温放热过程，工质向相同温度的低温热源 T_2 放热 q_2；$d-a$ 是可逆绝热压缩过程，工质被压缩返回初态 a。

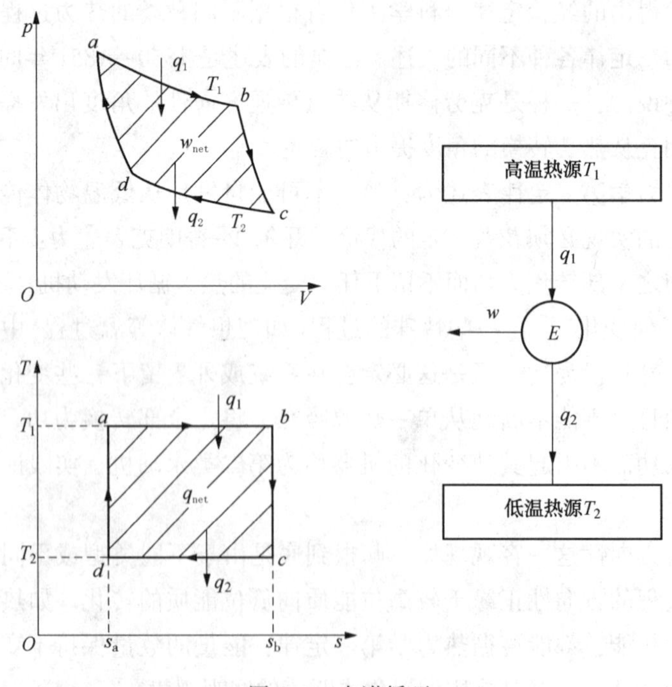

图 4-3 卡诺循环

根据第一章中热效率的定义，任何热机的热效率 η_t 可表示为

$$\eta_t=\frac{w_{net}}{q_1}=\frac{q_1-q_2}{q_1}=1-\frac{q_2}{q_1}$$

式中，q_1、q_2、w_{net}都取绝对值，以下类同。则卡诺循环热效率 η_c 为

$$\eta_c=1-\frac{q_2}{q_1}=1-\frac{T_2(s_c-s_d)}{T_1(s_b-s_a)}=1-\frac{T_2}{T_1} \tag{4-1}$$

分析上式得出几条重要的结论：

① 卡诺循环热效率取决于高温热源与低温热源的温度，即工质吸热温度和放热温度，提高高温热源温度和降低低温热源温度可以提高其热效率。

② 因高温热源温度趋向无穷大和低温热源热力学温度等于零均不可能，所以循环热效率必小于 1，这意味着在循环发动机中不可能将热量全部转变成功。

③ 当高温热源温度等于低温热源温度时，循环的热效率等于零，即只有一个热源，从中吸热并将之全部转变成功的热力发动机是不可能制成的。要利用热能来产生动力必须要有温差。

上述结论实质上说明的也是热力学第二定律的内容，卡诺循环及其热效率公式奠定了热力学第二定律的基础，为提高各种热动力机热效率指出了方向，即尽可能提高工质的吸热温度和降低工质的放热温度。卡诺循环是理论上最为完善的热机循环，是实际热机选用循环时的最高理想，但由于定温过程不易实现和控制，至今仍没能制造出严格按照卡诺循环工作的热力发动机。

4.2.2 逆向卡诺循环

按与卡诺循环相同的路线而循反方向进行的循环即逆向卡诺循环，如图 4-4 所示的 a-d-c-b-a，它按逆时针方向进行。

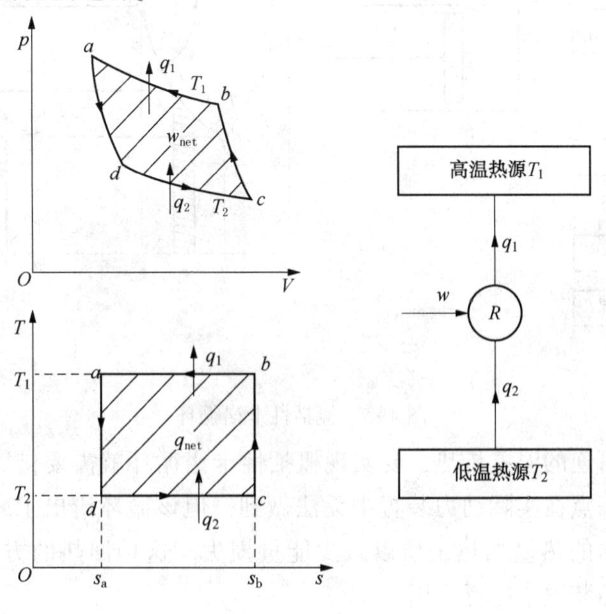

图 4-4 逆向卡诺循环

逆向卡诺循环的制冷系数为

$$\varepsilon_c=\frac{q_2}{w_{net}}=\frac{q_2}{q_1-q_2}=\frac{T_2(s_c-s_d)}{T_1(s_b-s_a)-T_2(s_c-s_d)}=\frac{T_2}{T_1-T_2} \tag{4-2}$$

逆向卡诺循环的供暖系数为

$$\varepsilon_c'=\frac{q_1}{w_{net}}=\frac{q_1}{q_1-q_2}=\frac{T_1(s_b-s_a)}{T_1(s_b-s_a)-T_2(s_c-s_d)}=\frac{T_2}{T_1-T_2} \tag{4-3}$$

从式(4-2)和式(4-3)可以看出，若以室外大气作为逆向卡诺循环中的一个热源，即制冷循环的高温热源或热泵循环的低温热源时，则在制冷循环时提高低温热源的温度 T_2 或热泵循环时降低高温热源温度 T_1，都可以提高逆向卡诺循环的经济性。因此，在生产或生活中利用制冷设备时维持不必要的低温或使用热泵设备时维持不必要的高温时都是对能源的浪费。逆向卡诺循环是理想的、经济性最高的制冷循环和热泵循环。虽然实际的制冷机和热泵难以按逆向卡诺循环工作，但它为提高制冷机和热泵的经济性指出了方向。

4.2.3 概括性卡诺循环

两个恒温热源之间除卡诺循环以外，如采用回热措施，可以用两个多变指数 n 相同的过程，来取代两个可逆绝热过程，形成可逆循环，如图 4-5 所示。这两个多变过程利用无限多个蓄热器来交换热量，从而实现两过程不对外热源放热，也不从外热源吸热。因此，就循环总体效果来看，仍然是两个可逆等温过程与热源换热，显然与卡诺循环等效，故称为概括性卡诺循环。

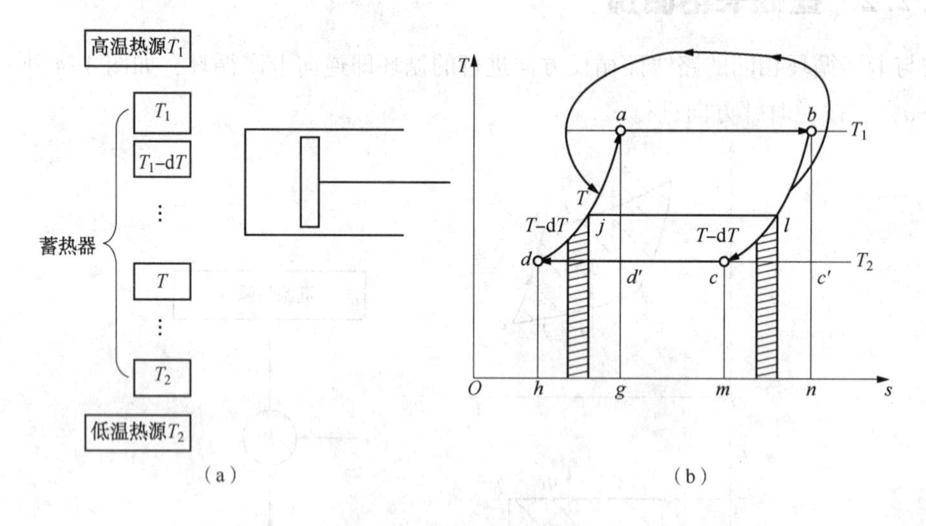

图 4-5　概括性卡诺循环

为避免出现不可逆的温差传热，要实现概括性卡诺循环就需要借助温度连续变化的无限多的蓄热器，这一点在实际动力装置中无法做到，但该循环给出了减少不可逆损失的原则，即利用工质排出的热量加热工质以减少能量损失。这种回热的方法工程上经常采用，在大、中型蒸汽动力装置中广泛采用。

4.2.4 多热源的可逆循环

如图 4-6 所示是多热源的可逆循环。为使循环可逆，热源温度需要不断地从 T_e 连续升高到 T_f 再降低到 T_g，再有无穷多热源连续不断地从 T_g 变化到 T_h 再到 T_e，以保证无温差传热。

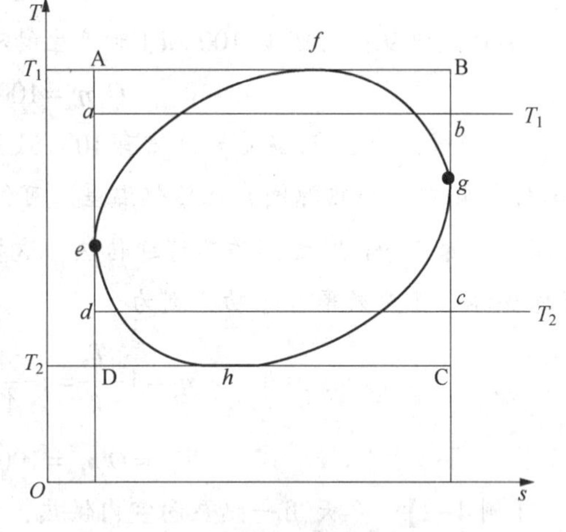

图 4-6　多热源可逆循环

引入平均吸热温度 $\overline{T}_1$ 和平均放热温度 $\overline{T}_2$：

$$\overline{T}_1=\frac{q_1}{\Delta s}=\frac{q_{e\text{-}f\text{-}g}}{s_g-s_e}\qquad \overline{T}_2=\frac{q_2}{\Delta s}=\frac{q_{e\text{-}h\text{-}g}}{s_g-s_e}$$

从循环总体效果来看（q_1、q_2、w_{net}），原多热源可逆循环 e-f-g-h-e 与卡诺循环 a-b-c-d-a 等价，于是多热源的可逆循环热效率可表示为

$$\eta_t=1-\frac{\overline{T}_2}{\overline{T}_1} \tag{4-4}$$

实际的热机循环，由于有种种原因不能实现卡诺循环和概括性卡诺循环而进行其他循环时，应该在可能条件下，尽量提高 $\overline{T}_1$ 和降低 $\overline{T}_2$，以提高其热效率。

4.2.5 卡诺定理

卡诺在“关于火的动力”一文中得出了下述结论，称为卡诺定理。

卡诺定理一：在相同的高温热源和相同的低温热源之间工作的一切可逆循环，其热效率都相等，与工质性质以及循环种类无关。

卡诺定理二：在相同的高温热源和相同的低温热源之间工作的一切不可逆循环，其热效率小于可逆循环的热效率。

卡诺定理的正确性可以利用热力学第二定律用反证法来证明。但卡诺在书中应用了当时盛行的错误的“热质说”理论对它进行证明。对卡诺循环和卡诺定理的严格论证以及热效率公式的导出，是在 1850 年热力学第二定律建立后由克劳修斯完成的。

卡诺循环与卡诺定理在热力学的研究中具有重要的理论和实际意义，他从理论上确定了通过热机循环实现热能转变为机械能的条件，解决了热机热效率的极限值问题，并从原则上提出了提高效率的途径。要实现热能转变为机械能必须要有两个热源，且在相同的热源与冷源之间，卡诺循环的热效率为最高，一切其他实际循环，均低于卡诺循环的热效率。因此，要想设计制造高于卡诺循环热效率的热机是不可能的，因为一切实际热机进行的都是不可逆循环；改进实际热机循环的方向是尽可能接近卡诺循环，以卡诺循环热效率为最高标准。因此，可以看出卡诺循环及卡诺定理在指导热机实践中的重大理论价值。

【例 4-1】 有一热机工作于 500℃及环境温度 30℃之间，试求该热机可能达到的最高热效率。如从热源吸热 10000kJ，那么能产生多少净功？如果吸热时有 30℃温差，放热时有

10℃温差，情况又如何?

解：①在两恒温热源间工作的热机热效率以卡诺热机为最高，有

$$\eta_c = 1 - \frac{T_2}{T_1} = 1 - \frac{30+273.15}{500+273.15} = 0.608$$

则该热机从热源吸热 10000kJ 时产生的净功为

$$W_{net} = Q_1\eta_c = 10000\times0.608 = 6080\text{kJ}$$

② 当吸热有 30℃温差，放热有 10℃温差时，这时候工质的吸热温度和放热温度分别为 470℃和 40℃，与热源间存在传热温差。可假想设置两个恒温热源 T_1' 和 T_2'，使热源 T_1 与 T_1' 之间、热源 T_2 与 T_2' 之间作不可逆传热，这样在 T_1' 和 T_2' 之间构成可逆循环来代替原来的不可逆循环，其热效率和净功分别为

$$\eta_c' = 1 - \frac{T_2'}{T_1'} = 1 - \frac{40+273.15}{470+273.15} = 0.579$$

$$W_{net}' = Q_1\eta_c' = 10000\times0.579 = 5790\text{kJ}$$

【例 4-2】 冬天用一热泵向室内供热，使室内温度保持 20℃。已知房屋的散热损失是 50000kJ/h，室外环境温度为-10℃。问带动该热泵所需的最小功率是多少千瓦?

解：该热泵按逆卡诺循环工作时需要的功率最小，其热泵系数为

$$\varepsilon_c' = \frac{T_1}{T_1 - T_2} = \frac{20+273.15}{(20+273.15)-(-10+273.15)} = 9.77$$

带动该热泵每小时所需的净功为

$$W_{net}' = \frac{Q_1}{\varepsilon_c'} = \frac{50000}{9.77} = 5117\text{kJ/h}$$

即所需最小功率为

$$P = \frac{5117}{3600} = 1.42\text{kW}$$

由上述结果可以看出，在逆向循环中，供热系数 ε_c' 是很大的，消耗 1kJ 的功可得将近 10kJ 的热量。当然实际热泵的供热系数远小于上述数值。但若采用电热直接供热，则所需功率 $P = \frac{50000}{3600} = 13.89\text{kW}$。因此，直接用电热采暖是很不经济的。

4.3 熵及其应用

熵作为一个科学概念是由德国物理学家克劳修斯于 1865 年提出来的，当时取名为“转变的当量值”，并为他创造了一个新词“entropy”，意为“转变”，我国据此译成热温之商，为了反映与热有关，加上“火”旁，创造了新汉字“熵”。从物理学角度来说，熵是物质分子紊乱程度的描述，紊乱程度越大，熵也越大。从能量及其利用角度来说，熵是不可逆耗散程度的量度。不可逆能量耗散越多，熵产生越多，因此，熵的产生意味着有效做功能量的减少。

4.3.1 熵的导出

导出熵的方法有多种，这里只介绍一种经典的方法，它是 1865 年克劳修斯依据卡诺循环和卡诺定理分析可逆循环时提出来的。图 4-7 表示任意可逆循环 1-A-2-B-1。假设用一组定熵线将该循环分割成无数个微元循环，当绝热线无限接近时，可以认为绝热线间的微元过程 a-b，b-c，…，e-f，f-g 等接近等温，从而构成一系列微元卡诺循环。

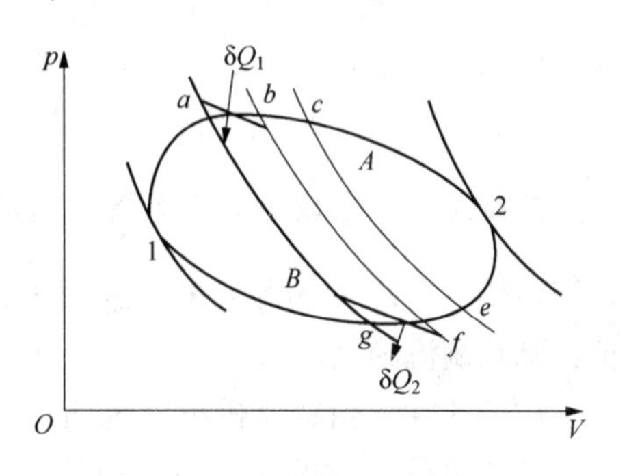

图 4-7　任意可逆循环

取其中一个微元卡诺循环 a-b-f-g-a，a-b 为定温吸热，工质与热源换热温度为 T_{r1}，吸热量为 δQ_1；f-g 为定温放热，工质与冷源换热温度为 T_{r2}，放热量为 δQ_2；则由卡诺循环有

$$\eta_c = 1 - \frac{|\delta Q_2|}{|\delta Q_1|} = 1 - \frac{T_{r2}}{T_{r1}}$$

去掉绝对值，考虑到 δQ_2 为负值，即得

$$\frac{\delta Q_1}{T_{r1}} + \frac{\delta Q_2}{T_{r2}} = 0$$

对于整个可逆循环积分求和，有

$$\int_{1-A-2} \frac{\delta Q_1}{T_{r1}} + \int_{2-B-1} \frac{\delta Q_2}{T_{r2}} = \oint \left(\frac{\delta Q}{T_r}\right)_{rev} = \oint \left(\frac{\delta Q}{T}\right)_{rev} = 0 \tag{4-5}$$

式中被积函数 $\left(\frac{\delta Q}{T}\right)_{rev}$ 的循环积分为零，表明该函数与积分路径无关，是一个状态参数。令

$$dS = \frac{\delta Q_{rev}}{T} \quad \text{J/K} \tag{4-6}$$

或

$$ds = \left(\frac{\delta q}{T}\right)_{rev} \quad \text{J/(kg·K)} \tag{4-7}$$

式中　s——比熵；

S——对系统总质量而言的总熵，$S = ms$。

上式表明工质熵变等于在可逆吸热或放热时的传热量与热源温度的比值，因为是可逆传热，工质温度等于热源温度，因此该式提供了熵变的计算方法。从式中也可以看出熵的物理意义，其变化表征了可逆过程中热量传递的方向与大小。系统可逆地从外界吸热，系统熵增大；系统可逆地向外界放热，系统熵减小；可逆绝热过程中，系统熵不变。

积分式(4-6)，可得可逆过程 1-2 的熵变与热量之间关系为

$$\Delta S = \int_1^2 \frac{\delta Q_{rev}}{T_r} = \int_1^2 \frac{\delta Q_{rev}}{T} \tag{4-8}$$

4.3.2 熵方程

对于一个封闭系统的可逆过程，工质熵变由热量传递引起，但对于任一热力过程，引起熵变化的因素有三方面：热量传递、质量交换以及不可逆因素，将这三方面引起的熵变分别命名为热熵流 $S_{f,Q}$、质熵流 $S_{f,m}$和熵产 S_g。

热熵流——由热量进出系统引起的那部分熵的变化称为热熵流 $\delta S_{f,Q}=\dfrac{\delta Q}{T_r}$，其中 δQ 为系统传热量，T_r 为热源温度，永远为正。吸热时 δQ 为正，则热熵流为正，放热时 δQ 为负，则热熵流为负。

质熵流——由物质进出系统而造成的那部分熵的变化称为质熵流，又称为物质源熵变。若进系统物质的质量为 δm_{in}，携带的比熵为 s_{in}，出系统物质的质量为 δm_{out}，其携带的比熵为 s_{out}，则进入物质携带的熵为 $s_{in}\delta m_{in}$，出系统物质携带的熵 $s_{out}\delta m_{out}$，则系统质熵流为

$$\delta S_{f,m}=s_{in}\delta m_{in}-s_{out}\delta m_{out}$$

熵产——由于过程中存在摩擦等不可逆因素引起的耗散效应，使得损失的机械功在工质内部重新转化为热能(耗散热)被工质吸收。这部分由耗散热产生的熵增量，叫做熵产。熵产永远大于等于零。可逆时等于零，不可逆时大于零。熵产是不可逆程度的度量尺度。

将质熵流和热熵流合称为熵流，过程熵变则是熵流和熵产的总和。

对于闭口系(控制质量)，只有热量和功量交换没有质量交换，其熵变只由热熵流和熵产组成。闭口系的熵方程为

$$dS=\delta S_{f,Q}+\delta S_g \tag{4-9}$$

对于开口系(控制体积)，既有热量和功量交换又有质量交换，其熵变由热熵流、质熵流和熵产组成。开口系统的熵方程为

$$\begin{aligned} dS &=\delta S_{f,Q}+s_{in}\delta m_{in}-s_{out}\delta m_{out}+\delta S_g \\ &=\delta S_{f,Q}+\delta S_{f,m}+\delta S_g \end{aligned} \tag{4-10}$$

闭口系熵方程是开口系熵方程的特例。

4.3.3 热力学第二定律数学表达式

热力学第二定律是对自然过程方向的表述，对于解决实际问题起着重要的作用。但在热力过程的实际分析研究中，用与热力学第二定律表述等效的数学判据则更为方便。在上节熵的导出中得到了克劳修斯给出的分析可逆过程的等式判据，即式(4-5)的 $\oint\left(\dfrac{\delta q}{T_r}\right)_{rev}=0$，熵方程也可以作为热力学第二定律的一种等式表达式。在本节中将着重讨论不可逆过程的热力学第二定律的数学判据。

(1) 克劳修斯不等式

对于循环过程中有一部分或者全部过程为不可逆的不可逆循环进行分析，可以得到克

劳修斯不等式。利用推导克劳修斯积分等式类似的方法，用一组定熵线将该循环分割成无数个微元循环，如图 4-8 所示。

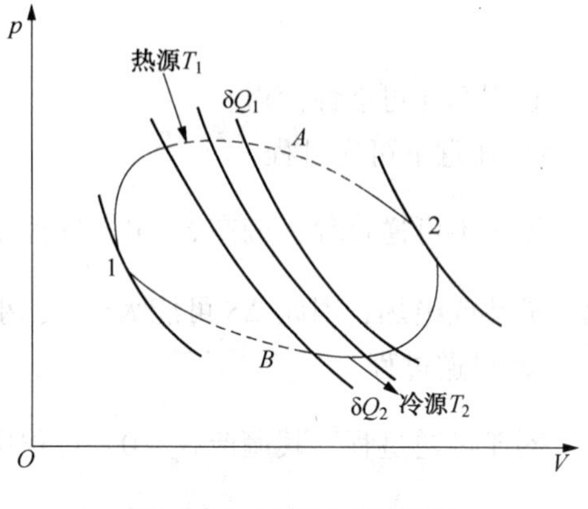

图 4-8　任意不可逆循环

取其中一个微元不可逆循环，从 T_{r1} 热源吸热 δQ_1，向 T_{r2} 冷源放热 δQ_2。则由卡诺定理有

$$\eta_t = 1-\frac{|\delta Q_2|}{|\delta Q_1|}<1-\frac{T_{r2}}{T_{r1}}$$

去掉绝对值，考虑到 δQ_2 为负值，即得

$$-\frac{\delta Q_2}{T_{r2}}>\frac{\delta Q_1}{T_{r1}}$$

整理得到

$$\frac{\delta Q_1}{T_{r1}}+\frac{\delta Q_2}{T_{r2}}<0$$

对整个不可逆循环求和，有

$$\oint\left(\frac{\delta Q}{T_r}\right)_{rev}<0 \tag{4-11}$$

上式即是著名的克劳修斯不等式，将其与克劳修斯等式写在一起，得

$$\oint\left(\frac{\delta q}{T_r}\right)_{rev}\leqslant 0 \tag{4-12}$$

上式表明，任何循环的克劳修斯积分永远小于或等于零，决不可能大于零。该式是热力学第二定律的循环判据之一，可以用来判断循环是否可能实现以及是否可逆，在循环可逆时是等式，不可逆时取不等式。

（2）过程方向的判据

由前面的知识可知，熵为状态量，状态一定，熵就有确定的值，其变化只与初、终态有关，与过程的路径无关。无论过程可逆与否，工质熵变都等于相同初、终态上的可逆过程的热熵流。那么，对于任意一不可逆过程，其熵变与过程的热熵流之间又有什么样的关系呢？

由闭口系熵方程可知，工质熵变等于热熵流和熵产之和，即 $dS=\delta S_{f,Q}+\delta S_g$。当工质进行不可逆过程时，熵产恒大于零，即 $\delta S_g>0$，则有

$$dS>\delta S_{f,Q}=\frac{\delta Q}{T_r}$$

对上式积分，可得

$$S_2-S_1>\int_1^2\frac{\delta Q}{T_r} \tag{4-13}$$

上式表明，不可逆过程的熵变大于由热量传递引起的熵变，因为还有不可逆因素引起的熵增加。将式(4-13)与式(4-8)合并，可写成

$$S_2-S_1\geqslant\int_1^2\frac{\delta Q}{T_r} \tag{4-14}$$

可逆时取等式，不可逆时取不等式。上式即为判断过程可逆与否的热力学第二定律的

数学表达式，表明任何过程的熵的变化只能大于 $\int_1^2 \frac{\delta Q}{T_r}$，极限时等于，而决不可能小于 $\int_1^2 \frac{\delta Q}{T_r}$。

过程熵变可能性探讨：

① 任意不可逆过程

因为不可逆过程，熵产 $S_g>0$，过程中工质的熵变 ΔS 大于 $\int_1^2 \frac{\delta Q}{T_r}$，但由于过程可能吸热、放热或绝热，因此 ΔS 可能大于 0、小于 0 或等于 0。

② 可逆过程

对于可逆过程，其熵产 $S_g=0$，过程中工质的熵变 ΔS 等于 $\int_1^2 \frac{\delta Q}{T_r}$，但由于过程可能吸热、放热或绝热，因而 ΔS 可能大于 0、小于 0 或等于 0。

③ 不可逆绝热过程

对于不可逆绝热过程，其热熵流 $\int_1^2 \frac{\delta Q}{T_r}=0$，由 $\Delta S>\int_1^2 \frac{\delta Q}{T_r}$ 可知 $\Delta S>0$。

④ 可逆绝热过程

工质进行可逆绝热过程时，其热熵流 $S_{f,Q}=0$，由 $\Delta S=\int_1^2 \frac{\delta Q}{T_r}$ 可知 $\Delta S=0$。

(3) 孤立系统熵增原理

孤立系统既没有能量传递又没有质量传递，可知 $\delta S_{f,Q}=0$，$\delta S_{f,m}=0$。由熵方程 $dS=\delta S_{f,Q}+\delta S_{f,m}+\delta S_g$ 可得

$$dS_{iso}=\delta S_g \geqslant 0 \tag{4-15}$$

积分式为

$$\Delta S_{iso} \geqslant 0 \tag{4-16}$$

上式的含义为：孤立系统内部发生不可逆变化时，孤立系统的熵增大，$dS_{iso}>0$；极限情况(发生可逆变化)下，熵保持不变，$dS_{iso}=0$；使孤立系统熵减小的过程不可能出现。简言之，孤立系统的熵可以增大或保持不变，但不可能减少。这一结论即为孤立系统熵增原理，简称熵增原理。该式也是热力学第二定律的又一数学表达式，可以用来判断孤立系统的过程是否可能、是否可逆。

需要注意的是，熵增原理是适用于孤立系统，因此常需要将非孤立系统及与其相互作用的外界包括进去构成一个孤立系统，那么，孤立系统的熵变就应该是组成孤立系统的各部分的熵变之和。在孤立系统熵变计算中常常涉及工质的熵变和热源的熵变，为便于应用，将几种常见情况的熵变汇总如下。

① 理想气体的熵变计算

理想气体在两状态间的熵变可用两状态间的可逆过程来计算，设比热容为定值时，由第 3 章相关内容，有

$$\Delta s_{1-2}=c_v \ln \frac{T_2}{T_1}+R_g \ln \frac{v_2}{v_1}=c_p \ln \frac{T_2}{T_1}-R_g \ln \frac{p_2}{p_1}=c_p \ln \frac{v_2}{v_1}+c_v \ln \frac{p_2}{p_1}$$

② 固体及液体的熵变计算

按照热力学第一定律，熵的定义式 $dS=\frac{\delta Q_{rev}}{T}$ 中的热量 $\delta Q_{rev}=dU+pdV$，因为固体和液体体积变化功 pdV 非常小，可将其忽略，因此，当固体或液体的比热容 c 为定值时，其熵变为

$$\Delta S_{1-2}=\int_1^2\frac{dU}{T}=\int_1^2\frac{mcdT}{T}=mc\ln\frac{T_2}{T_1} \tag{4-17}$$

③ 热源的熵变计算

热源是一个热容量很大的系统，当热源与外界交换热量时，其温度始终保持不变，其熵变为

$$\Delta S=\frac{Q}{T} \tag{4-18}$$

从上式可知，热源吸热时其熵增加，热源放热时其熵减小。在熵增原理计算中经常计算热源的熵变，注意热量的方向是以热源作为出发点考虑的，而不是工质。

【例 4-3】 欲设计一热机，使之能从温度为 973K 的高温热源吸热 2000kJ，并向温度为 303K 的冷源放热 800kJ。①问此循环能否实现？②若把此热机当制冷机用，从冷源吸热 800kJ，是否可能向热源放热 2000kJ？欲使之从冷源吸热 800kJ，至少需耗多少功？

解：①方法一：利用克劳修斯积分式来判断循环是否可行。

$$\oint\frac{\delta Q}{T_r}=\frac{Q_1}{T_1}+\frac{Q_2}{T_2}=\frac{2000}{973}+\frac{-800}{303}=-0.585\text{kJ/K}<0$$

所以此循环能实现，且为不可逆循环。

方法二：利用孤立系统熵增原理来判断循环是否可逆，如图 4-9(a)所示，孤立系统由热源、冷源及热机组成，因此

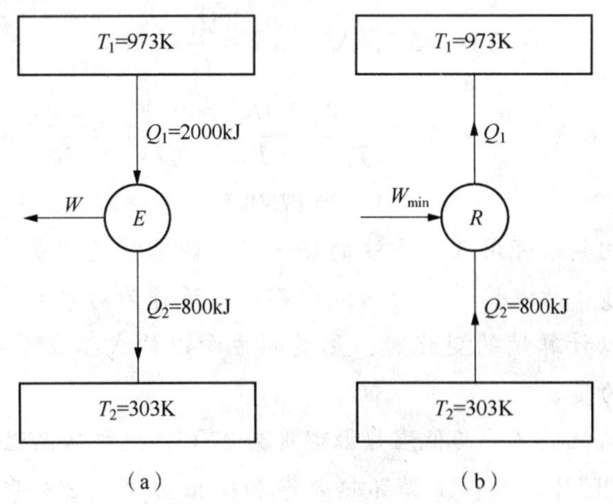

图 4-9 例 4-3 附图

$$\Delta S_{iso}=\Delta S_H+\Delta S_L+\Delta S_E$$

式中 ΔS_H、ΔS_L——热源 T_1 和冷源 T_2 的熵变；

ΔS_E——循环工质的熵变。

因为工质经循环后恢复到原来状态，所以

$$\Delta S_E = 0$$

热源放热，所以

$$\Delta S_H = \frac{Q_1}{T_1} = \frac{-2000}{973} = -2.055\text{kJ/K}$$

冷源吸热，熵变为

$$\Delta S_L = \frac{Q_2}{T_2} = \frac{800}{303} = -2.640\text{kJ/K}$$

因此

$$\Delta S_{iso} = (-2.055 + 2.640 + 0) = 0.585\text{kJ/K} > 0$$

所以此循环能实现，且为不可逆循环。

方法三：利用卡诺定理来判断循环是否可逆。若在 T_1 和 T_2 之间进行一卡诺循环，则循环效率为

$$\eta_c = 1 - \frac{T_2}{T_1} = 1 - \frac{303\text{K}}{973\text{K}} = 68.9\%$$

而欲设计循环的热效率为

$$\eta_t = \frac{|W|}{|Q_1|} = \frac{|Q_1| - |Q_2|}{|Q_1|} = 1 - \frac{|Q_2|}{|Q_1|} = 1 - \frac{800}{2000} = 60\% < \eta_c$$

即欲设计循环的热效率比同温限卡诺循环的热效率低，所以循环可行，但不可逆。

② 若将此热机当制冷机用，使其逆行，显然不可能进行，因为根据上面的分析，此热机循环是不可逆循环。

欲使制冷循环能从冷源吸热 800kJ 并且耗功最少 W_{min}，则循环需要按可逆循环进行工作，如图 4-9(b)所示。根据孤立系统熵增原理，此时 $\Delta S_{iso} = 0$，即

$$\Delta S_{iso} = \Delta S_H + \Delta S_L + \Delta S_E = \frac{Q_1}{T_1} + \frac{Q_2}{T_2} + 0$$

$$= \frac{|Q_2| + W_{min}}{T_1} + \frac{Q_2}{T_2} = \frac{800 + W_{min}}{973} + \frac{-800}{303} = 0$$

于是解得

$$W_{min} = 1769\text{kJ}$$

对于循环方向性的判断可用 3 种方法的任一种。但需注意的是：克劳修斯积分式仅适用于循环，即针对工质，所以热量、功的方向都以工质作为对象考虑；而熵增原理表达式适用于孤立系统，所以计算熵的变化时，热量的方向以构成孤立系统的有关物体为对象，它们吸热为正，放热为负。

【例 4-4】 有一热机循环，其低温热源温度为 27℃，热机从高温热源吸热 120000kJ/h，向低温热源放热 66000kJ/h。求：①循环热效率和输出功率；②若高温热源熵变为 $\Delta S_{T_1} = 123.33\text{kJ/(K·h)}$，问此循环是否可逆？

解：①热效率

$$\eta_t = 1 - \frac{\dot{Q}_2}{\dot{Q}_1} = 1 - \frac{66000}{120000} = 0.45$$

输出功率

$$P=|\dot{Q}_1|-|\dot{Q}_2|=120000-66000=54000\text{kJ/h}=15\text{kW}$$

② 循环判断

已知高温热源熵变 $\Delta S_{T_1}=-123.33\text{kJ/(K·h)}$，低温热源熵变为

$$\Delta S_{T_2}=\dot{Q}_2/T_2=66000/300=220\text{kJ/(K·h)}$$

则整个孤立系统熵变为

$$\begin{aligned}\Delta S_{\text{iso}}&=\Delta S_{T_1}+\Delta S_{T_2}+\Delta S_{\text{E}}=-123.33+220+0\\&=96.67\text{kJ/(K·h)}>0\end{aligned}$$

所以为不可逆循环。

【例 4-5】 燃气经过燃气轮机由 0.8MPa、420℃绝热膨胀到 0.1MPa、130℃。设比热容 $c_p=1.01\text{kJ/(kg·K)}$，$c_v=0.732\text{kJ/(kg·K)}$。①该过程能否实现？过程是否可逆？②若能实现，计算 1kg 燃气做出的技术功。

解：①燃气在燃气轮机中绝热膨胀前后的熵变为

$$\begin{aligned}\Delta s_{1-2}&=c_p\ln\frac{T_2}{T_1}-R_g\ln\frac{P_2}{P_1}=1.01\times\ln\frac{273.15+130}{273.15+420}-(1.01-0.732)\times\ln\frac{0.1}{0.8}\\&=0.031\text{kJ/(kg·K)}>\int_1^2\frac{\delta q}{T}=0\end{aligned}$$

所以燃气的膨胀过程为不可逆绝热膨胀。

② 技术功

$$\begin{aligned}w_t&=q-\Delta h=h_1-h_2=c_p(T_1-T_2)\\&=1.01\times(420-130)=292.9\text{kJ/kg}\end{aligned}$$

【例 4-6】 气体在气缸中被压缩。已知压缩过程中，气体向环境放热 130kJ/kg，气体熵变为-0.3kJ/(kg·K)；环境温度为 300K。问该过程能否实现？

解：将气缸内气体与环境共同组成一个孤立系统。已知气体向环境放热，环境吸热后熵增加，环境熵变为

$$\Delta s_{\text{sur}}=\frac{q_{\text{sur}}}{T_{\text{sur}}}=\frac{130}{300}=0.43\text{kJ/(kg·K)}$$

则整个孤立系统熵变为

$$\begin{aligned}\Delta s_{\text{iso}}&=\Delta s_{\text{gas}}+\Delta s_{\text{sur}}\\&=-0.3+0.43=0.13\text{kJ/(kg·K)}>0\end{aligned}$$

所以该过程能够实现，是不可逆过程。

拓展阅读——㶲与𬉼

热能、机械能、电能间相互转化，机械能可以全部转化为热能，则为有用功，而热能不可能全部转化为机械能。那么，对于各种能量，如何评价能量的价值？1956 年，朗特提

出用 Exergy 来统一可用性、可用能、做功能力等命名，这就是现在所说的㶲。1962 年他又提出了炾的概念。

(1) 㶲和炾的定义

物质系统当其处于与环境不平衡状态时，都可利用其与环境的势差做功。而当物质系统完全处于与环境平衡状态时，该物质系统就失去了做功能力。我们把系统在仅与环境介质发生热交换的条件下可逆地过渡到与环境平衡的状态时能做出的最大有用功称为物质系统的做功能力，或㶲(E_x)。㶲也可定义为，在给定环境条件下可转化为有用功的最高份额。在给定的环境条件下不可能转化为有用功的那部分能量称为炾(A_n)。

任何一种形式的能量都可以看成由 E_x 和 A_n 组成，即

$$E=E_x+A_n \tag{4-19}$$

E_x 越大，能量的品质则越高。能量品质高低是在能量转换过程中表现出来的。当某种能量其 $A_n=0$，如机械能、电能、水能和风能等全部是 E_x，该种能量是可无限转换的能量，可百分之百地转换为其他能量形式，是技术上和经济上的高级能量。若能量的 $E_x=0$，则该能量为不可转换的能量，如环境介质中的热力学能，全部为 A_n。而如热能、焓、热力学能等能量，可以在一定条件下部分转变为有用功，是可有限转变的能量。不同形态的能量和物质，处于不同状态时包含的 E_x 和 A_n 的比例各不相同。

可以利用 E_x 和 A_n 的概念，将热力学第一定律和热力学第二定律表述如下：

① 一切过程，E_x+A_n 总量恒定；

② 由 A_n 转换为 E_x 是不可能的；

③ 在可逆过程中，E_x 保持不变；在不可逆过程中，部分 E_x 转换为 A_n，由 E_x 转换为 A_n，这种退化是无法复原的，是能量转化中的真正损失，称作 E_x 损失、做功能力损失或能量贬值，是不可逆因素影响的功损；

④ 孤立系统的 E_x 只能不变或减少，但不能增加——孤立系统 E_x 减原理。

(2) 热量㶲

系统所传递的热量，在给定环境下，用可逆方式所能做出的最大有用功，称为该热量的㶲 $E_{x,Q}$。现以系统为热源，环境为冷源，在冷热源间设想有无数个微卡诺热机进行工作，保证热源在放出热量 Q，可逆地变化到与环境平衡的状态。卡诺热机做出的最大有用功即为 $E_{x,Q}$，因此计算式为

$$E_{x,\ Q}=\int_{(Q)}\left(1-\frac{T_0}{T}\right)\delta Q=Q-T_0\int\frac{\delta Q}{T}=Q-T_0\Delta S \tag{4-20}$$

热量炾 $A_{n,Q}$ 为

$$A_{n,Q}=Q-E_{x,Q}=T_0\int\frac{\delta Q}{T}=T_0\Delta S \tag{4-21}$$

$E_{x,Q}$ 和 $A_{n,Q}$ 可用图 4-10 的 T-S 图所示。当系统放热时对外做出 $E_{x,Q}$，环境吸收的热量则为 $A_{n,Q}$，因此，式(4-20)和式(4-21)中的 Q 和 ΔS 都取绝对值。

(3) 冷量㶲

当系统温度 T 低于环境温度 T_0，系统吸入热量 Q_0 时做出的最大有用功称为冷量㶲，用 $E_{x,Q}$ 表示。这时以环境为热源，系统为冷源，在冷热源间设有无数个微卡诺热机进行工作，

系统吸热 Q_0 时做出的最大有用功即为 $E_{x,Q}$。做出的最大功为

$$\delta W_{max}=\left(1-\frac{T}{T_0}\right)\delta Q_1=\left(1-\frac{T}{T_0}\right)(\delta W_{max}+\delta Q_0)$$

整理得

$$\delta W_{max}=\left(\frac{T_0}{T}-1\right)\delta Q_0$$

积分上式，$E_{x,Q}$ 为

$$E_{x,Q_0}=W_{max}=\int_0^{Q_0}\left(\frac{T_0}{T}-1\right)\delta Q_0=T_0\Delta S-Q_0 \tag{4-22}$$

冷量㶲也可从制冷角度理解，按逆循环进行，从系统(冷源)获取热量 Q_0，外界消耗一定量的功，将 Q_0 连同消耗的功一起转移到环境中去。在可逆条件下，外界消耗的最小功即为冷量㶲。反之，如果低于环境温度的系统吸收冷量 Q_0 时，向外界提供冷量㶲，即可以利用它做出有用功。

E_{x,Q_0}用图 4-11 上面积 1-2-3-4-1 表示，冷量炕 $A_{n,Q}$ 为环境的吸热量，即

$$A_{n,Q}=T_0\Delta S=Q_0+E_{x,Q} \tag{4-23}$$

A_{n,Q_0}为图 4-11 中的面积 3-4-5-6-3。

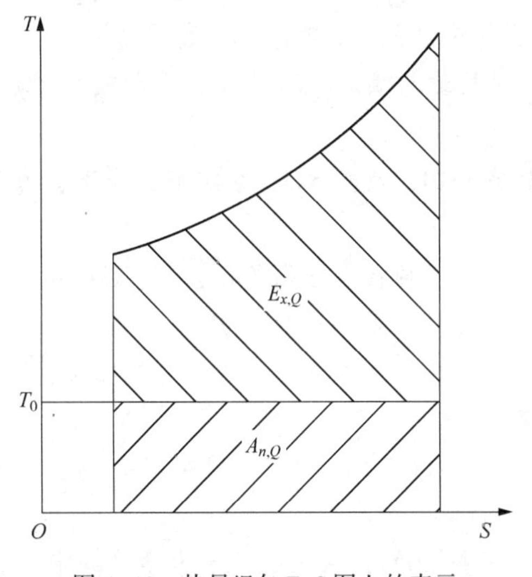

图 4-10　热量㶲在 T-S 图上的表示

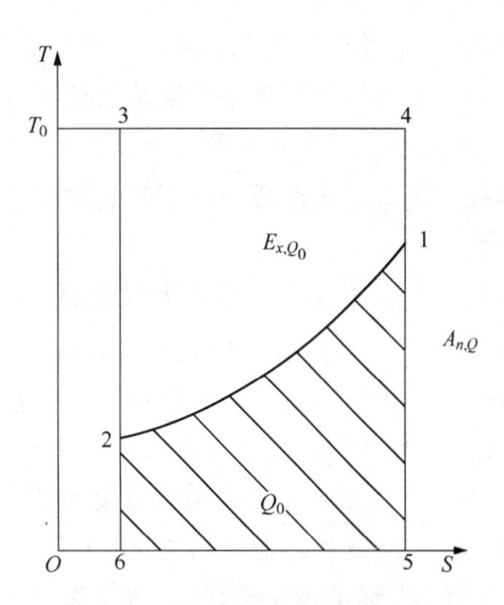

图 4-11　冷量㶲、冷量炕和冷量

思　考　题

4-1　若热源与冷源的温差增大，热效率和制冷系数将如何变化？

4-2　试证明热力学第二定律各种说法的等效性；若开尔文-普朗克说法不成立，则克劳修斯说法也不成立。

4-3　判断下列说法是否正确，为什么？

① 在任何情况下，向气体加热，熵一定增加；气体放热，熵总减小。

② 熵减小的过程是不可能实现的。

③ 卡诺循环是理想循环，一切循环的热效率都比卡诺循环的热效率低。

④ 把热量全部转换为功是不可能的。

⑤ 若从某一初态经可逆与不可逆两条途径到达同一终态，则不可逆途径的 ΔS 必大于可逆途径的 ΔS。

⑥ 熵增大的过程必定为吸热过程。

⑦ 熵减小的过程必定为放热过程。

⑧ 定熵过程必为可逆绝热过程。

⑨ 使系统熵增大的过程必为不可逆过程。

⑩ 熵产 $S_g>0$ 的过程必为不可逆过程。

⑪ 不可逆过程的熵变 ΔS 无法计算。

⑫ 如果从同一初始态到同一终态有两条途径，一为可逆，另一为不可逆，则 $\Delta S_{不可逆}>\Delta S_{可逆}$、$\Delta S_{f,不可逆}>\Delta S_{f,可逆}$、$\Delta S_{g,不可逆}>\Delta S_{g,可逆}$。

⑬ 不可逆绝热膨胀的终态熵大于初态熵，不可逆绝热压缩的终态熵小于初态熵。

⑭ 工质经过不可逆循环有 $\oint ds > 0$，$\oint \frac{\delta q}{T_r} < 0$。

4-4　有一发明家声称发明了一种循环工作的装置，从热源吸取热量1000kJ，可对外做功1200kJ，是否违别热力学第一定律？是否违背热力学第二定律？

4-5　某种蒸汽经历不可逆放热过程后，过程的热熵流__0(大于、等于或小于)，过程熵产__0(大于、等于或小于)。

4-6　闭口系统经历一个不可逆过程，做功15kJ，放热5kJ，系统熵变为正、为负或不确定？

4-7　在 $p-V$ 图上表示热力学能㶲的大小，分四种状态分别给出，即：① $p>p_0$，$T>T_0$；② $p>p_0$，$T<T_0$；③ $p<p_0$，$T>T_0$；④ $p<p_0$，$T<T_0$；进而说明内能㶲恒为正。

4-8　试用热力学第二定律证明，在 $p-V$ 图上，两条可逆绝热线不可能相交(提示：用反证法，若相交的话，则将违反热力学第二定律)。

4-9　环境温度为 T_0，系统温度由 T_1 变为 T_2 时($T_1>T_2>T_0$)，请在 $T-S$ 图上表示该过程的能量贬值(或做功能力损失)情况。

4-10　设环境温度为0℃，冬天室内温度保持20℃，试分别从热力学第一定律和热力学第二定律的角度分析可逆热泵采暖和电炉采暖的优劣。

习　题

4-1　利用逆向卡诺热机作为热泵向房间供热，设室外温度为-5℃，室内温度保持20℃。要求每小时向室内供热 2.5×10^4kJ。求：①每小时从室外吸收的热量；②循环的供暖系数；③若热泵由电动机驱动，且电动机效率为95%，求电动机的功率；④如果直接采用电炉取暖，求每小时耗电量。

4-2　某循环在600K和300K两热源间进行，已知 $|W|=5000$kJ，$|Q_2|=3000$kJ。①如

果进行的是正循环(动力)，试判断循环能否实现，是否可逆？②如果为逆向循环，试判断循环能否实现，是否可逆？

4-3　某一动力循环工作于温度为1000K和300K的热源与冷源之间，循环过程为1-2-3-1，其中1-2为定压吸热过程，2-3为可逆绝热膨胀过程，3-1为定温放热过程。点1的参数是$p_1=0.1\text{MPa}$，$T_1=300\text{K}$；点2的参数是$T_2=1000\text{K}$。如循环中是1kg空气，其$c_p=1.01\text{kJ/(kg}\cdot\text{K)}$。求循环热效率及净功。

4-4　1kg理想气体[$R_g=287\text{J/(kg}\cdot\text{K)}$]由初态$p_1=0.1\text{MPa}$、$T_1=400\text{K}$被等温压缩到终态$p_2=1\text{MPa}$、$T_1=400\text{K}$。试计算：①经历一可逆过程；②经历一不可逆过程。这两种情况下的气体熵变、环境熵变、过程熵产。已知不可逆过程实际耗功比可逆过程多耗功20%，环境温度为300K。

4-5　0.25kg的CO在闭口系中由初态$p_1=0.25\text{MPa}$，$t_1=120℃$膨胀到$p_2=0.125\text{MPa}$，$t_2=25℃$，做出膨胀功$W=8.0\text{kJ}$。已知环境温度$t_0=25℃$，CO的$R_g=0.297\text{kJ/(kg}\cdot\text{K)}$，$c_v=0.747\text{kJ/(kg}\cdot\text{K)}$，试计算过程热量，并判断该过程是否可逆。

4-6　某热机工作于温度分别为600℃和40℃的两个恒温热源之间，并用该热机带动一个制冷机。制冷机在温度分别为40℃和-18℃的两个恒温热源之间工作。当600℃的热源提供给热机2100kJ的热量时，用热机带动制冷机联合运行并有370kJ的功输出。如果热机的热效率为可逆热机的40%，制冷机的制冷系数为可逆制冷机的40%，求40℃的热源共得到多少热量？

4-7　空气稳定地流过压气机，从初态$p_1=0.1\text{MPa}$、$t_1=17℃$被绝热压缩到终态$p_2=0.1\text{MPa}$。如果忽略进出口动能、位能变化，压缩过程所消耗的技术功为180kJ/kg，环境温度为17℃。试计算1kg空气在压气过程中做功能力的损失。

4-8　按卡诺循环工作的热机在热源$T_1=1000\text{K}$及冷源$T_2=300\text{K}$之间工作，求：①若循环是可逆的，该循环的热效率；②若工质从热源吸热和向冷源放热时，都有50℃温差时的热效率；③若热源供给1000kJ热量时，由于温差传热引起的孤立系统熵增为多少？④若热源供给1000kJ热量时，由于温差传热引起的孤立系统可用能损失为多少？

4-9　1kg空气经绝热节流，由状态$p_1=0.6\text{MPa}$，$t_1=127℃$变化到状态$p_2=0.1\text{MPa}$。试确定有用能损失(大气温度$T_0=300\text{K}$)。

4-10　容器A和容器B的体积分别是3m^3和2m^3，两者之间用一根带有阀门的管子相连。开始时阀门是关闭的，容器A中装有$p_1=5\text{MPa}$，$T_1=500\text{K}$的空气，而B为真空。假定阀门打开后，流动是绝热的，并忽略连接管和阀门的体积，试计算做功能力损失。已知环境温度为298K。

4-11　一个9kg的铜块，温度为500K，比热容$c_p=0.383\text{kJ/(kg}\cdot\text{K)}$，环境温度为27℃。①问铜块的可用能是多少？②若上述铜块与5kg的27℃的水进行热接触，试确定整个体系的熵变和可用能的损失。水的比热容为$c_{p,w}=4.18\text{kJ/(kg}\cdot\text{K)}$。

4-12　某热泵按逆向卡诺循环工作，由室外-10℃的环境吸热向室内供热，使室内由7℃提高到17℃。设房间的散热损失可以忽略不计，求热泵对应于每千克空气所消耗的功。

5 动力循环与工作循环

能将燃料燃烧释放的部分热量连续不断地转换成机械能的热工设备，称动力装置。动力装置中的工质连续不断地周而复始发生状态变化，实现热功转换。各个热工设备的实际工作过程可近似、合理地理想化成相应的可逆的热力过程。动力装置的实际工作循环可看作由一系列基本热力过程所组成的正向可逆循环。这种正向可逆循环称为该动力装置的理想循环，简称动力循环。

5.1 蒸汽动力装置循环

蒸汽是历史上最早广泛使用的工质。目前世界约75%电力来自火电厂，绝大部分来自蒸汽动力。如图5-1所示，最简单的蒸汽动力装置由锅炉、汽轮机、冷凝器和水泵等四个基本热力设备组成。蒸汽动力装置以水为工质。在锅炉中，水定压吸热，从压缩水变成过热蒸汽。高温高压的过热蒸汽在汽轮机中绝热膨胀，推动叶轮输出轴功。从汽轮机出来的乏汽在冷凝器中定压凝结成饱和水，凝结过程中放出的汽化相变焓被冷却水带走。冷凝后的低压饱和水通过水泵加压成高压的压缩水后再输入锅炉。如此，水在蒸汽动力装置中就完成了一个封闭的工作循环。

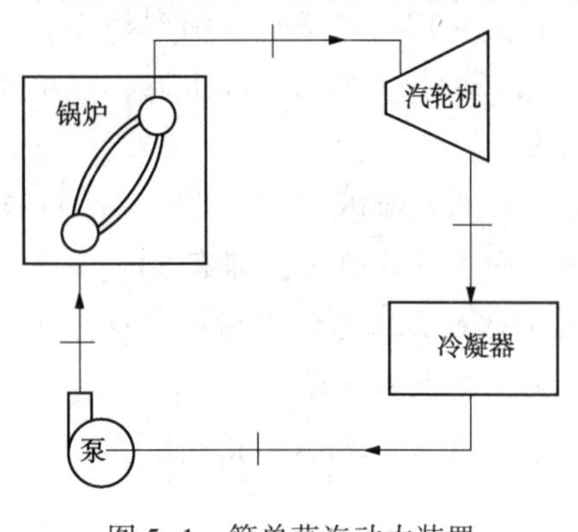

图5-1　简单蒸汽动力装置

5.1.1 朗肯循环

简单蒸汽动力装置理想化之后的实际工作循环，可看作由下列四个基本的可逆过程组成的理想循环，称朗肯循环。朗肯循环的p-V图、T-s图及h-s图，如图5-2所示。图中，4-5-6-1为锅炉中蒸汽的定压产生过程；1-2为蒸汽在汽轮机中的定熵膨胀过程；2-3为乏汽在冷凝器中定压凝结过程；3-4为水泵对水的定熵压缩过程。

（1）朗肯循环的热力分析

当两个独立的状态参数确定之后，水蒸气的状态就完成确定，其他状态参数可利用水蒸气的热力性质表或h-s图来查得。如已知朗肯循环的特性参数t_1、p_1及p_2，则根据组成循环的各个基本热力过程的特征可确定循环各典型点的状态。具体步骤如下：

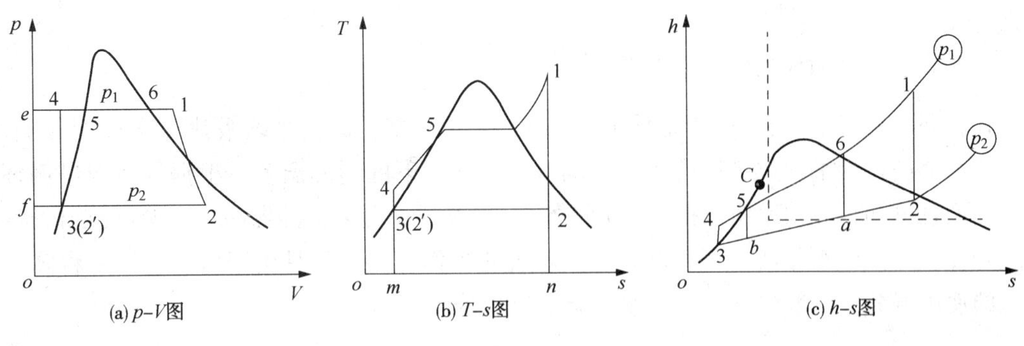

图 5-2　朗肯循环

状态 1　根据 t_1、p_1，查得 h_1、s_1。

状态 2　根据 p_2 及 $s_2=s_1$，查得 h_2、t_2。

状态 3　根据 $p_3=p_2$ 及 $x_3=0$，可确定 h_3、s_3。

状态 4　根据 $p_4=p_1$ 及 $s_4=s_3$，可确定 h_4、t_4。

下面对朗肯循环进行热力分析。

每千克新蒸汽在汽轮机内可逆绝热膨胀做的技术功为

$$w_{12}=h_1-h_2(p-V\text{ 图上面积 } e-1-2-f-e)$$

乏汽在冷凝器中向冷却水放出的热量为

$$q_2=h_2-h_3=h_2-h_{2'}(T-s\text{ 图上面积 } m-3-2-n-m)$$

凝结水流经水泵，水泵消耗的功为

$$w_{34}=h_4-h_3(p-V\text{ 图上面积 } e-4-3-f-e)$$

新蒸汽从热源吸热量为

$$q_1=h_1-h_4(T-s\text{ 图上面积 } m-4-5-6-1-n-m)$$

循环净功及净热量为

$w_0=w_{12}-w_{34}=(h_1-h_2)-(h_4-h_3)(p-V$ 图上面积 1-2-3-4-5-6-1)

$q_0=q_{41}-q_{23}=(h_1-h_4)-(h_2-h_3)=(h_1-h_2)-(h_4-h_3)(T-s$ 图上面积 1-2-3-4-5-6-1)

因此，循环热效率为

$$\eta_t=\frac{w_0}{q_1}=\frac{(h_1-h_2)-(h_4-h_3)}{h_1-h_4} \tag{5-1}$$

需注意的是，水的比容远小于水蒸气的比容。因此，在相同的压力变化范围内，水泵的轴功比汽轮机输出的轴功小得多，仅占 2%左右。在蒸汽动力装置的实际计算中，可忽略泵功，即 $w_{34}=h_4-h_3=(p_4-p_3)v_3=(p_4-p_3)v_{2'}\approx 0$。热效率可进一步简化为

$$\eta_t=\frac{w_0}{q_1}=\frac{h_1-h_2}{h_1-h_{2'}}$$

输出 1kW · h 功量所消耗的蒸汽量称为汽耗率，用 d 表示。有

$$d=\frac{3600}{w_0}=\frac{3600}{\eta_t q_1}=\frac{3600}{h_1-h_2}\text{kg/(kW · h)} \tag{5-2}$$

由式(5-2)可以看出，在 q_1 一定的条件下，热效率越高，汽耗率越低。它们都是表征

循环经济性的指标。当循环特性参数t_1、p_1及p_2确定之后，循环的各种性能参数都可计算出来。

（2）影响朗肯循环热效率的因素

在相同的初温t_1及终压p_2的条件下，初压由p_1升高到p_1'时，平均吸热温度$\bar{T}_{1'}$明显提高。同时，两个循环的平均放热温度不变，均等于背压p_2下的饱和温度。根据等效卡诺循环热效率的概念可知，热效率明显提高，如图5-3(a)所示。随着p_1的提高，汽轮机出口乏汽的干度降低，乏汽中水分增加。不仅影响汽轮机的工作性能，而且由于水滴冲击，将降低汽轮机的使用寿命。一般要求乏汽干度不能小于0.86。

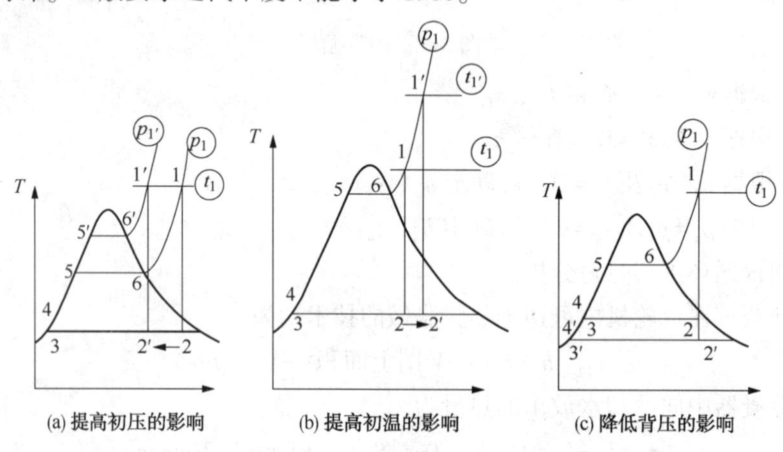

图5-3 影响朗肯循环热效率因素分析

若保持初压p_1和背压p_2不变，将初温由t_1提高到t_1'时，平均吸热温度度$\bar{T}_{1'}$明显提高。利用平均吸热温度、平均放热温度、等效卡诺循环热效率的概念可知，在初压和终压不变的条件下，提高初温可以提高朗肯循环的热效率，如图5-3(b)所示。另一方面，提高蒸汽初温t_1还可提高汽轮机出口乏汽的干度，改善汽轮机的工况。但同时对金属耐热和机器强度要求也提高，汽轮机出口尺寸增大。目前应用中初温可高至550℃。

保持初温t_1及初压p_1不变，背压从p_2降低至p_2'，平均吸热温度略有下降，平均放热温度下降明显。利用平均吸热温度、平均放热温度、等效卡诺循环热效率的概念可推断，在初温和初压不变的条件下降低背压，可以提高朗肯循环的热效率及循环比净功。但是，随着背压降低，汽轮机排气干度也随之降低，不利于汽轮机工作。背压p_2取决于冷凝器中所能维持的冷凝温度，因此p_2即为冷凝温度下的饱和压力。降低冷凝温度就能降低背压。冷凝温度的降低受周围环境温度的限制，通常在25~35℃之间，所以p_2在0.003~0.005MPa的范围内。在冬天循环水温较低，循环效率较高。

（3）有摩阻的实际朗肯循环

考虑到汽轮机中的不可逆损失，理想循环中的可逆绝热过程1-2将被替换成不可逆绝热过程$1\text{-}2_{act}$。实际循环中，q_1不变，q_2增大，如图5-4所示。值得注意的是，计算实际蒸汽动力装置的热效率时，还需考虑锅炉的热损失及管道的热损失。用η_B表示锅炉效率，η_{tu}表示管道效率，实际蒸汽动力装置的热效率计算如式(5-3)。

$$\text{实际蒸汽动力装置的热效率：}\eta_t=\frac{\text{装置输出的功}}{\text{燃料的发热量}}=\eta_{t,R}\eta_B\eta_{tu}\eta_T \tag{5-3}$$

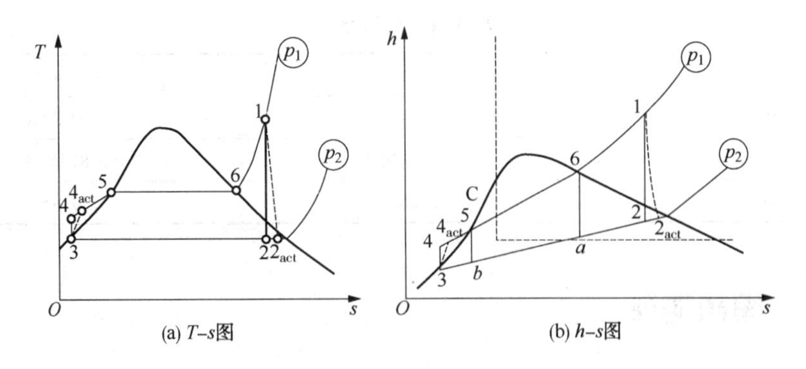

图 5-4　实际朗肯循环

【例 5-1】　一简单蒸汽动力装置循环(即朗肯循环)，蒸汽的初压 $p_1=3\mathrm{MPa}$，终压 $p_2=6\mathrm{kPa}$，初温分别为 300℃和 500℃。试求不同初温时循环的热效率 η_t、耗汽率 d 及蒸汽的终干度 x_2，并将所求得的各值填入下表内，以比较所求得的结果。

解：忽略水泵功耗，查水蒸气表得

$p_1=3\mathrm{MPa}$(过热汽)参数：

$$t_1=300℃\quad h_1=2992.4\mathrm{kJ/kg}\quad s_1=6.5371\mathrm{kJ/(kg\cdot K)}$$

$$t_{1'}=500℃\quad h_{1'}=3454.9\mathrm{kJ/kg}\quad s_{1'}=7.2314\mathrm{kJ/(kg\cdot K)}$$

$p_2=6\mathrm{kPa}$ 的饱和参数：

$$s'=0.5209\mathrm{kJ/(kg\cdot K)}\quad s''=8.3305\mathrm{kJ/(kg\cdot K)}$$

$$h'=151.50\mathrm{kJ/kg}\quad h''=2567.1\mathrm{kJ/kg}$$

$$x_2^{(300)}=\frac{s_1-s'}{s''-s'}=\frac{6.5371-0.5209}{8.3305-0.5209}=0.7708$$

$$x_2^{(500)}=\frac{s_1-s'}{s''-s'}=\frac{7.2314-0.5209}{8.3305-0.5209}=0.8593$$

$$h_2^{(300)}=x_2^{(300)}h''+[1-x_2^{(300)}]h'=0.7708\times2567.1+(1-0.7708)\times151.5$$
$$=2013.44\quad\mathrm{kJ/kg}$$

$$h_2^{(500)}=x_2^{(500)}h''+[1-x_2^{(500)}]h'=0.8593\times2567.1+(1-0.8593)\times151.5$$
$$=2227.23\quad\mathrm{kJ/kg}$$

$$\eta_t^{(300)}=\frac{h_1-h_2}{h_1-h_{2'}}=\frac{2992.4-2013.44}{2992.4-151.5}=0.3446$$

$$\eta_t^{(500)}=\frac{h_1-h_2}{h_1-h_{2'}}=\frac{3454.9-2227.23}{3454.9-151.5}=0.3716$$

$$d_0^{(300)}=\frac{1}{h_1-h_2^{(300)}}\times10^{-3}=\frac{1}{2992.4-2013.44}\times10^{-3}=1.0215\times10^{-6}\mathrm{kg/J}$$

$$d_0^{(500)}=\frac{1}{h_1-h_2^{(500)}}\times10^{-3}=\frac{1}{3454.9-2227.23}\times10^{-3}=0.8146\times10^{-6}\mathrm{kg/J}$$

计算结果汇总见表 5-1。

表 5-1　计算结果

t_1/℃	300	500
η_t	0.3446	0.3716
d/(kg/J)	1.0215×10^{-6}	0.8146×10^{-6}
x_2	0.7708	0.8593

5.1.2　再热循环

提高初温、初压、降低背压均可以改善蒸汽动力装置的性能。但初温受金属材料耐热性能的限制，背压受冷凝器中冷却水温度的制约。而在背压和初温一定的条件下，提高初压又将导致乏汽干度下降，影响汽轮机的工作性能及使用寿命。为解决因初压提高而引起的干度下降的问题，通常采取蒸汽再热的措施。

再热循环如图 5-5 所示。图中 $a-b$ 是蒸汽在再热器中的再热过程。在高压汽轮机中，蒸汽膨胀到某一中间压力 p_a后，再次进入锅炉中的再热器中受热，定压加热到再热温度 T_b后，进入低压汽轮机中继续膨胀。设一次汽的参数为 p、t，中间再热压力为 p_b，再热至初温 t，工质循环路径如图 5-6 所示。

二次汽
一次汽
(过热器)
(再热器)
汽轮机
锅炉
凝汽器
冷却水
给水泵
(a) 再热循环装置简图
(b) 再热循环T-s图

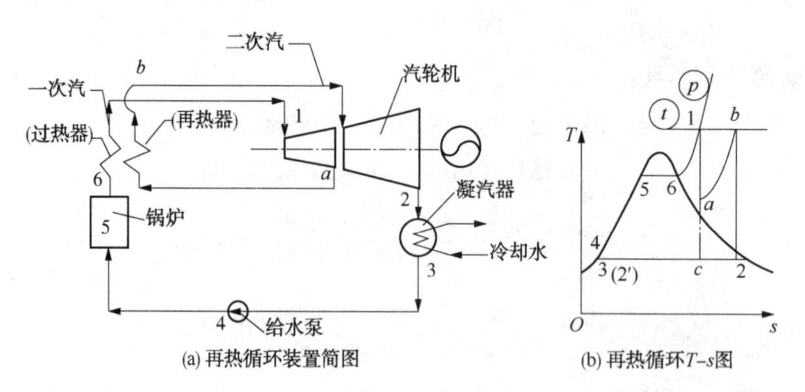

图 5-5　再热循环示意图

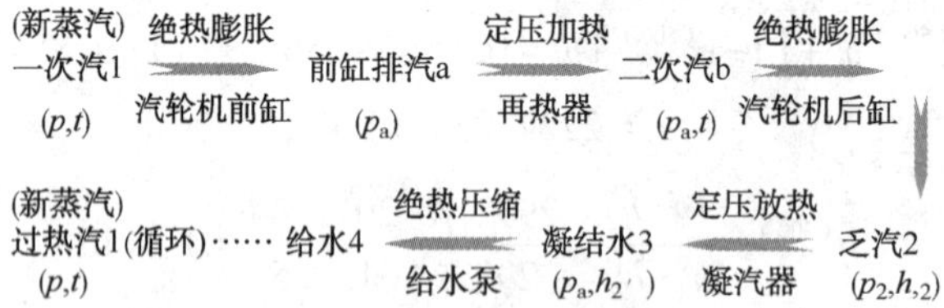

(新蒸汽)
一次汽1
(p,t)
绝热膨胀
汽轮机前缸
前缸排汽a
(pa)
定压加热
再热器
二次汽b
(pa,t)
绝热膨胀
汽轮机后缸
(新蒸汽)
过热汽1(循环)……
(p,t)
给水4
绝热压缩
给水泵
凝结水3
(pa,h2′)
定压放热
凝汽器
乏汽2
(p2,h2)

图 5-6　再热循环工质循环路径

对于具有一次再热的蒸汽动力循环，忽略给水泵的功耗时，再热循环输出的功为一次汽和二次汽在汽轮机中所作的技术功之和：

$$w_{net}=(h_1-h_a)+(h_b-h_2)$$

循环的吸热量为蒸汽分别在锅炉的过热器和再热器中所吸热量之和：

$$q_1=(h_1-h_{2'})+(h_b-h_a)$$

再热循环的热效率为

$$\eta_t = \frac{w_{net}}{q_1} = \frac{(h_1 - h_a) + (h_b - h_2)}{(h_1 - h_{2'}) + (h_b - h_a)} = \frac{(h_1 - h_2) + (h_b - h_a)}{(h_1 - h_{2'}) + (h_b - h_a)} \tag{5-4}$$

再热措施能否提高循环的热效率取决于中间压力。一般来说，存在一个最佳中间再热压力，最佳中间再热压力一般为初压的 20%~25%。一般大型的 10×10^4kW 以上的机组，都采用再热循环，其热效率能提高 2%~3.5%。但再热也将会使锅炉、汽轮机结构更复杂，初投资增加。

5.1.3 回热循环

朗肯循环的给水温度较低，压缩水的定压预热阶段是在较低的范围内进行的，导致水蒸气定压产生过程的平均吸热温度下降，使得循环热效率下降，且将增加锅炉内高温烟气与水之间温差传热的不可逆损失。采用回热措施来提高给水温度，是提高循环效率的一条重要途径。所谓回热，就是利用从汽轮机中抽出部分蒸汽来加热锅炉给水，使压缩水的低温预热阶段在锅炉外的回热器中进行，把水加热到预期的温度之后再送到锅炉中去。这种回热方法也称抽汽回热。

以采用一次回热的蒸汽动力装置为例，如图 5-7(a)所示。来自锅炉的 1kg 过热蒸汽(状态 1)，在高压汽轮机中膨胀到 p_{01}(状态 0_1)时，抽出其中 $\alpha_1$kg 蒸汽，输送到混合式给水回热器中加热给水，回热抽汽在回热器中定压凝结成为 $0_1'$状态的饱和水。其余$(1-\alpha_1)$kg 蒸汽在低压汽轮机中继续膨胀，一直膨胀到背压 p_2(状态 2)。凝结水泵和给水泵分别在不同温度下将饱和水(状态 3 和 $0_1'$)压缩到所需压力下的压缩水(4′和 4)。经回热器预热后的高温水，由给水泵输入锅炉。

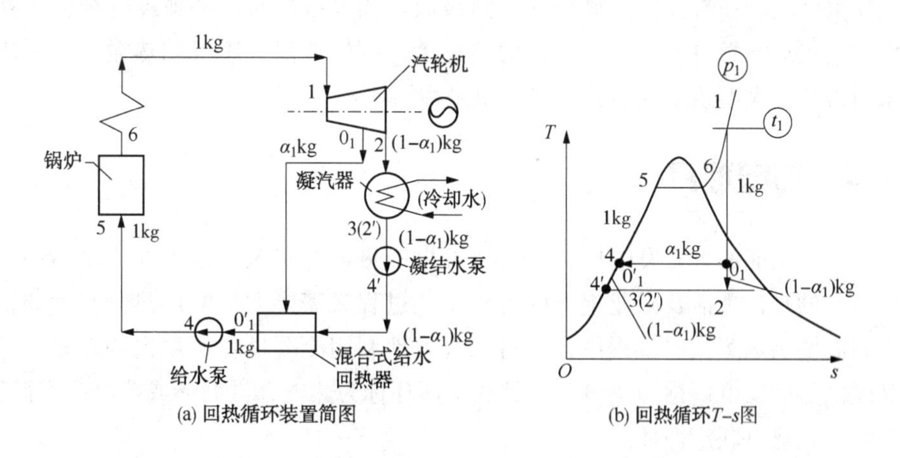

图 5-7　回热式蒸汽动力装置

由图 5-7(b)，循环的吸热量 $q_1 = h_1 - h_4 = h_1 - h_{0_1'}$。忽略水泵功耗时，循环输出的净功为凝汽和回热抽汽在汽轮机中所作两部分技术功之和：

$$w_{net} = (1-\alpha_1)(h_1 - h_2) + \alpha_1(h_1 - h_{0_1})$$

以一级抽汽回热的蒸汽动力装置为例，循环热效率为

$$\eta_t=\frac{w_{net}}{q_1}=\frac{(h_1-h_{0_1})-(1-\alpha_1)(h_{0_1}-h_2)}{h_1-h_{0_1'}} \tag{5-5}$$

对于混合式加热器，由能量平衡，得

$$(1-\alpha_1)(h_{0_1}'-h_2')=\alpha_1(h_{0_1}-h_{0_1}')$$

由此得

$$\alpha_1=\frac{h_{0_1}'-h_2'}{h_{0_1}-h_2'},\quad h_{0_1'}=h_{2'}+\alpha_1(h_{0_1}-h_{2'})$$

代入式(5-5)，得

$$\eta_t=\frac{(1-\alpha_1)(h_1-h_2)+\alpha_1(h_1-h_{0_1})}{(1-\alpha_1)(h_1-h_{2'})+\alpha_1(h_1-h_{0_1})} \tag{5-6}$$

对于 n 级抽汽回热的蒸汽动力装置，假设抽汽系数分别为 α_1、α_2、α_3、…、α_n，不计给水泵耗功时，循环输出净功为

$$w_{net}=\alpha_1(h_1-h_{01})+\alpha_2(h_1-h_{02})+\cdots+\alpha_n(h_1-h_{0n})+\alpha_c(h_1-h_2)$$

循环放热量：$q_2=\alpha_c(h_2-h_{2'})$

循环吸热量：$q_1=q_2+w_{net}=\alpha_c(h_1-h_{2'})+\sum\alpha_i(h_1-h_{0_i})$

有 n 级抽汽回热的循环热效率

$$\eta_t=\frac{\alpha_c(h_2-h_{2'})}{\alpha_c(h_1-h_{2'})+\sum\alpha_i(h_1-h_{0_i})} \tag{5-7}$$

从热力学观点来看，采用回热措施可显著提高循环的热效率，且能减小汽轮机低压缸的尺寸，提高汽轮机的内部效率。另外减小了循环水量，同时也减小了锅炉的负担。在这方面来看，总是有利的。但是采用回热措施必然将增加设备的复杂性，使设备投资增加，且将使汽耗率增大。在选择回热循环的回热级数及抽气系数时，必须经过全面的技术经济比较确定。现代火力发电产中的蒸汽动力装置无一例外地都采用了回热循环，采用回热并不妨碍采用再热，大型机组既实行再热，也采用回热。

5.1.4 热电联产

在单纯生产电能的火力发电厂，燃料所发出的热量中有50%以上在冷凝器中被冷却水带走。而人们的日常生活及工业生产的各种工艺过程又需要大量的供热蒸汽。如把这部分能量利用到需要供热蒸汽的过程中，就可以有效地利用冷凝过程所放出的热量。这种即可发电，又能供热的发电厂称为热电厂。其热力循环称为热电合供循环或热电联产循环。

(1) 背压式热电联产循环

背压式热电联产循环示意图如图 5-8 所示。汽轮机发电机组在输出电能的同时，将汽轮机排出的蒸汽去供应热用户。为了利用乏汽中的热能，必须适当提高乏汽的压力。一般来说，乏汽参数应根据大多数用户的需要确定。一旦确定之后，汽轮机就在这个确定的背压下工作。通常将乏汽超过 0.1MPa 的汽轮机称为背压式汽轮机。

图中，4-5-6-1 为水在锅炉中定压加热过程，1-2 为汽轮机中的绝热膨胀过程，2-3 为用户中定压凝结放热过程，3-4 为回水在水泵中绝热压缩过程。由图可知，背压式热电

联产的循环热效率与朗肯循环具有相同的形式，其热效率可由式(5-1)计算。但因背压提高，其循环热效率必定低于朗肯循环的热效率。

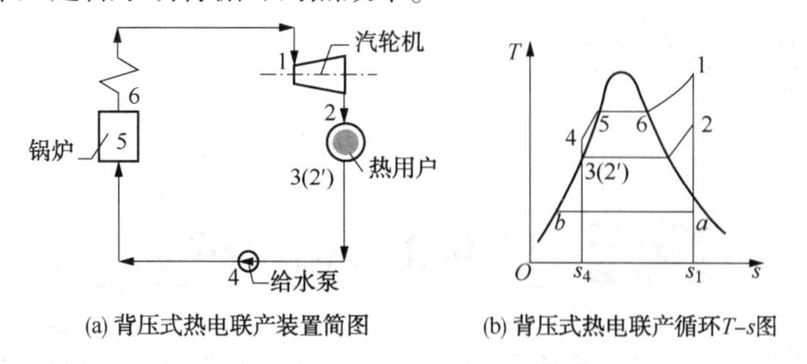

(a) 背压式热电联产装置简图　　(b) 背压式热电联产循环T-s图

图 5-8　背压式热电联产循环

(2) 抽汽式热电联产循环

对于背压式热电联产循环来说，当初温、初压、背压一定时，其热效率、热量利用系数和电热比都是确定的，供电量和供热量的配比也是固定的，不能单独调节。难以适应电用户及热用户的不同要求。为了克服这一缺点，采用抽汽量可单独调节的抽汽式热电联产循环，如图 5-9 所示。通过调节总供汽量即可满足电用户及热用户的不同要求。实际上，抽汽回热循环中的回热器实际上都是热电厂本身的热用户，抽汽式热电联产循环只是在回热循环的基础上增加厂外的热用户而已。这种装置能充分利用热量，且有利于保护环境。在目前的趋势下，采用集中供热的热电厂是蒸汽动力装置发展的方向。

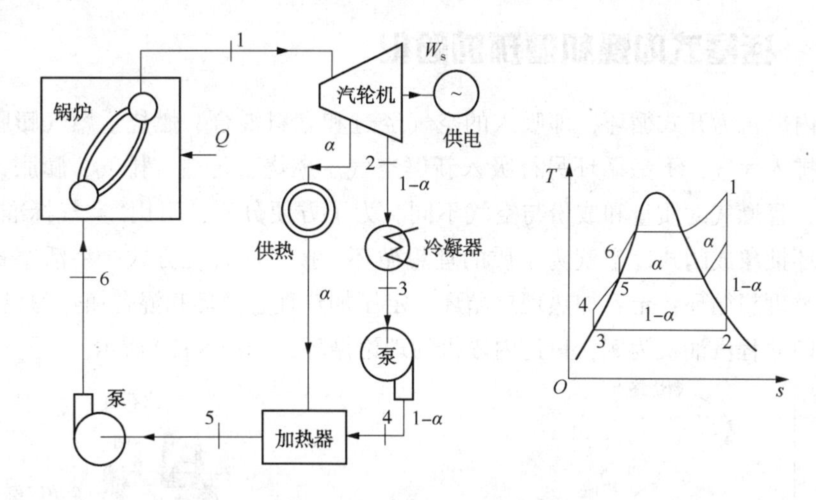

图 5-9　抽汽式热电联产循环

衡量热电联产循环的经济性除循环热效率之外，还可用热量利用系数 K 表示。

$$K=\frac{\text{已利用的热量}}{\text{工质从热源吸收的热量}}=\frac{q_{\text{供热}}+w_{\text{net}}}{q_1}=\frac{(h_2-h_{2'})+(h_1-h_2)}{h_1-h_{2'}} \tag{5-8}$$

式中，分子是被利用的热量及所做的功量之和，分母是循环中工质吸收的热量。理论上，K 可达到 1。但实际中，因有散热、泄漏、摩擦以及热、电负荷之间的不协调等各种损失，K 值总是小于 1 的，一般在 0.7 左右。

热电厂的热量利用系数以燃料的总释放量为计算基准。热电厂的的热量利用系数一般表示为

$$K' = \frac{\text{已利用的热量}}{\text{燃料的总释热量}}$$

通常还用电热比来表达用能情况。有

$$\omega = \frac{w_0}{q_h} = \frac{w_0 q_1}{q_1 q_h} = \frac{\eta_t}{q_h / q_1} \tag{5-9}$$

5.2 活塞式内燃机循环

内燃机是将液体或气体燃料和空气混合后直接输入机器内部燃烧而产生热能，再将热能转变成机械输出的热力发动机。活塞式内燃机的燃料燃烧、工质膨胀、压缩等过程都是在同一带有活塞的气缸内进行的，结构较紧凑。按所使用的燃料，可分为煤气机、汽油机和柴油机；按点火方式分为点燃式和压燃式两大类。点燃式内燃机吸入燃料和空气的混合物，经压缩后由电火花点燃。点燃式内燃机一般有煤气机和汽油机。压燃式内燃机仅吸入空气，经压缩后使空气的温度上升到燃料自燃的温度，再喷入燃料燃烧。常见的压燃式内燃机为柴油机。按完成一个循环所需要的冲程又分为四冲程和二冲程两类。由进气、压缩、燃烧及膨胀、排气四个冲程完成一次循环为四冲程；而进气、压缩、燃烧和膨胀、排气共用两个冲程完成一个工作循环为二冲程。

5.2.1 活塞式内燃机循环的简化

现有的内燃机为开式循环，即吸入的空气经过和燃料混合、燃烧、燃气膨胀做功后以废气的形式排入大气，下一循环另行吸入新鲜空气。燃烧、传热、排气、膨胀、压缩均为不可逆过程，且燃气的质量和成份与空气不同。为了方便分析，引用“空气标准假设”，将实际形式循环抽象成闭式以空气为工质的理想循环。按不同燃烧方式，将活塞式内燃机循环归纳成三类理想循环：定容加热理想循环、定压加热理想循环和混合加热理想循环。

下面以四冲程汽油机为例，讨论内燃机的理论循环，如图 5-10 所示。

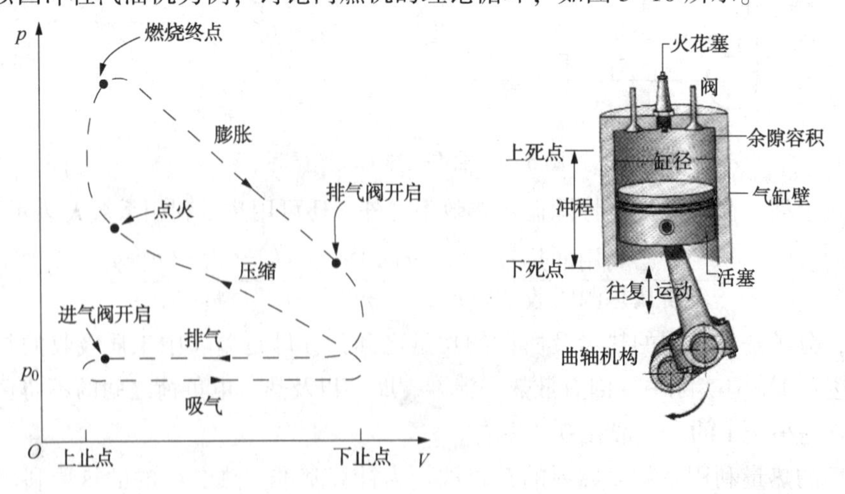

图 5-10　汽油机循环

容易挥发的汽油，在化油器中与空气形成一定配比的混合物。当进气阀打开，因进气阀的节流作用，气缸内的气体压力略低于大气压力。活塞从上死(止)点向下死(止)点移动时，气缸内的压力下降吸入混合物。在通过进气管道并进入气缸的过程中再继续混合，进行吸气过程。当活塞行至下死(止)点时，进气阀关闭。然后活塞向上死(止)点移动，压缩可燃混合气体，使其温度、压力均升高，进行压缩过程。在活塞接近上死(止)点时，火花塞点火。此时混合气体处于极易燃烧的状态，一经点火就极快地燃烧起来，并在极短的时间内燃烧完毕。由于燃烧过程十分迅猛，温度和压力迅速上升，而活塞移动并不显著，燃料的燃烧过程接近于定容过程。高温高压的燃气推动活塞对外做功，使活塞向下死(止)点方向移动。此时气缸内的压力变化很小，近似于定压过程。到达燃烧终点后气缸内气体温度可高达 1700℃。活塞继续向下死(止)点方向移动，气缸内高温高压气体实现膨胀做功。接近下死(止)点时，排气阀开启，部分废气排入大气，气缸中压力突然下降，接近于定容降压过程。到达下死(止)点后，活塞上行。废气在压力稍高于大气压下被排出气缸，实现排气过程，完成一个循环。

如图 5-11 所示，引用空气标准假设对实际循环抽象和概括如下：

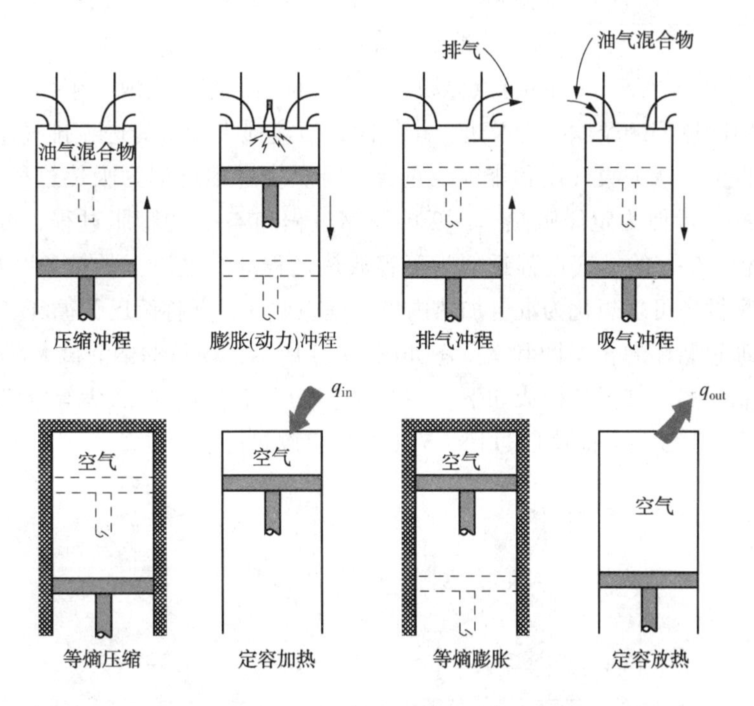

图 5-11　活塞式内燃机的简化

① 燃料定容及定压燃烧产生高温、高压燃气的过程简化成工质从高温热源可逆定容吸热升温、升压过程，把排气过程简化成向低温热源可逆定容放热过程。

② 把循环工质简化为空气，作理想气体处理，比热容取定值。

③ 忽略实际过程的摩擦阻力及进、排气阀的节流损失，认为进、排气压力相同，进、排气推动功相抵消，即吸气和排气重合。加之把燃烧改为加热后，不需考虑燃烧耗氧问题，开式循环可抽象为闭式循环。

④ 在膨胀和压缩过程中忽略气体与气缸壁之间的热交换，简化为可逆绝热过程。

5.2.2 混合加热理想循环

混合加热柴油机的示功图如图 5-12 所示。进气阀打开，0-1 过程活塞从上死(止)点向下(止)点移动，为吸气过程。活塞到达下死(止)点后进气阀关闭。1-2 过程活塞从下死(止)点向上死(止)点移动，进行压缩过程。在 2 点处压缩空气的压力可达 3.5~5MPa，温度可达 600~800℃，超过了柴油的自燃温度(约 335℃左右)。此时柴油被高压油泵喷入气缸，在 2-3 过程中柴油在经过一个滞燃期后在气缸内燃烧起来，压力迅速上升到 5~9MPa，燃烧过程接近于定容过程。活塞到达 3 后开始向下死(止)点移动，此时 3-4 过程中柴油继续燃烧，压力变化很小，可近似于定压过程。活塞继续向下死(止)点移动，4-5 过程气缸内高温高压气体对外膨胀做功。到达 5 时压力一般降为 0.3~0.5MPa，温度约为 500℃。此时排气阀打开，部分废气排入大气，气缸中压力突然下降，接近定容降压过程。6-1 过程活塞从下死(止)点向上死(止)点移动，将废气排出气缸，完成一个循环。引用理想气体假设，忽略实际过程的摩擦阻力及进、排气阀的节流损失，认为进、排气压力相同，进、排气推动功相抵消，认为吸气线和排气线重合。将燃烧过程近似为吸热过程，2-3 可近似为定容吸热，3-4 近似为定压吸热。1-2 的压缩过程和 4-5 的膨胀过程，可忽略热交换，近似为等熵过程。5-6 的排气过程近似为等容放热过程。经过以上的抽象和概括，混合加热柴油机的实际循环可理想化为混合加热内可逆理想循环，又称萨巴德循环。

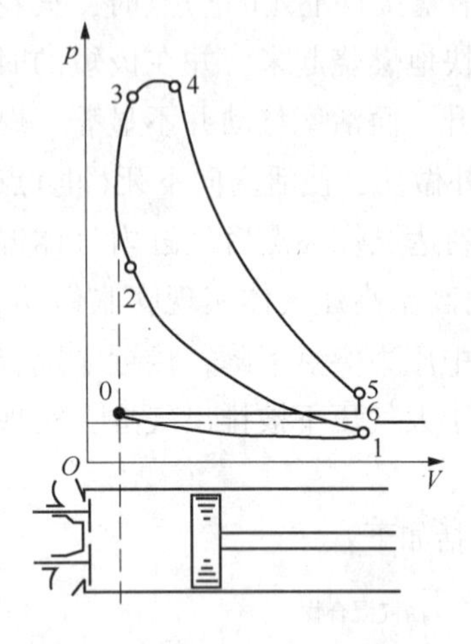

图 5-12　柴油机示功图

混合加热理想循环的 p-V 图和 T-s 图如图 5-13 所示，现行的柴油机大都是在这种循环的基础上设计制造的。其循环构成如下：1-2 为等熵压缩过程，2-3 为等容吸热过程，3-4 为定压吸热过程，4-5 为等熵膨胀过程，5-1 为定容放热过程。

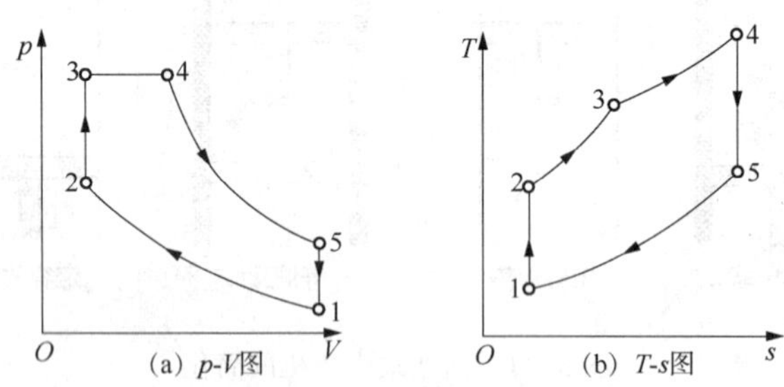

图 5-13　混合加热理想循环的 p-V 图和 T-s 图

表征混合加热循环特征的参数有三个。

① 压缩前的比容 v_1 与压缩后的比容 v_2 之比，称为压缩比。可表示为

$$\varepsilon=\frac{v_1}{v_2} \tag{5-10}$$

它是表征内燃机工作容积大小的结构参数。

② 定容加热后的压力 p_3 与定容加热前的压力 p_2 之比，称为定容增压比或压力升高比

（简称升压比）。可表示为

$$\lambda=\frac{p_3}{p_2} \tag{5-11}$$

它是表示内燃机定容燃烧情况的特性参数。

③ 定压加热后的比容 v_4 与定压加热前的比容 v_3 之比，称为定压预胀比。可表示为

$$\rho=\frac{v_4}{v_3} \tag{5-12}$$

它是表示内燃机定容燃烧情况的特性参数。

下面来分析混合加热理想循环的热效率。

通常，以q_1表示循环中系统与高温热库交换的热量，以q_2表示循环中系统与低温热库交换的热量。显然有

$$q_1=q_{2-3}+q_{3-4}=c_v(T_3-T_2)+c_p(T_4-T_3)$$

$$q_2=q_{5-1}=c_v(T_5-T_1)$$

循环净功 w_{net}为

$$w_{net}=q_1-q_2 \tag{5-13}$$

根据循环热效率的定义及性质有

$$\eta_t=1-\frac{q_2}{q_1}=1-\frac{c_v(T_5-T_1)}{c_v(T_3-T_2)+c_p(T_4-T_3)}=1-\frac{T_5-T_1}{(T_3-T_2)+\kappa(T_4-T_3)} \tag{5-14}$$

式中　κ——等熵指数。

由于 1-2 及 4-5 是定熵过程，有

$$p_1v_1^{\kappa}=p_2v_2^{\kappa},\ p_4v_4^{\kappa}=p_5v_5^{\kappa}$$

由于 $p_4=p_3$，$v_1=v_5$，$v_2=v_3$，将上两式相除，得

$$\frac{p_5}{p_1}=\frac{p_4}{p_2}\left(\frac{v_4}{v_2}\right)^{\kappa}=\frac{p_3}{p_2}\left(\frac{v_4}{v_3}\right)^{\kappa}=\lambda\rho^{\kappa}$$

由 5-1 是定容过程，有

$$T_5=T_1\frac{p_5}{p_1}=T_1\lambda\rho^{\kappa}$$

1-2 是定熵过程，有

$$T_2=T_1\left(\frac{v_1}{v_2}\right)^{\kappa-1}=T_1\varepsilon^{\kappa-1}$$

2-3 是定容过程，有

$$T_3=T_2\frac{p_3}{p_2}=\lambda T_2=\lambda T_1\varepsilon^{\kappa-1}$$

3-4 是定压过程，有

$$T_4=T_3\frac{v_4}{v_3}=\rho T_3=\rho\lambda T_1\varepsilon^{\kappa-1}$$

将以上各式代入式(5-13)及式(5-14)，可得

$$\eta_t=1-\frac{1}{\varepsilon^{\kappa-1}}\frac{\lambda\rho^{\kappa}-1}{(\lambda-1)+\kappa\lambda(\rho-1)} \tag{5-15}$$

$$q_1=q_{2-3}+q_{3-4}=c_v(T_3-T_2)+c_p(T_4-T_3)=c_vT_1\varepsilon^{\kappa-1}[(\lambda-1)+\kappa\lambda(\rho-1)]$$

$$q_2=q_{5-1}=c_v(T_5-T_1)=c_vT_1(1-\lambda\rho^{\kappa})$$

$$w_{net}=q_1-q_2=c_vT_1\{\varepsilon^{\kappa-1}[(\lambda-1)+\kappa\lambda(\rho-1)]+(1-\lambda\rho^{\kappa})\}$$

$$=\frac{p_1v_1}{\kappa-1}\{\varepsilon^{\kappa-1}[(\lambda-1)+\kappa\lambda(\rho-1)]+(1-\lambda\rho^{\kappa})\} \tag{5-16}$$

从式(5-15)、式(5-16)可以看出，循环特性参数 ε、λ、ρ 对循环比净功及循环热效率有显著的影响。提高压缩比可以提高循环热效率，因此应尽可能提高压缩比；提高升压比 λ 和降低预胀比 ρ 都能提高循环热效率，因此在组织燃烧过程时，应尽可能增加定容燃烧部分的比例，减少定压部分的比例。在循环特性参数一定的条件下，提高初态参数，对循环热效率并无影响，但可提高循环比净功。因此，可采用“增压”措施来提高柴油机的功率。

5.2.3 定压加热理想循环与定容加热理想循环

定压加热的内可逆理想循环又称狄塞尔循环。其 p–V 图和 T–s 图如图 5-14 所示。定压加热理想循环可看成混合加热理想循环的特例——没有定容加热过程，$\lambda=1$。由式(5-15)，定压加热理想循环的热效率为

$$\eta_t=1-\frac{1}{\varepsilon^{\kappa-1}}\cdot\frac{\rho^{\kappa}-1}{\kappa(\rho-1)} \tag{5-17}$$

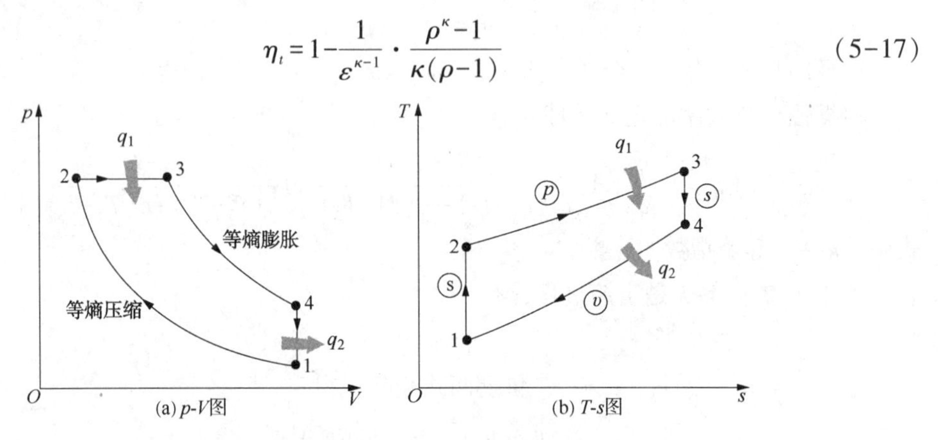

图 5-14　定压加热理想循环的 p–V 图和 T–s 图

由式(5-17)，压加热理想循环热效率随压缩比 ε 的增大而提高，随预胀比 ρ 的增大而降低。实际的柴油机在重负荷(此时，ρ 增大，q_1 增大)下，内部热效率要降低，除了 ρ 的影响外，还有绝热指数 κ 的影响。当温度升高时，气体 κ 相应地变小，热效率也会降低。柴油机压缩比的提高受到机械强度等方面的限制，且压缩比增大时虽然热效率增大，但机械效率减小。因此要选择适当的压缩比，使机器有效效率达最大值。

定容加热内可逆理想循环又称奥托循环。最早的活塞式内燃机是基于这种循环而制造的煤气机和汽油机。奥托循环可看成是混合加热理想循环的另一个特例——不存在定压加热过程。其 p–V 图和 T–s 图如图 5-15 所示。

由于不存在定压加热过程，此时 $\rho=1$。由式(5-15)，定容加热理想循环的热效率为

$$\eta_t=1-\frac{1}{\varepsilon^{\kappa-1}} \tag{5-18}$$

由式(5-18)可知，定容加热理想循环热效率随压缩比 ε 的增大而提高。当提高压缩比而循环的最高温度不变时，循环的平均吸热温度增高，平均放热温度降低，循环热效率相应提高。循环热效率也与绝热指数 κ 有关，而 κ 值随气体温度增大而减小，使效率降低。

若负荷增加，因压缩比 ε 不变，根据式(5-18)，理论上循环效率并不变化。但因循环

净功增大，所以输出功率也增大。实际上，由于压缩比的增大及吸热量的增加，都会使气体加热过程终了时温度上升，造成 κ 值有所减小，从而使循环热效率稍稍下降。

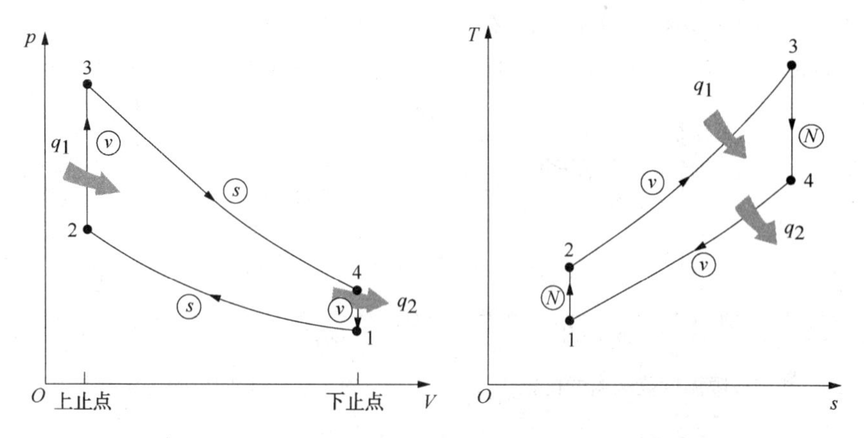

图 5-15　定容加热理想循环的 p-V 图和 T-s 图

由于汽油机里被压缩的是燃料和空气的混合物，要受混合气体自燃温度的限制，不能采用大压缩比，否则混合气将发生“爆燃”，使发动机不能正常工作。实际汽油机压缩比大多在 5~12 范围内。而柴油机因压缩的仅仅是空气，不存在爆燃的问题，所以压缩比可以较高。一般柴油机压缩比多在 14~20 范围内。一般来说，柴油机主要用于装备重型机械，如推土机、重型卡车、船舶主机等。汽油机主要应用于轻型设备，如轿车、摩托车、园艺机械等。

【例 5-2】　试在下列条件下，比较卡诺循环、奥托循环、狄塞尔循环以及萨巴德循环的循环比净功及循环热效率的大小。① 在相同的极限温度范围内；② 在相同的极限比容范围内。

解：① 在相同的极限温度范围内的比较。

如图 5-16 所示，a-b-c-d-a 是卡诺循环，d-1-b-2-d 是奥托循环，d-3-4-b-2-d 是萨巴德循环，d-5-b-2-d 是狄塞尔循环。这些循环具有相同的最高温度 T_b 及相同的最低温度 T_d。

循环比净功可用循环的封闭面积来表示。

从本题附图可看出，有

$$W_{net卡诺} > W_{net狄塞尔} > W_{net萨巴托} > W_{net奥托}$$

从 T-s 图可以看出，循环的平均加热温度关系为

$$\bar{T}_{1卡诺} > \bar{T}_{1狄塞尔} > \bar{T}_{1萨巴德} > \bar{T}_{1奥托}$$

循环的平均放热温度关系为

$$\bar{T}_{2卡诺} > \bar{T}_{2狄塞尔} = \bar{T}_{2萨巴德} = \bar{T}_{2奥托}$$

因此循环热效率的关系为

$$\eta_{t卡诺} = \left(1 - \frac{T_d}{T_b}\right) > \eta_{t狄塞尔} > \eta_{t萨巴德} > \eta_{t奥托}$$

在相同的极限温度范围内，以卡诺循环的热效率最高，循环的比净功最大。故卡诺循

环也称为限温循环，表征在限温条件下循环性能的最高标准。

② 在相同极限比容范围内的比较。

图5-17中，1-2-3-4-1是奥托循环，1-2-5-6-4-1是萨巴德循环，1-2-7-4-1是狄塞尔循环，2-a-4-b-2是卡诺循环。这些循环具有相同的最大比容 v_1 和相同最小比容 v_2。

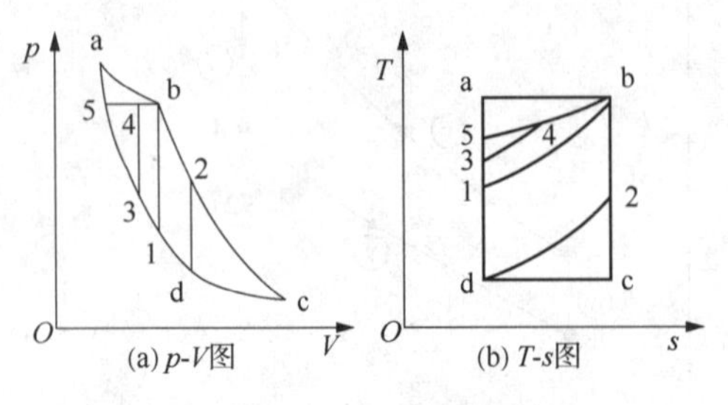

图5-16　相同极限温度范围内的比较

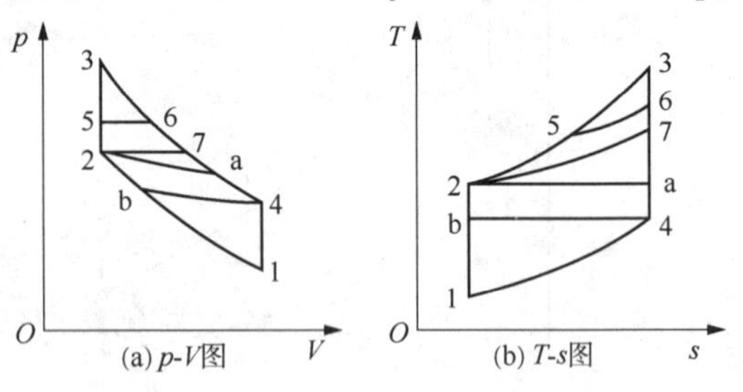

图5-17　相同极限比容范围内的比较

同理，从图中可以看出：

$$W_{net卡诺}<W_{net狄塞尔}<W_{net萨巴托}<W_{net奥托}$$

$$\bar{T}_{1卡诺}<\bar{T}_{1狄塞尔}<\bar{T}_{1萨巴德}<\bar{T}_{1奥托}$$

$$\bar{T}_{2卡诺}>\bar{T}_{2狄塞尔}=\bar{T}_{2萨巴德}=\bar{T}_{2奥托}$$

$$\eta_{t卡诺}<\eta_{t狄塞尔}<\eta_{t萨巴德}<\eta_{t奥托}$$

在相同极限比容范围内，以奥托循环的热效率最高，循环比净功也最大。故奥托循环也称为限容循环，表征在限容条件下循环性能的最高标准。

5.3　制冷装置循环

热能动力装置是把热能转换成机械能供人们利用。而在生产及生活中，为了使指定的空间(如冰箱、冷库、车厢、房间等)保持一定的、低于环境温度的持续低温，必须不断地消耗外部机械功(或其他形式的能量)，把热量从低温空间排向温度较高的周围环境。能够完成把热量从低温空间转移到高温环境的任务，并使指定空间获得并维持低于环境温度的设备，称为制冷装置。另一种实现热能由低温物体向高温物体转移的装置是热泵，与制冷装置不同的是，它是向高温物体(如供暖的建筑物)提供热量，以保持较高的温度。制冷装置和热泵均为逆向循环。

5.3.1　制冷与热泵的热力学原理

根据热力学第二定律，热量总是自动地从高温物体传向低温物体。当系统与周围环境之间存在温差时，就会自发地进行温差传热过程。不论系统的温度是高于还是低于环境温度，温差传热的结果总是使系统的温度趋于环境温度。不论传热过程中系统的能量是减小或是增大，温差传热的结果总是使系统初态时的㶲值损失掉。换言之，若要保持系统与周围环境之间存在一定的温差，必须采取必要的措施并付出一定的代价。因此必须提供机械能(或热能等)以确保包括低温冷源、高温热源、功源(或向循环供能的源)在内的孤立系统的熵不减少。

在热力学原理上应着重理解以下三个关键问题：

① 热量总自动地从高温物体传向低温物体，制冷循环及热泵装置正是利用这个客观规律，来完成将热量从低温区转移到高温区去的任务的。在讨论制冷装置及热泵的工作原理时，应清醒地认识到这一点。

② 制冷工质与水蒸气在热力性质上是相似的，仅是相应的数值范围不同而已。因此，有关水蒸气的热力计算方法，可以应用到制冷工质的计算中去。利用饱和压力与饱和温度一一对应的关系，可以让制冷工质在低压下蒸发，使其饱和温度低于低温区的温度，而能从低温区吸收汽化相变焓；再让制冷工质在高压下凝结，使其饱和温度高于高温区的温度能把凝结相变焓在较高的温度下放出去。这样就完成了把热量从低温区向高温区的转移。

③ 把热量从低温区转移到高温区，是必须付出代价的。在讨论制冷装置及热泵的工作原理时，要注意识别究竟是采用了哪一种能质下降的过程来作为补偿条件的。

制冷装置及热泵的主要性能指标如下：

① 制冷循环的制冷系数

$$\varepsilon=\frac{q_c}{q_0-q_c} \tag{5-19}$$

式中 q_0——向高温热源输出的热量；

q_c——自冷库吸收的热量。

工程上把制冷系数称为制冷工作的工作性能系数，用符号 *COP* 表示。制冷装置的制冷量常用“冷吨”表示，1 冷吨是 1000kg、0℃的饱和水在 24h 变为 0℃冰所需要的制冷量，可换算为 3.86kJ/s。

② 热泵的供热系数

$$\varepsilon'=\frac{q_H}{q_H-q_L} \tag{5-20}$$

式中 q_H——为供给室内空气的热量；

q_L——取自环境介质的热量。

工程上把热泵的拱热系数称为热泵工作性能系数 *COP'*。

③ 对于吸收式制冷装置来说，还有热量利用系数 ξ

$$\xi=\frac{q_2}{q_{1H}} \tag{5-21}$$

式中 q_{1H}——从高温冷库吸入的热是；

q_2——从冷库最终传向周围环境的热量。

由卡诺定理，在大气环境温度 T_0 与温度为 T_c 的低温热源之间逆向循环的制冷系数以逆向卡诺循环最大。

$$\varepsilon_c=\frac{T_c}{T_0-T_c}>\varepsilon \tag{5-22}$$

上式表明，制冷系数可以大于、等于、小于 1。在一定环境温度下，冷库温度 T_c 越低，制冷系数就越小。因此为取得良好的经济效益，不必将冷库的温度定得过低。

【例 5-3】 在零下 20℃的冬季，为了维持室内温度为 20℃，必须采用采暖装置。若已知维持 20℃所需的供热率为每小时 105kJ，试计算下列供热方式所需消耗的功率：

① 可逆热泵循环；② 电热器；③ 供热性能系数仅为 0.4 ε'的实际热泵装置。

解：① 可逆热泵循环的性能系数为

$$\varepsilon'=\frac{q_{\mathrm{H}}}{q_{\mathrm{H}}-q_{\mathrm{L}}}=\frac{T_{\mathrm{H}}}{T_{\mathrm{H}}-T_{\mathrm{L}}}=\frac{293}{293-253}=7.325$$

$$W_{0热泵}=\frac{Q_1}{\varepsilon'}=\frac{-105}{3600\times7.325}=-0.00398\mathrm{kW}=-3.98\mathrm{W}$$

此为理想条件下必须付出的最小代价。

② 采用电热器供暖，则有

$$W_{电热}=Q_1=\frac{-105}{3600}=-0.0292\mathrm{kW}=-29.2\mathrm{W}$$

此为适用最方便，但能耗最大的供热方式。

③ 实际热泵的供热系数为

$$\varepsilon_{实际}=0.4\,\varepsilon'=0.4\times7.325=2.93$$

$$W_{0热泵}=\frac{Q_1}{\varepsilon_{实际}}=\frac{-105}{3600\times2.93}=-9.97\mathrm{W}$$

注：式中的负号表示供热装置向室内输送的热量，以及供热装置所需输入的功率，均是针对供热装置而言。

5.3.2 蒸汽压缩制冷循环

由图 5-18，蒸汽压缩制冷装置由蒸发器、压气机、冷凝器及节流阀等四个基本设备组成，制冷工质(统称制冷剂)依次流经这些设备，连续不断地进行制冷循环。在 T-s 图上表示了制冷剂在各个设备中所经历的过程以及由这些过程所组成的循环。图上的定温线 T_{L}和 T_0分别代表制冷空间及周围环境的温度。

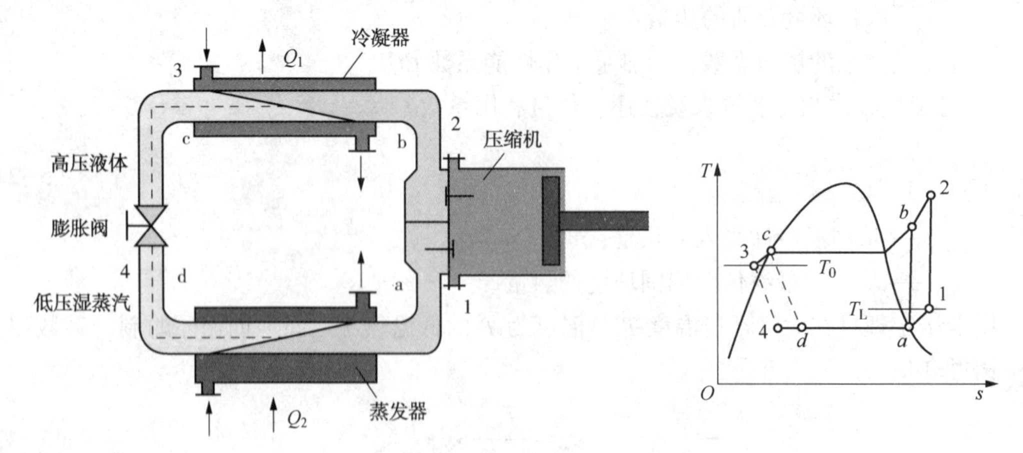

图 5-18 蒸汽压缩制冷装置

蒸发器都置于低温空间中，以便在制冷剂蒸发时将热量从低温区吸出来。制冷剂的

蒸发温度 T_4由所要维持的制冷空间的温度 T_L确定，可通过调节制冷剂压力的办法来加以控制。由于热量总是自发地从高温物体传向低温物体，因此必须满足 $T_4<T_L$使制冷剂能从制冷空间中吸收汽化相变焓而汽化。应在保证完成制冷任务的前提下，尽可能减少 T_4与 T_L之间的温差。T-s 图上的线 4-1 代表制冷剂在蒸发器中的定压定温吸热汽化过程。为了确保在压气机中实现干压缩，同时为了增大制冷量，在蒸发器出口的状态，至少是干饱和蒸汽(状态 a)或者是过热蒸汽，即制冷剂的出口状态应在 a 和 1 之间，不能超过状态 1($T_1=T_L$)。

制冷剂在蒸发器中所吸收的热量，必须在较高的温度下放出去。因此，必须采用压气机以耗功作为代价来提高制冷剂的压力。从蒸发器中出来的蒸汽在压气机中被绝热压缩成过热蒸汽。T-s 图上的过程线 1-2 表示制冷剂在压气机中的定熵压缩过程。压气机的出口压力由所需达到的凝结温度确定。

压气机出来的过热蒸气在冷凝器中定压放热，将热量排到周围环境中去。显然，在冷凝器中制冷剂的温度必须高于环境温度 T_0。为了充分发挥冷凝器的排热作用，同时也是为了增大制冷量，通常采用过冷冷却。即在冷凝器的出口，制冷剂的状态应在 c-3 之间，不能低于状态 3($T_3=T_0$)。

节流阀用于降低并调节制冷工质压力。节流阀的入口压力就是冷凝器的压力，改变节流阀的开度，就可以控制蒸发器中所需的蒸发(饱和)温度。根据绝热节流的性质，节流前后焓值不变，$h_3=h_4$。绝热节流是典型的不可逆过程，$s_3<s_4$。在 T-s 图上虚线 3-4 表示节流阀中的不可逆绝热节流过程。

在 T-s 图上的 1-2-3-4-1 表示采用过热蒸发及过冷冷却的蒸汽压缩制冷循环，而 a-b-c-d-a 表示不采用过热蒸发及过冷冷却的制冷循环。从图上可看到，4-1>d-a，说明过热蒸发及过冷冷却可有效地提高制冷循环的制冷量。

对于蒸汽压缩制冷循环 1-2-3-4-1，每千克制冷剂的制冷量可表示为

$$q_2=h_1-h_4>0$$

每千克制冷剂的放热量为 q_1，有$q_1=h_3-h_2=h_4-h_2<0$

每千克制冷剂的循环耗功量为 w_0，有$w_0=h_1-h_2<0$

制冷循环的性能系数可表示为

$$\varepsilon=\frac{-q_2}{w_0}=\frac{h_4-h_1}{h_1-h_2} \tag{5-23}$$

在工程计算时，利用制冷剂的压焓图来分析计算制冷循环是最方便的。在制冷循环中压力及比焓是最有影响的参数，用它们作为坐标最能表达制冷循环的特征。以图 5-19 为例，循环 a-b-c-d-a 的示意图如图所示。蒸发及凝结都是定压过程，可用水平直线表示；节流前后焓值不变，绝热节流过程可用垂直的虚线表示。根据状态 a 的 p_a(或 t_a)及 x_a 可在图上确定状态点 a；由通过点 a 的等熵线与压力为 p_b 的等压线的交点可定出状态点 b；p_b 等压线 $x=0$ 线的交点即为状态 c；通过点 c 作垂线

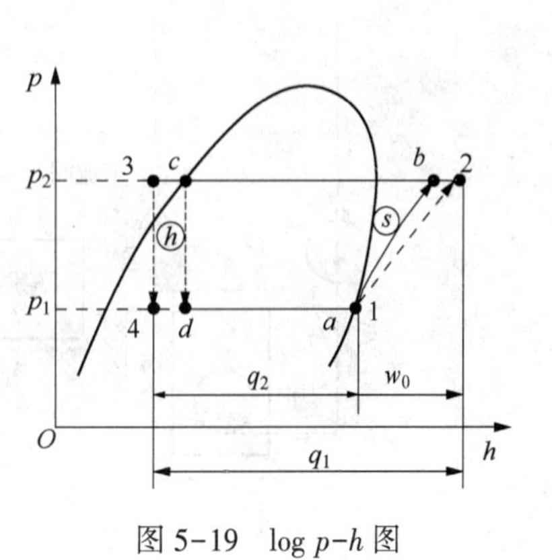

图 5-19 log p-h 图

与 p_a 等压线的交点即为状态点 d。并且，制冷量 q_2、放热量 q_1 及耗功量 w_0 都可用相应的水平距离来表示，非常直观。

同理，循环 1-2-3-4-1 也可通过压焓图表示。

【例 5-4】 某压缩蒸汽制冷装置用氨作制冷剂，制冷率 10^5kJ/h 若已知冷凝温度为 27℃，蒸发温度为 -5℃，试求：制冷剂的质量流量；压缩机功率及增压比；冷凝器放热量及循环制冷系数。

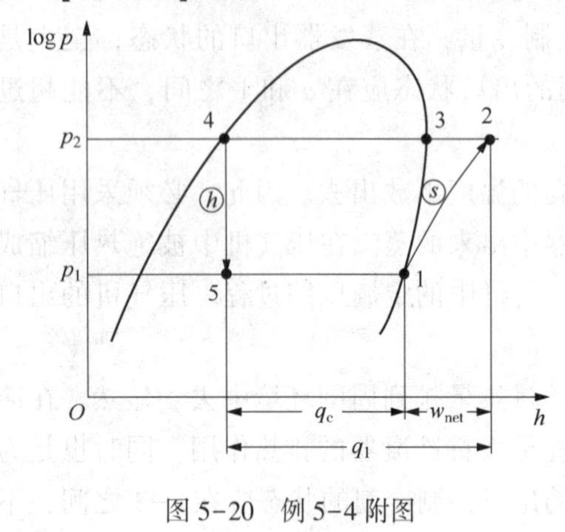

图 5-20 例 5-4 附图

解：查 logp-h 图(图 5-20)，可确定：

$$h_4=h_5=450\text{kJ/kg}$$

$$p_1=0.35\text{MPa} \qquad h_1=1570\text{kJ/kg}$$

$$p_4=p_2=1.1\text{MPa} \qquad h_2=1770\text{kJ/kg}$$

$$q_c=h_1-h_5=1570\text{kJ/kg}-450\text{kJ/kg}=1120\text{kJ/kg}$$

$$q_m=\frac{q_{Q_c}}{q_c}=\frac{1\times10^5\text{kJ/h}}{3600\times1120\text{kJ/s}}=0.0248\text{kg/s}$$

$$p=q_m(h_2-h_1)=0.0248\text{kg/s}\times(1770-1570)\text{kJ/kg}=4.96\text{kW}$$

$$q_{Q_1}=q_m(h_4-h_2)=0.0248\text{kg/s}\times(450-1770)\text{kJ/kg}=-32.7\text{kW}$$

$$\varepsilon=\frac{q_{Q_c}}{p}=\frac{1\times10^5\text{kJ/h}}{3600\times4.96\text{kW}}=5.6$$

5.3.3 蒸汽喷射制冷循环

蒸汽压缩制冷装置中，以消耗机械能并转变成热量的能质下降过程为代价实现；而蒸汽喷射制冷循环，则是以高温热库向周围环境传热的能质下降过程作为代价。它利用喷射器或引射器代替压缩机来实现对制冷用蒸汽的压缩，以消耗较高压力的蒸汽来实现制冷。制冷温度在 3~10℃范围内时，可采用水蒸气作为制冷剂的蒸汽喷射制冷机，消耗的水蒸气压力在 0.3~1MPa。蒸汽喷射制冷循环示意图及 T-s 图如图 5-21 所示。

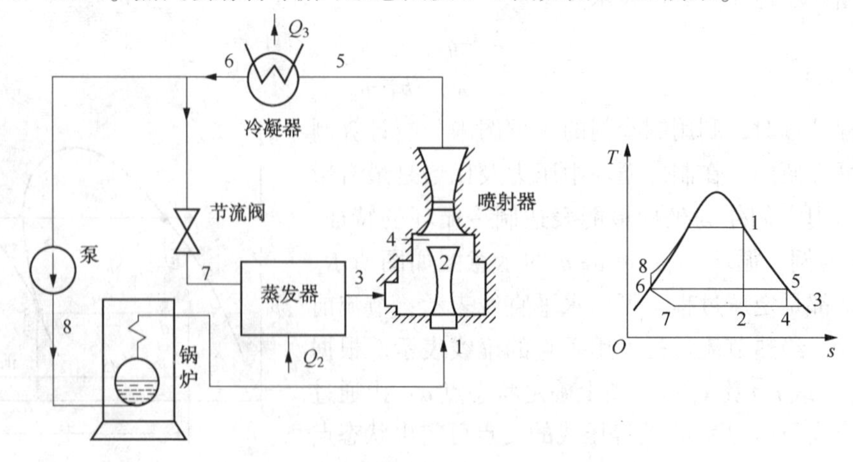

图 5-21 蒸汽喷射制冷循环示意图及 T-s 图

它以水为工质，整个装置由锅炉、蒸发器、喷射器、冷凝器、节流阀和水泵等设备组成。其中喷射器又可分为喷管、混合室及扩压管三个组成部分。锅炉出来的蒸汽(状态1，称为工作蒸汽)在喷射器的喷管中绝热膨胀，增速降压后达到状态2。这样，一方面可在混合室中形成低压，可将蒸发器出来的的制冷蒸汽(状态3)不断地吸入混合室；另一方面在两股蒸汽混合的过程中，可使制冷蒸汽获得动能。混合后的蒸汽(状态4)以一定的速度进入扩压管。蒸汽在扩压管中降速增压，动能转换成焓值的增加，当达到所需的冷凝压力(状态5)后进入冷凝器。蒸汽在冷凝器中定压放热凝结成饱和水(状态6)。从冷凝器中出来的饱和水分成两路：一路经水泵升压(状态8)后被送入锅炉，并在锅炉中定压吸热而形成工作蒸汽(状态1)；另一路经节流阀绝热节流，降压(状态7)后进入蒸发器，并在其中吸收汽化相变焓而形成制冷蒸汽(状态3)。然后，这两路蒸汽又在喷射器中混合，开始新的工作循环。

上述装置的工作循环可分作两个循环来分析。一个是制冷蒸汽所经历的逆向制冷循环6-7-3-4-5-6：节流阀中的不可逆绝热节流过程6-7，蒸发器中的定压汽化过程7-3，混合定室的放热增速过程3-4，混合蒸汽在扩压管中的减速增加过程4-5和混合蒸汽在冷凝器中的凝结放热过程5-6。另一个是工作蒸汽所经历的正向循环6-8-1-2-4-5-6，这个循环是实现制冷循环所必须付出的代价，是必须的补偿条件。它包括泵中的绝热增压过程6-8和锅炉中定压吸热产生工作蒸汽过程8-1。6-8和8-1两个过程所输入的功量及热量，最终都以热量的形式在冷凝器中放给周围环境。正循环中工作蒸汽能质下降的部分必须足以补偿冷循环中制冷蒸汽能质的提高。水泵耗功量相对于锅炉吸热量来说，是比较小的。因此，可认为主要是以热量从高温热库传给低温环境来作为制冷的代价。喷射器是把这两种循环联系起来，并具体完成上述补偿任务的关键设备。在喷管中工作蒸汽的热能变成动能，在混合室中又把动能传给制冷蒸汽，并带动制冷蒸汽以一定的速度进入扩压管，进而完成使制冷工质增压的任务。可见，喷射器实际上替代了蒸汽压缩制冷装置中压气机所起的作用。

每千克制冷量　$q_2=q_{7-3}=h_3-h_7$

每千克冷凝器放出热量　$q_{冷}=q_{5-6}=h_6-h_5$

每千克工作蒸汽吸热量　$q_1=q_{8-1}=h_1-h_8$

忽略水泵耗功，蒸汽喷射制冷循环将热量 Q_2 从冷库转移到环境介质，其代价是工作蒸汽从热源吸收热量 Q_1。其能量利用系数可表示为

$$\xi=\frac{Q_2}{Q_1}=\frac{m_1(h_3-h_7)}{m_2(h_1-h_8)} \tag{5-24}$$

【例5-5】　一制冷机连续不断地把盐液从21.1℃冷却到-6.7℃，热量向27℃的环境介质排出，盐液流量是0.455m^3/min，求制冷机最小功率及向环境介质放出的热量(图5-22)。已知，盐液 $c_p=3.475$kJ/(kg·K)，密度 $\rho=1148.8$kg/m^3。

解：对制冷机立能量方程：

$q_{Q_0}=\dfrac{W_{net}}{\tau}+q_{Q_C}$，其中，$q_{Q_C}=q_m c_p \Delta t$

由孤立系统熵增原理，$\Delta_{S_{iso}} \geqslant 0$

两方程联立解出 W_{net} 和 q_{Q_0}：

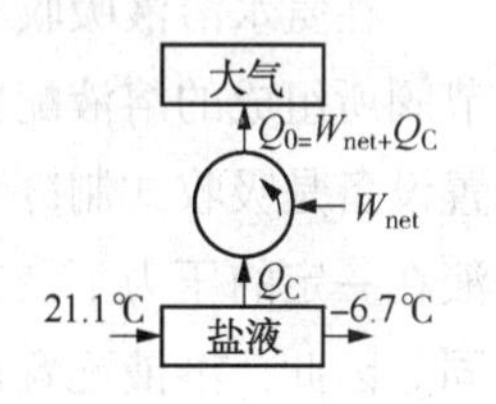

图5-22　例5-5附图

$$\Delta S_{大气}=\frac{q_{Q_0}}{T_0}=\frac{P_{net}+q_{Q_C}}{T_0}$$

$$\Delta S_{工质}=0 \qquad \Delta S_{盐液}=q_m\int_1^2 c_p\frac{dT}{T}$$

$$\Delta S_{iso}=\Delta S_{大气}+\Delta S_{工质}+\Delta S_{盐液}=\frac{P_{net}+q_{Q_C}}{T_0}+q_m\int_1^2 c_p\frac{dT}{T}=0$$

盐液质流量：

$$q_m=\rho q_v=1148.8kg/m^3\times0.455\ m^3/min=522.704kg/min$$

$$\begin{aligned}\Delta S_{盐液}&=q_m\int_1^2 c_p\frac{dT}{T}\\&=522.704kg/min\times3.745kJ/(kg\cdot K)\times\ln\frac{(273.15-6.7)K}{(273.15+21.1)K}\\&=-180.26kJ/(K\cdot min)\end{aligned}$$

$$\begin{aligned}q_{Q_C}&=q_m c_p\Delta t=522.704kg/min\times3.745kJ/(kg\cdot K)\times(-6.7-21.1)K\\&=-50495.82kJ/min\end{aligned}$$

$$q_{Q_0}=\frac{W_{net}}{\tau}+|q_{Q_c}| \qquad \frac{\frac{W_{net}}{\tau}+|q_{Q_c}|}{T_0}+\Delta S_{盐}\geqslant0$$

$$\begin{aligned}W_{net}&\geqslant-T_0\Delta S_{盐液}-|q_{Q_c}|\\&=(273.15+27)K\times180.26kJ/(K\cdot min)-50495.82kJ/min\\&=3610kJ/min=60.2kW\end{aligned}$$

5.3.4 吸收式制冷循环

吸收式制冷是以热能为动力的一种制冷方法。它与蒸汽喷射制冷装置的主要区别在于采用的工质和补偿的机理不同。

吸收式制冷需要两种介质混合溶液作为工作流体，如氨水溶液、水-溴化锂溶液等。一般选用容易相溶且沸点差较大的混合溶液作为工质，其中低沸点组分用作制冷剂，利用它的蒸发和冷凝来实现制冷；高沸点组分用作吸收剂，利用它对制冷剂的吸收和解吸作用来完成工作循环。氨吸收制冷通常用于低温系统，制冷温度一般为 278K 以下。氨水溶液看氨是制冷剂，水是吸收剂；溴化锂吸收制冷适用于空气调节系统，制冷温度一般为 278K 以上，最低制冷温度不低于 273K。水-溴化锂溶液中水是制冷剂，溴化锂是吸收剂。

在氨水溶液吸收式制冷装置中，采用了由吸收器、溶液泵、换热器、蒸汽发生器及调节阀所组成的溶液配置设备代替蒸汽压缩与蒸汽喷射制冷装置的压气机和喷射器。溶液配置设备是吸收式制冷装置中具体完成补偿任务，并使制冷剂增压的关键设备。由于氨水溶液在一定的压力下，饱和温度与浓度有关，且相平衡时气相溶液与液相溶液的成分并不相同。因此，溶液配置设备的一个重要任务就是使蒸汽发生器及吸收器中的氨水溶液在稳定工况下浓度保持不变。而蒸汽发生器的浓度总是低于吸收器的浓度，维持一定的浓度差。

在外部热源 Q_H下，使蒸汽发生器中的氨溶液蒸发。由于氨的沸点较低，不断蒸发出来的高浓度氨蒸汽，在较高的压力下被送到冷凝器中。与此同时，通过溶液泵及调节阀的调节作用，不断补充浓溶液，排走稀溶液，使蒸汽发生器中氨水溶液的浓度保持不变，可向冷凝器连续提供高浓度的氨蒸汽。氨水溶液吸收式制冷装置的工作原理如图 5-23 所示。

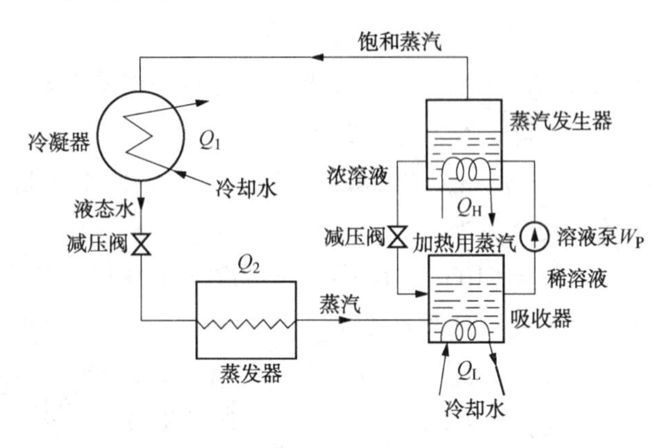

图 5-23　氨水溶液吸收式制冷装置示意图

从冷凝器出来的液氨经节流膨胀降温降压，形成干度很小的湿饱和蒸汽，进入蒸发器蒸发吸热，制取冷量。从蒸发器出来的低压蒸汽进入吸收器，与来自解吸器中的稀氨水逆流接触，这一过程中稀氨水逐渐吸收氨，成为浓氨水。吸收过程中所放出的热量由冷却水带走。吸收器中出来的浓氨水在进入解吸器之前，要与解吸器中出来的稀氨水在换热器中进行热交换，以便于热量充分利用。提高温度的浓氨水由溶液泵加压送入解吸器，在解吸器中浓氨水被外部热源加热，于是溶解在水中的氨又被驱逐出来，成为压力较高的氨蒸气，然后送往冷凝器冷凝成液氨。如此完成一次制冷循环。

循环中升压是通过溶液泵压缩液体完成的，因此吸收式制冷装置的循环耗功小。且由于加热浓溶液的外热源温度不需要很高，可利用余热甚至太阳能、地热等资源。循环性能系数可用 *COP* 表示：

$$COP=\frac{Q_C}{Q_H+W_P}\approx\frac{Q_C}{Q_H} \tag{5-25}$$

式中　Q_C——蒸发器中制冷工质气化时吸收的热量；

Q_H——蒸汽发生器中热源对溶液的加热量；

W_p——溶液泵消耗的功。

通常溶液泵消耗的功很少，可忽略不计。

在理想条件下，$w_p=Q_H\eta_T=Q_H(1-\frac{T_0}{T_H})$。利用此功可得

$$Q_{C,max}=w_p\varepsilon_\kappa=Q_H\left(1-\frac{T_0}{T_H}\right)\left(\frac{T_L}{T_0-T_L}\right)$$

最大利用系数为

$$COP_{max}=\frac{Q_{C,max}}{Q_H}=\frac{T_H-T_0}{T_H}\cdot\frac{T_L}{T_0-T_L} \tag{5-26}$$

【例 5-6】　在氨-水吸收式制冷装置中，利用压力为 0.2MPa，干度为 0.9 的湿饱和蒸

汽的冷凝热，作为蒸汽发生器的外热源，如果保持冷藏库的温度为-10℃，而周围环境温度为30℃。试计算：

① 吸收式制冷装置的COP_{max}。

② 如果实际的热量利用系数为$0.4COP_{max}$，而要达到制冷能力为2.8×10^5kJ/h，求需提供湿饱和蒸汽的质量流率q_m是多少。

解：根据压力$p=0.2$MPa，从饱和水蒸气表中查得饱和温度$t_s=120.23℃\approx120℃$，汽化相变焓$\gamma=h''-h'=2202.2$kJ/kg，$T_H=T_s=120℃=393$K。

1kg 湿蒸汽的冷凝热为 $q_x=x\gamma=0.9\times2202.2\text{kJ/kg}=1981.98\text{kJ/kg}$

冷藏库及周围环境的温度分别为

$$T_L=-10℃=263\text{K};\ T_0=30℃=303\text{K}$$

吸收式制冷装置的最大热量利用系数COP_{max}为

$$COP_{max}=\frac{Q_{C,max}}{Q_H}=\frac{T_H-T_0}{T_0-T_L}\cdot\frac{T_L}{T_H}=\frac{(393-303)\text{K}\times263\text{K}}{(303-263)\text{K}\times393\text{K}}=1.51$$

吸收式制冷装置的实际热量利用系数COP为

$$COP=0.4COP_{max}=0.4\times1.51=0.604$$

所需的供热能力为 $$Q_H=\frac{Q_L}{COP}=\frac{280000}{3600\times0.604}=128.6\text{kW}$$

湿饱和蒸汽的质量流率 $$q_m=\frac{Q_H}{q_x}=\frac{128.8\text{kJ/s}}{1981.98\text{kJ/kg}}=0.065\text{kg/s}$$

5.4 燃气轮机装置的理想循环

燃气轮机是以流动的空气和燃气为工质、把热能转换为机械功的旋转式动力机械，包括压气机、加热工质的设备(如燃烧室)和燃气轮机等组成。

如图 5-24 所示，空气首先进入轴流式压气机中，压缩到一定压力后送入燃烧室。同时由电动机带动燃油泵将燃油经由射油器喷入燃烧室中与压缩空气混合燃烧，产生的燃气温度可高达1800~2300K。这时占总空气量约60%~80%的二次冷却空气经通道壁面渗入与高温燃气混合，使混合气体降低到适当的温度，而后进入燃气轮机。在燃气轮机中混合气体先在由静叶片组成的喷管中膨胀，把热能部分地转变为动能，形成高速气流，然后冲入固定在转子上的动叶片组成的通道，形成推力推动叶片，使转子转动而输出机械功。燃气轮机作出的功一部分带动压气机，剩余部分(净功量)对外输出。从燃气轮机排出的废气进入大气环境，放热后完成循环。由此可见，燃气轮机实际上是循环、开式的。

除此之外，还有一种闭式燃气轮机装置，它一般以氦气为工质。工作时氦气在压气机中压缩升压后，送至加热器定压加热，接着高温高压氦气在气轮机内膨胀做功，用以驱动压气机并输出有效功。由于闭式燃气轮机装置采用外部加热，因此，可燃用劣质的固体燃料或应用核反应产生的热量来加热工质。

由于燃气轮机是一种旋转式热力发动机，没有往复运动部件以及由此引起的不平衡惯性力，故可设计成很高的转速，且工作过程可以是连续的。因此，即使燃气轮机的质量和尺寸都很小，它仍可发出很大的功率。目前燃气轮机装置在航空器、舰船、机车、峰负电站等领域都有广泛应用。

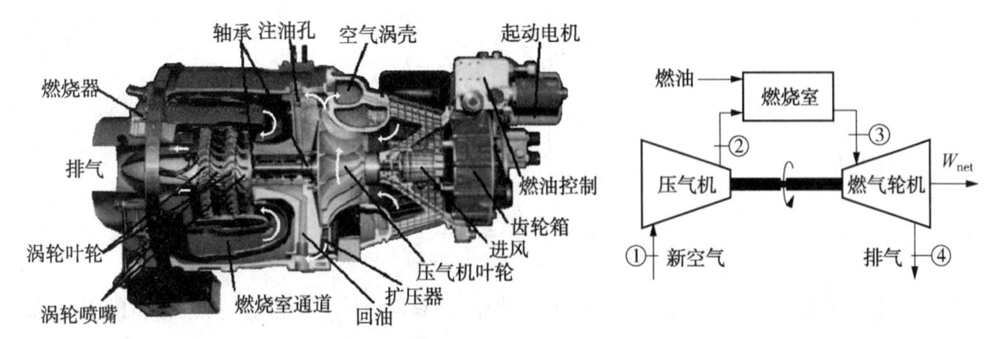

图 5-24　定压燃烧燃气轮机装置图及流程图

5.4.1　燃气轮机定压加热理想循环

引用空气标准假设，燃气轮机装置工作循环可简化成由四个可逆过程组成的理想循环，如图 5-25 所示。图中，1-2 为定熵绝热压缩过程(压气机中完成)，2-3 为定压加热过程(燃烧室完成)，3-4 为定熵绝热膨胀过程(汽轮机中完成)，4-1 为定压放热冷却过程(大气或冷却器中完成)。燃气轮机定压加热理想循环又称为布雷顿循环。

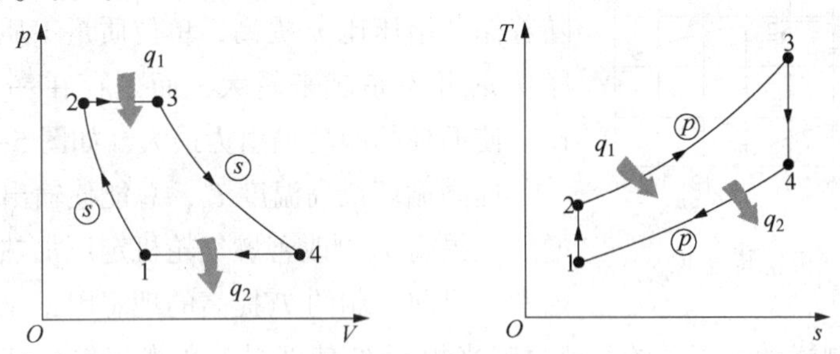

图 5-25　定压加热理想循环

在燃烧室内，用增压比(循环增压比)表征压气机工作特征的参数，借以说明定熵压缩过程中压力升高的倍数：

$$\pi=\frac{p_2}{p_1} \tag{5-27}$$

用升温比表征循环最高温度：

$$\tau=\frac{T_3}{T_1} \tag{5-28}$$

因燃气轮机装置是在连续稳定的工况下工作，汽轮机中的喷管及叶片必须在持续的高温下工作。因此循环最高温度受材料的制约，必须加以控制。目前一般采用的循环最高温度为 1000~1300K。若使用较好的耐热合金并采取气膜冷却等措施，T_3甚至可高达 1800K。

设比容为定值，循环吸热量 q_1 和放热量 q_2 为

$$q_1=h_3-h_2=c_{pm}\left|\frac{t_3}{t_2}(T_3-T_2)=c_p(T_3-T_2)\right.$$

$$q_2=h_4-h_1=c_{pm}\Big|_{t_1}^{t_4}(T_4-T_1)=c_p(T_4-T_1)$$

循环热效率

$$\eta_t=1-\frac{q_2}{q_1}=1-\frac{T_4-T_1}{T_3-T_2} \tag{5-29}$$

又由于
$$T_4=T_3\left(\frac{p_4}{p_3}\right)^{\frac{\kappa-1}{\kappa}} \quad T_1=T_2\left(\frac{p_1}{p_2}\right)^{\frac{\kappa-1}{\kappa}}$$

得
$$\eta_t=1-\frac{T_1}{T_2}=1-\frac{1}{\pi^{\frac{\kappa}{\kappa-1}}} \tag{5-30}$$

由式(5-30)可知，定压加热理想循环的热效率取决于压气机中绝热压缩的初态温度和终态温度。换言之，取决于循环增压比 π，且在循环增温比 τ 和绝热指数 κ 一定的条件下，随 π 值的增大而提高。此外，还和工质的绝热指数 κ 的数值有关，而与循环增温比 τ 无关。

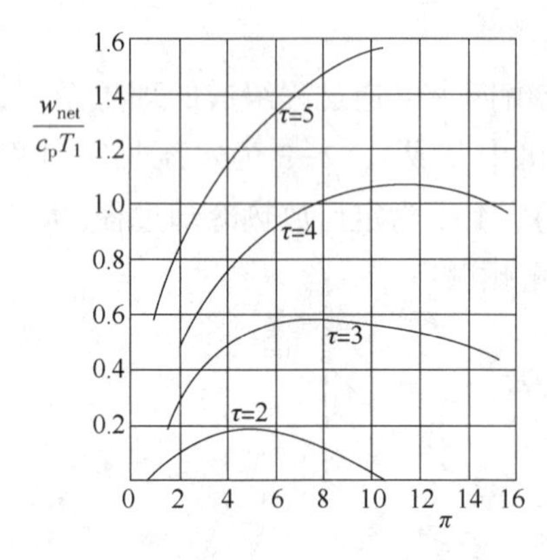

图 5-26　燃气机轮装置 W_0

在选择增压比 π 时，应同时兼顾循环热效率 η_t及循环比净功 w_0。对于热能动力装置，除了要求热效率高，还希望单位质量的工质在循环中所作的净功越大越好。特别航空、舰船等场合，这一指标尤为重要。

在定压加热理想循环中，当循环增温比 τ 一定时，随着循环增压比 π 提高，单位质量工质在循环中输出的净功 w_0并不是越来越大，而是存在一个最佳循环增压比，使循环的净功输出为最大，如图 5-26 所示。

提高循环最高温度 T_3，总能使输出的循环比净功 w_0 增加。提高 T_3是改善燃气轮机定压加热理想循环的决定因素。目前，制约 T_3提高的理想因素是金属材料的耐热强度。因此，研制能承受高温的耐热材料来提高 T_3依然是改善燃气轮机装置工作性能的一个主要方向。

5.4.2　燃气轮机定压加热实际循环

燃气轮机装置实际循环的各个过程都存不可逆因素。在此主要考虑压缩过程和膨胀过程的不可逆性。因为流经叶轮式压气机和燃气轮机的工质通常在很高的流速下实现能量之间的转换，此时流体之间、流体与流道之间的摩擦不能再忽略不计。工质流经压气机和燃气轮机时向外散热可忽略不计，其压缩过程和膨胀过程都是不可逆绝热过程。如图 5-27 所示，1-2′为不可逆绝热压缩过程，2′-3 为定压吸热过程，3-4′为不可逆绝热膨胀过程，4′-1为定压放热过程。

图 5-28 为燃气轮机的实际循环热效率图。由图可知：① 循环增温比 τ 越大，实际循环的热效率越高。因温度 T_1决定于大气环境，故只能借提高循环最高温度 T_3以增大循环增温比。但 T_3 受限于金属材料的耐热性能。② 保持循环增温比 τ 及相对内效率 η_T、压气机绝热效率 $\eta_{c,s}$一定，随循环增压比提高，循环内部热效率有一极大值。当增温比增大时，与

内部热效率的极大值相对应的增压比的值也提高，因而可进一步提高内部热效率。因此，从循环特性参数方面来说，提高 T_3是提高循环热效率的主要方向。③ 提高压气机的绝热效率和燃气轮机的相对内效率，即减小压气机中压缩过程和燃气轮机中膨胀过程的不可逆性，内部效率随之提高。目前，一般压气机绝热效率在 0. 8~0. 9 之间，而燃气轮机的相对内效率在 0. 85~0. 92 之间。燃气轮机的循环热效率可由式(5-31)计算。

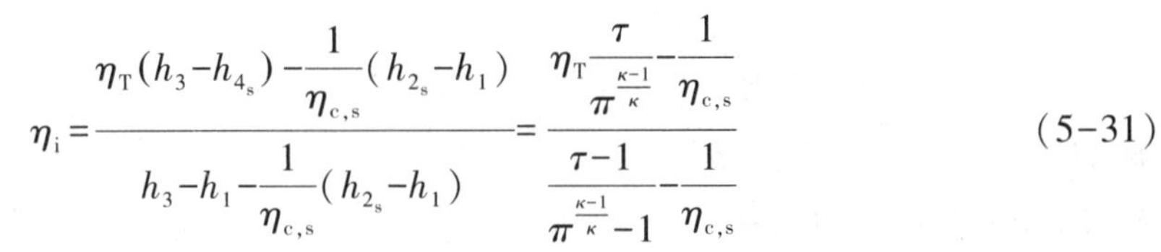

$$\eta_{\mathrm{i}}=\frac{\eta_{\mathrm{T}}(h_3-h_{4_s})-\dfrac{1}{\eta_{\mathrm{c,s}}}(h_{2_s}-h_1)}{h_3-h_1-\dfrac{1}{\eta_{\mathrm{c,s}}}(h_{2_s}-h_1)}=\frac{\eta_{\mathrm{T}}\dfrac{\tau}{\pi^{\frac{\kappa-1}{\kappa}}}-\dfrac{1}{\eta_{\mathrm{c,s}}}}{\dfrac{\tau-1}{\pi^{\frac{\kappa-1}{\kappa}}-1}-\dfrac{1}{\eta_{\mathrm{c,s}}}} \tag{5-31}$$

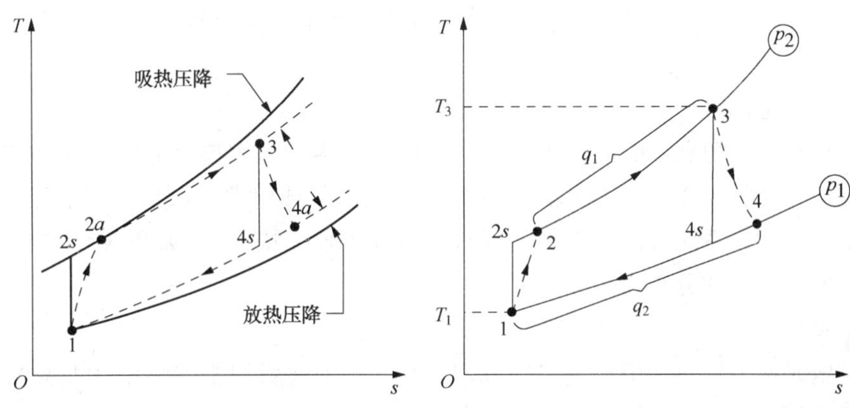

图 5-27　燃气轮机装置实际循环

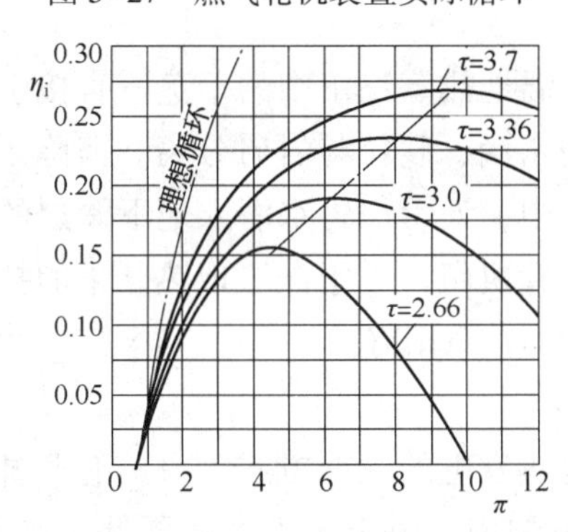

图 5-28　燃气轮机的实际循环热效率

拓展阅读——分布式能源及其应用

分布式能源是一种建在用户端的能源供应方式，可独立运行，也可并网运行，追求资源、环境效益最大化。将用户多种能源需求，以及资源配置状况进行系统整合优化，采用需求应对式设计和模块化配置的新型能源系统，是一种分散式供能方式。

分布式能源具有能效利用合理、损耗小、污染少、运行灵活，系统经济性好等特点，有太阳能发电、燃料电池和微型燃气轮机复合系统、地热发电、生物质能、风力发电几种类型。

（1）太阳能发电

① 太阳光伏发电

利用固体(半导体)的光生伏打效应，把光能直接变为电能。太阳光伏发电系统由太阳电池板、蓄电池和控制器三部分组成。随着太阳能电池成本的不断降低(到2020年，预测造价约为每千瓦4000美元)，太阳光伏发电将呈现出良好的发展前景。

② 太阳能-蒸汽循环发电

由集热器、蓄热器和汽轮发电机组所组成。太阳辐射能被定日镜反射后被集热器(锅炉)所吸收。集热器中传热介质(水或有机介质、金属钠)吸热而汽化，蒸汽进入汽轮机组做功发电并将电能输入电网。为保证电站工作稳定，还需设有蓄热器，以供阴云蔽日或阳光不足的傍晚使用。目前这类太阳能热动力发电系统的总效率可达15%~20%，最高工作温度500℃(水，有机介质)或1000℃(液态钠)。

（2）燃料电池和微型燃气轮机复合系统

燃气轮机作为能源利用的前置级，其排气用来加热进入燃料电池的空气和燃料。燃料电池是固体氧化物，工作温度为700~1000℃，用天然气或甲烷作燃料。该系统可以在无电力供应的地区使用，系统可保持自稳定运行，启动方便、快捷，SO_2和NO_2的排放量很少，是一种很有发展前景的分布式能源系统。

（3）地热发电

地热发电是高温地热利用最重要的方式。我国的地热资源主要集中在西藏自治区、云南省、福建省等。

① 蒸汽型地热发电站

蒸汽型地热发电站是把高温地热蒸汽田中的干蒸汽直接引入汽轮发电机组发电。在引入之前，先要把地热蒸汽中的水滴、砂粒与岩屑分离和清除干净。近年来，干热岩发电正在试验之中。在这类地热电站中，人为地将水灌入地下深层的高温热岩层中加热蒸发，再将产生的蒸汽引向地面的蒸汽轮机组。由于深层地热开采的技术难度很大，这种发电方式近期内还无法进入实用阶段，但前景很好。

② 热水型地热发电

热水型地热发电是当前地热发电的主要方式。目前有两种循环。第一种循环，高压热水从地热井中抽至地面闪蒸锅炉内，由于压力突然降低，热水会发生沸腾，闪蒸出蒸汽。蒸汽进入汽轮发电机组做功发电。闪蒸后剩下的热水以及汽轮机中的凝结水可以供给其他热用户利用。利用后的热水再回灌到地层内。这种系统适合于地热水质较好且不凝气体含量较少的地热资源。第二种循环，地热水经换热器(锅炉)，加热低沸点的工作介质(如氟里昂)，使之产生蒸汽，蒸汽进入汽轮发电机组做功发电，凝结水再回到换热器循环使用。经过换热器的地热水再回流到地层。这种系统适合于含盐量大，腐蚀性强和不凝气体含量较高的地热资源。

（4）生物质能

生物质是指由植物光合作用而产生的有机物质。光合作用将太阳能转换为化学能而存储于生物质中。所以生物质能实际上是物质所具有的化学能。据测算，地球上每年由光合作用而生成的生物质能达到3×10^{21}J，它在分布式能源中占有重要的份额。生物质能的利用与转换，除了效率较低的直接燃烧提供热能以外，主要是通过生物转换(微生物发酵)和化学转换(热解与气化)将生物质变成液体燃料(甲醇、乙醇)、气体燃料(甲烷)或固体燃料(焦炭)。醇类液体燃料和甲烷气既可以作为发电厂的燃料，又可以作为燃料电池的燃料，从而实现生物质能的动力利用。由于生物质能量多面广且各地都存在，所以生物质能的开发利用对分布式能源系统的发展有重大意义。

(5) 风力发电

发电是风能利用的主要形式。风力发电机既可单独供电，也可与其他发电方式(如柴油机发电、微型燃气轮机等)复合，向一个单位或一个地区供电，或者将电力并入常规电网运行。我国西部地区风力资源丰富，例如新疆达坂城已建成我国最大的风力发电站，装机容量为3300kW，是地区性分布式能源系统的重要组成之一，将在我国西部大开发中发挥重要作用。

总的说来，以可再生能源为主体且灵活多样化的分布式能源系统是本世纪正在大力发展的能源优化供应模式。各种新的分布式能源系统正在不断地推出，且随着科学技术的进步和高性能新材料的研制，分布式能源在社会能源结构中将占有愈来愈大的比重，将对社会发展产生举足轻重的影响。

思 考 题

5-1　我国幅员辽阔，四季温差大，对蒸汽发电机组有什么影响?

5-2　为什么蒸汽动力装置中水泵进出口压力差远大于燃气轮机压气机的压力差，而水泵消耗的功可忽略?

5-3　气体动力循环和蒸汽动力循环提高循环热效率的原则是什么?

5-4　活塞式内燃机循环是否可用回热来提高热效率?

5-5　为什么家用冰箱应放在通风处，并距墙壁适当距离?

习　　题

5-1　某蒸汽动力装置朗肯循环的最高运行压力为5MPa，最低压力为15kPa。若蒸汽轮机的排汽干度不能低于0.95，输出功率不能小于7.5MW，忽略水泵功，请计算锅炉输出蒸汽必须的温度和质量流量。

5-2　某热电厂以背压式汽轮机的乏汽供热，其新汽参数为3MPa、400℃。背压为0.12MPa。乏汽被送入用热系统，作加热蒸汽用。放出热量后凝结为同一压力的饱和水，再经水泵返回锅炉。设用热系统中热量消费为1.06×10^7kJ/h，问理论上此背压式汽轮机的电功率输出为多少(kW)?

5-3　某活塞式内燃机定容加热理想循环，压缩比$\varepsilon=10$，气体在压缩中程的起点状态是$p_1=100$kPa、$t=35$℃，加热过程中气体吸热650kJ/kg。假定比热容为定值且$c_p=1.005$kJ/(kg·K)、$\kappa=1.4$，求：① 循环中各点的温度和压力(图5-29)；② 循环热效率；③ 平均有效压力。

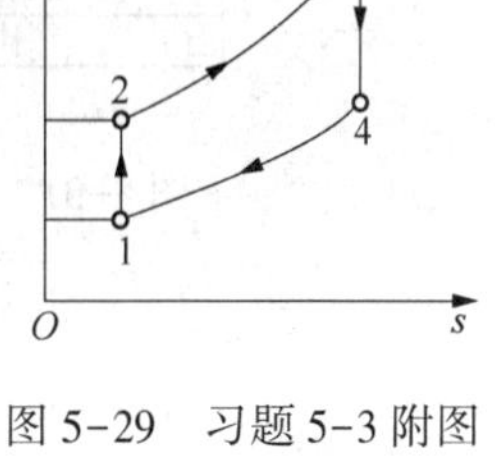

图5-29　习题5-3附图

5-4　压缩空气制冷循环运行温度，$T_c=290\text{K}$，$T_0=300\text{K}$。如果循环增压此分别为 3 和 6，分别计算它们的循环性能系数和每千克工质的制冷量。假定空气为理想气体，比热容取定值、$c_p=1.005\text{kJ/(kg}\cdot\text{K)}$、$\kappa=1.4$。

5-5　有一台空调系统，采用蒸汽喷射压缩制冷机，制取的 $p_3=1\text{kPa}$ 的饱和水($t_s=6.949℃$)，来降低室温，如图 5-30 所示。在室内吸热升温到 15℃的水被送入蒸发器内，部分汽化，其余变为 1kPa 的饱和水，蒸发器内产生的蒸汽干度为 0.95，被喷射器内流过的蒸汽抽送到冷凝器中，在 30℃下凝结成水，若制冷量为 32000kJ/h，试求所需冷水流量及蒸发器中被抽走蒸汽的量。

5-6　一架喷气式飞机以每秒 200m 速度在某高度上飞行，该高度的空气温度为-33℃、压力为 50kPa。飞机的涡轮喷气发动机进、出口面积分别为 0.6m^2 和 0.4m^2。压气机的增压比为 9，燃气轮机的进口温度是 847℃。空气在扩压管中压力提高 30kPa，在尾喷管内压力降低 200kPa。假定发动机进行理想循环，燃气轮机产生的功恰好用于带动压气机。若气体比热容 $c_p=1.005\text{kJ/(kg}\cdot\text{K)}$、$c_v=0.718\text{kJ/(kg}\cdot\text{K)}$，试计算：① 压气机出口温度；② 空气离开发动机时温度及速度；③ 发动机产生的推力；④ 循环效率(图 5-31)。

5-7　某涡轮喷气推进装置如图 5-32 所示，燃气轮机输出功用于驱动压气机。工质的性质与空气近似相同，装置进气压力 90kPa，温度 290K，压气机的压力比是 14∶1，气体进入气轮机时的温度为 1500K，排出气轮机的气体进入喷管膨胀到 90kPa，若空气比热容为 $c_p=1.005\text{kJ/(kg}\cdot\text{K)}$、$c_v=0.718\text{kJ/(kg}\cdot\text{K)}$，试求进入喷管时气体的压力及离开喷管时气流的速度。

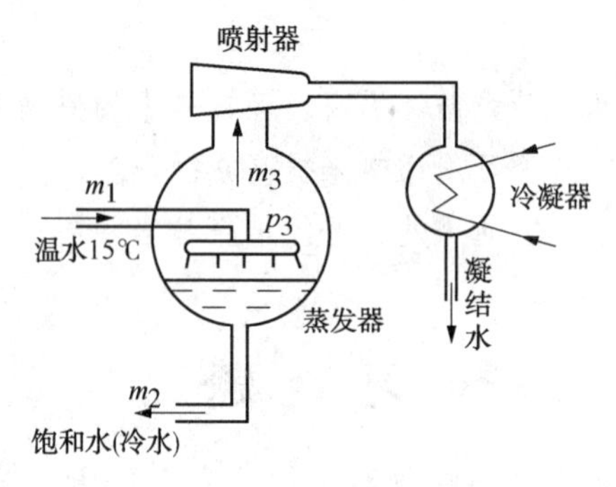

图 5-30　习题 5-5 附图

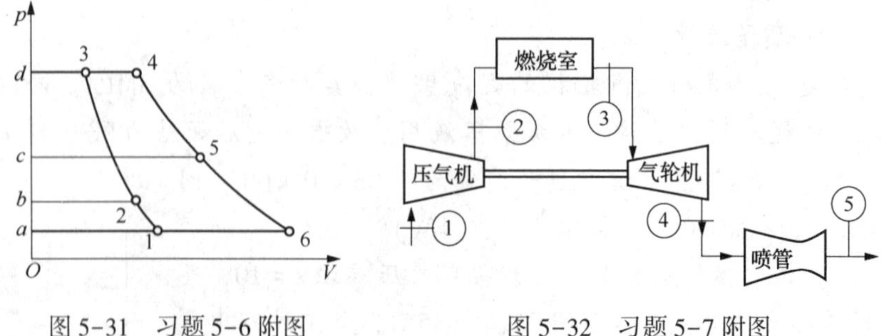

图 5-31　习题 5-6 附图　　图 5-32　习题 5-7 附图

6 混合物热力性质的确定

在石油天然气行业中，大部分的流体均为混合物。我们前面所学习的理想气体状态方程及其规律已经不能适用于真实混合流体，因此我们有必要研究混合物的热力性质。研究混合工质的热力学关系，常用状态方程常数混合法，因其直接性和计算方便而获得广泛使用。目前使用较多的状态方程有两类：一类是两参数的立方型方程，基于 Van der Waals 方程的修正，包括 RK 方程、RKS 方程及 PR 方程。另一类是多参数方程，如 BWR 方程、BWRS 方程等。

6.1 真实流体的状态方程

流体的压力 p、体积 V 和温度 T 是流体最基本的性质之一，并且可以通过实验直接测量。而其他很多热力性质，如热力学能 U、熵 S 等都不便于直接测量，他们需要利用流体的 $p-V-T$ 数据和热力学基本关系式进行推导。所以我们有必要研究流体的 $p-V-T$ 关系。对纯物质来讲，关联压力 p、体积 V、温度 T 的数学表达式，称之为状态方程。对于混合物流体状态方程还包括组成。一个好的状态方程可能是处理大量 $p-V-T$ 数据的最好的方法；更为重要的，状态方程可以借助 $p-V-T$ 数据提供一种表示各种热力学函数的多种用途的最有效工具。迄今为止，文献资料中大量的各种状态方程的问世，足以反映出开发准确、可靠的状态方程的重要性与必要性。目前已发表的状态方程不下数百个，而得到普遍承认的却只有几个。每一个状态方程都具有独到之处，同时又具有其不足之处和应用的局限性。必须根据应用的目的来决定选择哪一个状态方程。这里仅叙述几个在石油天然气行业中得以广泛应用的状态方程。

6.1.1 立方型方程

立方型状态方程是指方程可展开为体积(或密度)的三次方形式。这类方程能够解析求根，有较高精度，又不太复杂，受工程界欢迎，另外还常作为状态方程进一步改进的基础。

(1) Van der Waals 方程

1873 年，Van der Waals 推导出第一个可表示由气态到液态连续性的状态方程：

$$\left(p+\frac{a}{V^2}\right)(V-b)=RT \tag{6-1}$$

式中　V——摩尔体积，m^3/mol；

R——摩尔气体常数，8.314J/(mol·K)；

p——绝对压力，Pa；

T——绝对温度，K。

或者写成压力 p 显函数的形式：

$$p=\frac{RT}{V-b}-\frac{a}{V^2} \tag{6-2}$$

尽管 Van der Waals 方程的应用通常局限于纯组分或较低压力下的混合物，但它对于建立对应态原理，以及其后的类似状态方程的开发做出了贡献。此方程系两参数方程，考虑了实际流体中分子占有的体积以及分子间的吸引力。

引入 b 项计入分子体积，并引入 a 项计入分子吸引力。

可根据实验数据或纯组分的临界数据确定这两个参数。在临界点处，可以确定

$$a=\frac{27R^2T_c^2}{64p_c} \tag{6-3}$$

$$b=\frac{RT_c}{8p_c} \tag{6-4}$$

式中　T_c——流体的临界温度；

p_c——流体的临界压力。

临界温度 T_c 是指使物质由气态变为液态的最高温度。每种物质都有一个特定的温度，在这个温度以上，无论怎样增大压强，气态物质都不会液化，这个温度就是临界温度。临界温度时使气体液化所需要的最小压力为临界压力，也就是液体在临界温度时的饱和蒸气压。临界温度和临界压力下的状态称为临界状态。

虽然 Van der Waals 方程准确度不高，没有很大实用价值，但建立状态方程的理论和方法对以后立方型方程的发展产生了重大影响。目前工程上广泛采用的立方型状态方程基本上都是从 Van der Waals 方程衍生出来的。

(2) Redlich-Kwong 方程

Redlich-Kwong 状态方程简称 RK 方程，该方程是 1949 年提出的，由 Redlich 和 Kwong 在范德瓦尔方程(Van der Waals)的基础上提出的、含有两个常数的方程，保留了 Van der Waals 方程中体积的三次方程的简单形式。RK 方程通过对内压力项 a/V 的修正，较大地提高了准确度，其对于气液相平衡和混合物的计算符合很好。其形式为

$$p=\frac{RT}{V-b}-\frac{a}{T^{0.5}V(V+b)} \tag{6-5}$$

RK 方程被认为是“最佳”的两参数状态方程。式中两参数 a、b 为各种物质固有的数值。参数 a、b 最好直接从 $p-V-T$ 实验数据用最小二乘法拟合确定；但在缺乏这些数据时，也可根据临界点数据来确定，给出通过 p_c 和 T_c 表示的 a、b 表达式：

$$a=\frac{0.42748R^2T_c^{2.5}}{p_c} \tag{6-6}$$

$$b=\frac{0.08664RT_c}{p_c} \tag{6-7}$$

RK 方程的计算准确度比 Van der Waals 方程有较大的提高，可以比较准确应用于非极性和弱极性化合物的计算，但对强极性化合物仍会产生较大的偏差，在临界点附近的偏差也较大。

此外，为了便了在计算机上用迭代法求解，常将 RK 方程式(6-5)改写成以下形式：

$$Z=\frac{1}{1-h}-\frac{A}{B}(\frac{h}{1+h}) \tag{6-8}$$

$$h=\frac{b}{V}=\frac{Bp}{Z} \tag{6-9}$$

$$B=b/(RT) \tag{6-10}$$

$$A=a/(R^2T^{2.5}) \tag{6-11}$$

$$A/B=a/(bRT^{1.5}) \tag{6-12}$$

迭代步骤是：

① 设定初始值 Z(可取 $Z=1$)；

② 将 Z 值代入式(6-9)中，计算 h；

③ 将 h 值代入式(6-8)中，计算 Z 值；

④ 比较前后计算的 Z 值，若误差已经达到允许范围，迭代结束，否则返回步骤②再进行计算。

引入 h 后，使迭代过程简单，便于直接求解三次方程。但需要注意的是该迭代方法不能用于饱和液相摩尔体积的计算。

(3) Soave-Redlich-Kwong 方程

为了提高 RK 方程对极性化合物的计算准确度，有不少学者对其进行修正，比较成功的是 Soave 修正式，简称 SRK(或 RKS，或 Soave)方程，其形式为

$$p=\frac{RT}{V-b}-\frac{a}{V(V+b)} \tag{6-13}$$

$$a=a_c\cdot\alpha=\frac{0.42748R^2T_c^2}{p_c}\alpha \tag{6-14}$$

$$b=\frac{0.08664RT_c}{p_c} \tag{6-15}$$

$$\alpha=[1+m(1-T_r^{0.5})]^2 \tag{6-16}$$

$$m=0.480+1.574\omega-0.176\omega^2 \tag{6-17}$$

式中 ω——偏心因子；

α——与温度有关的项，是温度的函数；

T_r——对比温度，K，$T_r=T/T_c$。

为了方便进行迭代求解，将 SRK 方程改写为以下形式：

$$Z=\frac{1}{1-h}-\frac{A}{B}\left(\frac{h}{1+h}\right) \tag{6-18}$$

$$h=\frac{b}{V}=\frac{Bp}{Z} \tag{6-19}$$

$$B=b/(RT) \tag{6-20}$$

$$A=a/(R^2T^2) \tag{6-21}$$

与RK方程相比，SRK方程显示出很大的优越性，提高了极性化合物和量子化流体$p-V-T$的计算准确度，更重要的是该方程可用于饱和液体密度的计算，特别是用它来计算纯烃和烃类混合物系统的气液平衡具有较高的准确度。因此，我们说立方型的SRK方程使得简单类型状态方程在烃类工业中得到更加广泛应用。

（4）Peng-Robinson方程

原Redlich-Kwong方程及Soave-Redlich-Kwong方程都具有一个共同的缺点，就是它们都不能准确地预测液体密度。对于所有流体来讲，这两个状态方程的通用临界压缩因子为1/3，这个值大大地高于实际流体的临界压缩因子。为了克服上述缺点，1976年Peng和Robinson对方程式RK方程作了如下的修正：

$$p=\frac{RT}{V-b}-\frac{a}{V(V+b)+b(V-b)} \tag{6-22}$$

$$a=a_c\cdot\alpha=\frac{0.457235R^2T_c^2}{p_c}\alpha \tag{6-23}$$

$$b=\frac{0.077796RT_c}{p_c} \tag{6-24}$$

$$\alpha=[1+m(1-T_r^{0.5})]^2 \tag{6-25}$$

$$m=0.37464+1.54226\omega-0.26992\omega^2 \tag{6-26}$$

为了方便迭代计算，PR方程又可以改写为下列形式：

$$Z=\frac{1}{1-h}-\frac{A}{B}\left(\frac{h}{1+2h-h^2}\right) \tag{6-27}$$

$$h=\frac{b}{V}=\frac{Bp}{Z} \tag{6-28}$$

$$B=b/(RT) \tag{6-29}$$

$$A=a/(R^2T^2) \tag{6-30}$$

迭代步骤于RK方程相同。

与SRK方程类似，PR方程中的常数α仍然是温度的函数，但其对体积更为精细的修正提高了方程计算临界压缩因子和液体密度的准确性，因此PR方程应用于饱和蒸汽和饱和液相的计算方面可获得更高的准确度。它也是工程相平衡计算中最常用的方程之一。

综上所述，立方型方程形式简单，方程中一般只有两个参数，且参数可用纯物质临界性质和偏心因子计算。由于方程是体积的三次方形式，故解立方型方程可以得到三个体积根。在临界点，方程有三重相等的实根，所求实根即为V_c；当$T<T_c$，压力为相应温度下的饱和蒸气压时，方程有三个实根，最大根是气相摩尔体积V_v，最小根是液相摩尔体积V_l，中间的根无物理意义；其他情况时，方程有一个实根和两个虚根，其实根为液相摩尔体积V_l或气相摩尔体积V_v。在方程的使用中，准确地求取方程的体积根是一个重要环节。

6.1.2 多参数方程

(1) Bendict-Webb-Rubin 方程

Bendict-Webb-Rubin 方程，即是著名的 BWR 方程，对气体和液体都是用，尤其适用于碳氢化合物的计算，是可同时于气、液两相的准确的状态方程之一。BWR 方程有 8 个可调参数，方程形式如下：

$$p=RT\rho+(B_0RT-A_0-\frac{C_0}{T^2})\rho^2+(bRT-a)\rho^3+a\alpha\rho^6+\frac{c\rho^3}{T^2}[(1+\gamma\rho^2)\exp(-\gamma\rho^2)] \tag{6-31}$$

上式也可表示为

$$Z=1+(B_0-\frac{A_0}{RT}-\frac{C_0}{RT^3})\rho+(b-\frac{a}{RT})\rho^2+\frac{a\alpha}{RT}\rho^5+\frac{c\rho^2}{RT^3}[(1+\gamma\rho^2)\exp(-\gamma\rho^2)] \tag{6-32}$$

式中 p——体系压力，atm(1atm≈0.1MPa)；

T——体系温度，K；

ρ——气相或液相的分子密度，mol/L 或 mol/m^3；

R——气相常数，R=0.08205atm·L/(gm·K)或 atm·m^3/(mol·K)。

B_0、A_0、C_0、a、b、c、γ 和 α 为 BWR 方程的 8 个常数，需由实验数据确定。

对烃类热力学性质的计算，BWR 方程能给出比较好的结果，在比临界密度大 1.8~2.0 倍的高压条件下，平均误差约为 0.3%。关于方程中的参数，1967 年 Cooper 和 Goldfrank 推荐了 33 种物质的常数值，见表 6-1。

BWR 方程常数的另一个可靠的数据表是由 Orge 提供的。值得注意的是，不同表中的常数，即使换算成同一单位制也不能混用。对指定的物质，所有常数必须取自同一文献。

(2) SHBWR 方程

经 Starling-Han 改进的 BWR 方程如下：

$$p=\rho RT+\left(B_0RT-A_0-\frac{C_0}{T^2}+\frac{D_0}{T^3}-\frac{E_0}{T^4}\right)\rho^2+\left(bRT-a-\frac{d}{T}\right)\rho^3+\alpha\left(a+\frac{d}{T}\right)\rho^6+$$

$$\frac{c\rho^3}{T^2}(1+\gamma\rho^2)\exp(-\gamma\rho^2) \tag{6-33}$$

式中 p——体系压力，atm(1atm≈0.1MPa)；

T——体系温度，K；

ρ——气相或液相的分子密度，mol/m^3；

R——气相常数，R=0.08206atm·m^3/(mol·K)。

C_0、γ、b、a、α、c、D_0、d、E_0、A_0、B_0为状态方程的 11 个参数。纯组分 i 的各参数 C_{0i}、γ_i、b_i、……B_{0i}和其临界参数 T_{ci}、P_{ci}及偏心因子 ω 关联如下：

$$\rho_{ci}B_{0i}=A_1+B_1\omega_i \tag{6-34}$$

$$\frac{\rho_{ci}A_{0i}}{RT_{ci}}=A_2+B_2\omega_i \tag{6-35}$$

$$\frac{\rho_{ci}C_{0i}}{RT_{ci}^3}=A_3+B_3\omega_i \tag{6-36}$$

表 6-1　BWR 方程参数

组分	应用范围[a]				$a/$ $(1/mol)^3atm$	$A_0/$ $(1/mol)^2atm$	$b/$ $(1/mol)^2$	$B_0/$ $(1/mol)$	$c/(1/mol)^3$ K^2atm	$C_0/(1/mol)^2$ Katm	$\alpha/$ $(1/mol)^3$	$\gamma/$ $(1/mol)^2$
	气		液									
	$\rho/(mol/L)$	$T/℃$	p/atm	$T/℃$								
甲烷	2.0	-70	4.5	-140	4.94000×10^{-2}	1.85500	3.38004×10^{-3}	4.26000×10^{-2}	2.54500×10^{3}	2.225700×10^{4}	1.24359×10^{-4}	6.0000×10^{-3}
	18.0	200	41.8	-85								
	0.75	0	b	b	4.35200×10^{-2}	1.79894	2.52033×10^{-3}	4.54625×10^{-2}	3.58780×10^{3}	3.18382×10^{4}	3.30000×10^{-4}	1.05000×10^{-2}
	12.5	350										
乙烷	0.5	25	5.5	-50	3.45160×10^{-1}	4.15556	1.11220×10^{-2}	6.27724×10^{-2}	3.27670×10^{4}	1.79592×10^{5}	2.43389×10^{-4}	1.18000×10^{-2}
	10.0	275	41.4	25								
丙烷	1.0	96.8	2.0	-25	9.4700×10^{-1}	6.87225	2.25000×10^{-2}	9.73130×10^{-2}	1.29000×10^{5}	5.08256×10^{5}	6.07175×10^{-4}	2.20000×10^{-2}
	9.0	275	28.0	75								
正丁烷	0.5	150	1.2	4.0	1.88231	1.00847×10	3.99983×10^{-2}	1.24361×10^{-1}	3.16400×10^{5}	9.92830×10^{5}	1.10132×10^{-3}	3.40000×10^{-2}
	7.0	300	22.5	121								
异丁烷	0.5	104.4	1.0	-12	1.93763	1.023264×10	4.24352×10^{-2}	1.37544×10^{-1}	2.86010×10^{5}	8.49943×10^{5}	1.07408×10^{-3}	3.40000×10^{-2}
	7.0	237.8	27.2	119								
正戊烷	0.46	140	2.1	60	4.07480	1.21794×10	6.68120×10^{-2}	1.56751×10^{-1}	8.24170×10^{5}	2.12121×10^{6}	1.81000×10^{-3}	4.75000×10^{-2}
	4.8	280	25.5	180								
异戊烷	0.5	130	0.34	0	3.75620	1.27959×10	6.68120×10^{-2}	1.60053×10^{-1}	6.95000×10^{5}	1.74632×10^{6}	1.70000×10^{-3}	4.6300×10^{-2}
	5.0	280	21.5	160								
季戊烷	1.0	160	b	b	3.4905	1.29635×10	6.68120×10^{-2}	1.70530×10^{-1}	5.46×10^{5}	1.273×10^{6}	2.0×10^{-3}	5.0×10^{-2}
	6.0	275										
正己烷	2.5	225	1.0	70	7.11671	1.44373×10	1.09131×10^{-1}	1.77813×10^{-1}	1.51276×10^{6}	3.31935×10^{6}	2.81086×10^{-3}	6.66849×10^{-2}
	5.0	275	23.8	220								
异己烷	1.5	250	d	d	7.4286	1.4930×10	1.215×10^{-1}	1.729×10^{-1}	1.400×10^{6}	2.8500×10^{6}	2.35×10^{-3}	6.20×10^{-2}
	5.5	275										

续表

组分	应用范围[a]				$a/$ $(1/mol)^3atm$	$A_0/$ $(1/mol)^2atm$	$b/$ $(1/mol)^2$	$B_0/$ $(1/mol)$	$c/(1/mol)^3$ K^2atm	$C_0/(1/mol)^2$ Katm	$\alpha/$ $(1/mol)^3$	$\gamma/$ $(l/mol)^2$
	气		液									
	$\rho/(mol/L)$	$T/℃$	p/atm	$T/℃$								
三甲基戊烷	3.2	250	d	d	5.9716	1.2203 $\times10$	1.1224 $\times10^{-1}$	8.1505 $\times10^{-2}$	9.5556 $\times10^{5}$	2.2125 $\times10^{6}$	2.25 $\times10^{-3}$	6.2890 $\times10^{-2}$
	6.0	275										
2,2-二甲基丁烷	1.8	225	d	d	1.0108 $\times10$	1.1842 $\times10$	1.400 $\times10^{-1}$	1.9214 $\times10^{-1}$	1.7483 $\times10^{6}$	3.3595 $\times10^{6}$	2.189 $\times10^{-3}$	5.6500 $\times10^{-2}$
	5.0	275										
2，3-二甲基丁烷	1.5	250	d	d	4.6956	1.6430 $\times10$	7.900 $\times10^{-2}$	1.9000 $\times10^{-1}$	1.1346 $\times10^{6}$	2.5534 $\times10^{6}$	3.5948 $\times10^{-3}$	7.5 $\times10^{-2}$
	5.0	275										
正庚烷	1.5	275	1.0	100	1.036475 $\times10$	1.75206 $\times10$	1.51954 $\times10^{-1}$	1.9900 $\times10^{-1}$	2.47000 $\times10^{6}$	4.74574 $\times10^{6}$	4.35611 $\times10^{-3}$	9.00000 $\times10^{-2}$
	4.0	350	13.6	221								
三甲基己烷	1.5	250	d	d	7.5854	1.4310 $\times10$	1.4321 $\times10^{-1}$	9.1423 $\times10^{-2}$	1.3252 $\times10^{6}$	3.1564 $\times10^{6}$	2.8155 $\times10^{-3}$	7.446 $\times10^{-2}$
	5.0	275										
2,2-二甲基戊烷	1.8	225	d	d	1.1786 $\times10$	1.2423 $\times10^{-1}$	1.7721 $\times10^{-1}$	2.0246 $\times10^{-1}$	2.2586 $\times10^{6}$	5.1237 $\times10^{6}$	2.764 $\times10^{-3}$	6.799 $\times10^{-2}$
	5.0	275										
正壬烷	e	e	0	204	5.51599 $\times10$	-1.31560 $\times10^{-2}$	8.56466 $\times10^{-1}$	-2.32095	7.81821 $\times10^{5}$	-3.20417 $\times10^{6}$	2.32899 $\times10^{-3}$	0.0
			6.5	238								
正癸烷	e	e	0	38	1.25122 $\times10^{2}$	-3.58180 $\times10^{-2}$	1.96701	-6.23189	4.42954 $\times10^{3}$	1.31900 $\times10^{5}$	2.14459 $\times10^{-3}$	0.0
			5.3	238								
乙烯	1.0	0	2.1	-90	2.59000 $\times10^{-1}$	3.33958	8.6000 $\times10^{-3}$	5.56833 $\times10^{-2}$	2.1120 $\times10^{4}$	1.31140 $\times10^{5}$	1.78000 $\times10^{-4}$	9.23000 $\times10^{-3}$
	12.8	198	31.0	-10								
丙烯	0.5	25	2.1	30	7.74056 $\times10^{-1}$	6.1122	1.87059 $\times10^{-2}$	8.50647 $\times10^{-2}$	1.02611 $\times10^{5}$	4.39182 $\times10^{5}$	4.55696 $\times10^{-4}$	1.82900 $\times10^{-2}$
	8.0	300	24.9	60								
异丁烯	1.0	150	1.0	-7	1.69270	8.95325	3.48156 $\times10^{-2}$	1.16025 $\times10^{-1}$	2.74920 $\times10^{5}$	9.27280 $\times10^{5}$	9.10889 $\times10^{-4}$	2.95945 $\times10^{-2}$
	7.0	275	27.2	123								

续表

组分	应用范围[a]				$a/$ $(1/mol)^3atm$	$A_0/$ $(1/mol)^2atm$	$b/$ $(1/mol)^2$	$B_0/$ $(1/mol)$	$c/(1/mol)^3$ K^2atm	$C_0/(1/mol)^2$ Katm	$\alpha/$ $(1/mol)^3$	$\gamma/$ $(1/mol)^2$
	气		液									
	$\rho/(mol/L)$	$T/℃$	p/atm	$T/℃$								
丙炔	0.3	50	e	e	6.970948×10^{-1}	5.1079342	1.482999×10^{-2}	6.946403×10^{-2}	1.0984375×10^{5}	6.4062824×10^{5}	2.7363248×10^{-4}	1.245167×10^{-2}
	11.4	200										
苯	0.6	240	e	e	5.570	6.509772	7.663×10^{-2}	5.030055×10^{-2}	1.176418×10^{6}	3.42997×10^{6}	7.001×10^{-4}	2.930×10^{-2}
	8.1	355										
氨	0	27	d	d	1.0354029×10^{-1}	3.7892819	7.1958516×10^{-4}	5.1646121×10^{-2}	1.575329×10^{6}	1.7857089×10^{5}	4.6541779×10^{-5}	1.9805156×10^{-2}
	2.6	307										
	e	e	20	37	1.6797763×10^{-5}	2.0259528	2.8513822×10^{-3}	3.3649627×10^{-3}	1.7232401×10^{2}	6.0409764×10^{4}	1.679777×10^{-6}	6.6251015×10^{-4}
			800	127								
氩	0.02	-111	d	d	2.88358×10^{-2}	8.23417×10^{-1}	2.15289×10^{-3}	2.2282597×10^{-2}	7.982437×10^{2}	1.314125×10^{4}	3.558895×10^{-5}	2.3382711×10^{-3}
	29.8	327										
二氧化碳	0	上至	0	-23	1.36814×10^{-1}	2.73742	4.1239×10^{-3}	4.99101×10^{-2}	1.49180×10^{4}	1.38567×10^{5}	8.47×10^{-5}	5.394×10^{-3}
	14.5	138	66	31								
一氧化碳	0.15	-140.2	3.13	-180	3.665×10^{-2}	1.34122	2.63158×10^{-3}	5.45425×10^{-2}	1.040×10^{3}	8.56209×10^{-3}	1.35×10^{-4}	6.0×10^{-3}
	9.0	-25	34.53	-25								
氦	2.0	-270	0	-270	-5.7339×10^{-4}	4.0962×10^{-2}	-1.9727×10^{-7}	2.3661×10^{-2}	-5.521×10^{-3}	1.6227×10^{-1}	-7.2673×10^{-6}	7.7942×10^{-4}
	50.0	-253	100	-267								
氮	0.02	-170	d	d	2.5102×10^{-2}	1.053642	2.3277×10^{-3}	4.07426×10^{-2}	7.2841×10^{2}	8.05900×10^{3}	1.272×10^{-4}	5.300×10^{-3}
	24.34	93										
氧化亚氮	0.0	-30	d	d	1.6774177×10^{-1}	2.5441140	5.1001644×10^{-3}	3.9458452×10^{-2}	1.5946×10^{4}	1.4793968×10^{5}	6.5559433×10^{-5}	4.8129414×10^{-3}
	25.0	150										
氧化氮	0.04	5	e	e	-3.50821484×10^{-1}	2.19573852	-7.53154391×10^{-3}	6.04550814×10^{-2}	-1.1523729×10^{4}	1.7955709×10^{4}	1.56369603×10^{-5}	2.0×10^{-3}
	1.6	105										

续表

组分	应用范围[a]				$a/$ $(1/mol)^3atm$	$A_0/$ $(1/mol)^2atm$	$b/$ $(1/mol)^2$	$B_0/$ $(1/mol)$	$c/(1/mol)^3$ K^2atm	$C_0/(1/mol)^2$ Katm	$\alpha/$ $(1/mol)^3$	$\gamma/$ $(1/mol)^2$
	气		液									
	$\rho/(mol/L)$	$T/℃$	p/atm	$T/℃$								
二氧化硫	0.0 22.8	10 250	d	d	8.4468 $\times10^{-1}$	2.12044	1.4653 $\times10^{-2}$	2.6182 $\times10^{-2}$	1.1335 $\times10^{5}$	7.9384 $\times10^{5}$	7.1955 $\times10^{-5}$	5.9236 $\times10^{-3}$
氧	0.0 2.4	27 727	e	e	1.62689940 $\times10^{-1}$	9.50851963 $\times10^{-1}$	3.58834736 $\times10^{-3}$	3.5328505 $\times10^{-8}$	1.28273741 $\times10^{4}$	3.26435918 $\times10^{4}$	−3.927058894	3.01 $\times10^{-2}$
硫化氢①	$\rho_r<2.2$	5 170			1.44984 $\times10^{-1}$	3.48471 $\times10^{-2}$	4.42477 $\times10^{-3}$	3.48471 $\times10^{-2}$	1.87032 $\times10^{4}$	1.9721 $\times10^{5}$	7.0316 $\times10^{-5}$	4.555 $\times10^{-3}$
氢①	$\rho_r<2.5$	0 150			−9.2211 $\times10^{-3}$	9.7319 $\times10^{-2}$	1.7976 $\times10^{-4}$	1.8041 $\times10^{-2}$	−2.4613 $\times10^{2}$	3.8914 $\times10^{2}$	−3.4215 E−6	1.89 $\times10^{-3}$
乙炔①	$\rho_r<1.6$	20 250			−1.0001 $\times10^{-1}$	1.5307	−3.7810 $\times10^{-5}$	5.5851 $\times10^{-3}$	6.0162 $\times10^{3}$	2.1586 $\times10^{5}$	−5.549 $\times10^{-5}$	7.14 $\times10^{-3}$
1−丁烯①	e	150 250			1.68197	9.05497	3.4815 $\times10^{-2}$	1.16019 $\times10^{-1}$	2.7493 $\times10^{5}$	9.27248 $\times10^{5}$	9.1084 $\times10^{-4}$	2.96 $\times10^{-2}$
2(顺)−丁烯①	e	e			1.91732	9.82266	3.8444 $\times10^{-2}$	1.21971 $\times10^{-1}$	3.33972 $\times10^{5}$	1.0719 $\times10^{6}$	1.05693 $\times10^{-3}$	3.27 $\times10^{-2}$
1,3−丁二烯①	e	e			1.39146	7.41998	2.8002 $\times10^{-2}$	9.5452 $\times10^{-2}$	2.45052 $\times10^{5}$	1.03999 $\times10^{6}$	7.09881 $\times10^{-4}$	2.35 $\times10^{-2}$
1−戊烯①	e	e			2.262816	1.105352 $\times10$	4.2286 $\times10^{-2}$	1.27921 $\times10^{-1}$	4.53779 $\times10^{5}$	1.38870 $\times10^{6}$	1.219208 $\times10^{-3}$	3.595 $\times10^{-2}$
氯代甲烷①	$\rho_r<2.1$	40 220			1.80052 $\times10^{-1}$	4.56359	5.19665 $\times10^{-3}$	5.07705 $\times10^{-2}$	6.87309 $\times10^{4}$	5.83918 $\times10^{5}$	4.13840 $\times10^{-4}$	1.131 $\times10^{-2}$

① 其应用范围未区分气、液相，ρ_r为相对密度。

a—缩小表宽范围用上、下两数字表示，上方为上限，下方为下限；b—未研究过；c—不宜用于汽相；d—不宜用于液相区；e—缺数据。

$$\rho_{ci}^2\gamma = A_4 + B_4\omega_i \tag{6-37}$$

$$\rho_{ci}^2 b_i = A_5 + B_5\omega_i \tag{6-38}$$

$$\frac{\rho_{ci}^2 a_i}{RT_{ci}} = A_6 + B_6\omega_i \tag{6-39}$$

$$\rho_{ci}^3\alpha_i = A_7 + B_7\omega_i \tag{6-40}$$

$$\frac{\rho_{ci}^2 C_i}{RT_{ci}^3} = A_8 + B_8\omega_i \tag{6-41}$$

$$\frac{\rho_{ci} D_{0i}}{RT_{ci}^4} = A_9 + B_9\omega_i \tag{6-42}$$

$$\frac{\rho_{ci}^2 d_i}{RT_{ci}^2} = A_{10} + B_{10}\omega_i \tag{6-43}$$

$$\frac{\rho_{ci} E_{0i}}{RT_{ci}^5} = A_{11} + B_{11}\omega_i \exp(-3.8\omega_i) \tag{6-44}$$

其中 A_j，$B_j(j=1, 2, \cdots, 11)$ 为通用常数。

这样，SHBWR 方程即变成一个普遍化状态方程，不仅使用方便，而且适用范围也有所扩大。式中，A_j 和 $B_j(j=1, 2, \cdots, 11)$ 的数值列在表 6-2 中。表中数值是用 $C_1 \sim C_8$ 正烷烃的 T_{ci}、ρ_{ci} 和 ω_i 回归得到的。T_{ci}、ρ_{ci} 和 ω_i 值列于表 6-3。

表 6-2　通用常数 A_j 和 B_j 值

j	A_j	B_j	j	A_j	B_j
1	0.443690	0.115449	7	0.0705233	-0.044448
2	1.284380	-0.920731	8	0.504087	1.32245
3	0.356306	1.70871	9	0.0307452	0.179433
4	0.544979	-0.270896	10	0.0732828	0.463492
5	0.528629	0.349261	11	0.006450	-0.022143
6	0.484011	0.754130			

表 6-3　Starling 关联时所用的正构烷烃的临界参数和偏心因子值

组分 i	T_{ci}/℃	p_{ci}/atm	ρ_{ci}/(mol/m^3)	ω_i	M_i
甲烷 CH_4	-82.416	45.44	10.050	0.013	16.042
乙烷 C_2H_6	32.23	48.16	6.756	0.1018	30.068
丙烷 C_3H_8	96.739	41.94	4.999	0.157	44.094
丁烷 C_4H_{10}	152.03	37.47	3.921	0.197	58.12
戊烷 C_5H_{12}	196.34	33.25	3.215	0.252	72.146
己烷 C_6H_{14}	234.13	29.73	2.717	0.302	86.172
庚烷 C_7H_{16}	267.13	27.00	2.347	0.353	100.198
辛烷 C_8H_{18}	295.43	24.54	2.057	0.412	114.224

由于不同来源的基础数据常有一定出入(特别是偏心因子 ω)，因此在使用这一状态方程时对上述烷烃不宜选用其他来源数据。

对量子气体氢，本方程采用以下虚拟临界参数：

$$\rho_{ci}=20.0\text{mol/m}^3$$

$$T>-17.8℃；\ T_{ci}=-226.1℃$$

$$T<-73.3℃；\ T_{ci}=-245.6℃$$

$$-17.8℃\geqslant T\geqslant-73.3℃；\ T_{ci}=-237.2℃$$

$$\omega_i=0.0$$

6.1.3 状态方程比较

如何准确定量描述真实流体及其混合物的 $p-V-T$ 关系，一直是众多专家学者备受关注的问题，尽管到目前为止，已经开发出数百个状态方程，但是若企图用一个方程来计算不同流体、适用于不同温度、压力范围，还是很困难的。我们应该依据流体性质及计算精度等相关要求来选择合适的状态方程。一般对于纯物质来说，多参数状态方程的精度高于立方型状态方程，而立方型状态方程的计算准确度排序是：PR 方程>SRK 方程>RK 方程>VdW 方程。

如果有实验数据，我们就用实验数据，因为实验数据最为可靠，如果没有实验数据，就用状态方程进行计算。在选择状态方程时，不仅要考虑方程本身的特性，为了得到高准确度还要同时兼顾参数混合规则的使用和计算速度等因素。各类状态方程的使用范围及优缺点见表 6-4。

表 6-4 各类状态方程的使用范围及优缺点

状态方程	使用范围	优点	缺点
理想气体方程	仅适用于压力很低的气体	非常简单，用于准确度要求不高、半定量的近似估算	不适合带压的真实气体
Van der Waals 方程	一般用于压力不高的非极性和弱极性气体，实用意义已不高	形式比较简单，是立方型状态方程的起源，已开始能用于计算气、液两相	精度低，特别是对液相计算误差可能很大
RK 方程	一般用于非极性和弱极性气体	计算气相体职准确性高，很实用对非极性、弱极性物质误差小	计算强极性物质及含有氢健的物质偏差较大。液相误差在 10%~20%
RKS 方程	可同时计算气体和液体	准确度高于 RK 方程，工程上广泛应用，能计算饱和液相体积	计算蒸气压误差还比较大，整体来说计算液相 p、V、T 准确度还不够
PR 方程	可同时计算气体和液体	工程上广泛应用，大多数情况准确度高于 SRK 方程。能计算液相体积能同时用于气、液两相平衡	计算液相 p、V、T 还不够准确

续表

状态方程	使用范围	优点	缺点
多参数状态方程	可用于液体和气体	T、p 适用范围广，能同时用于气、液两相；有的能用于强极性物质甚至量子气体，准确度高	形式复杂，计算难度和工作量大；某些状态方程由于参数过多，导致无法用于不同物系的混合物，适合使用物系有限

6.2 状态方程中的混合规则

正如本章前节所述，研究者们开发各状态方程通常首先是用于纯物质，然后再推广用于混合物。状态方程式中各个常数，也大都是根据纯物质的实验数据求得的，原则上只适用于纯物质。由于混合物 $p-V-T$ 关系的实验工作量极大，因而许多研究者想方设法将那些由纯物质得到的 $p-V-T$ 关联法推广应用到混合物中去，通常采用的方法是将混合物看作一种虚拟的纯物质，因而也具有纯物质所具有的那些特征参数，当将这些虚拟的特征参数代入到那些原来用于纯物质的 $p-V-T$ 关系中时，就能较为客观地表达混合物的行为，而这些虚拟的特征参数，则是由组成混合物的各个纯物质的特征参数及混合物的组成按一定关系得到的，这些关系通常被称为混合规则。应该指出的是，混合物的虚拟参数并不是混合物真实的临界参数，其不具有任何物理意义，只是为了关联混合物的 $p-V-T$ 而提出来的。

下面我们就前节所述的状态方程，逐一介绍它们用于混合物时的混合规则。

6.2.1 立方型状态方程的混合规则

对于混合流体来讲，立方型方程中参数 b 的混合规则如下：

$$b = \sum_{i}^{c} x_i b_i \tag{6-45}$$

式中 x_i——体系 i 组分的摩尔分率。

对于 RK 方程和 SRK 方程，可由下述方程计算 b_i：

$$b_i = 0.086640 \frac{RT_{ci}}{p_{ci}} \tag{6-46}$$

对于 PR 方程，则用以下式计算 b_i：

$$b_i = 0.077796 \frac{RT_{ci}}{p_{ci}} \tag{6-47}$$

对于立方型方程中的参数 a，下面分别给出相应方程的混合规则。

（1）RK 方程

$$a = \left(\sum_{i}^{c} x_i a_i^{0.5} \right)^2 \tag{6-48}$$

$$a_i = 0.42748 \frac{R^2 T_{ci}^{2.5}}{p_{ci}} \tag{6-49}$$

（2）SRK 方程

$$a = \sum_{i}^{c} \sum_{j}^{c} x_i x_j (a_i a_j)^{0.5} (1 - \bar{k}_{ij}) \tag{6-50}$$

$$a_i = a_{ci} \alpha_i \tag{6-51}$$

$$a_{ci} = 0.42748 \frac{(RT_{ci})^2}{p_{ci}} \tag{6-52}$$

$$\alpha_i^{0.5} = 1 + (0.48 + 1.574\omega_i - 0.176\omega_i^2)(1 - T_{ri}^{0.5}) \tag{6-53}$$

$\bar{k}_{ij}$为二元相互作用系数，数值需要由混合物中各对二元系的气液平衡数据来确定。Erbar 曾给出若干非烃气体和烃之间的$\bar{k}_{ij}$数据，列表于 6-5。对于烃-烃体系，$\bar{k}_{ij} \cong 0$。

表 6-5　SRK 状态方程中的$\bar{k}_{ij}$值（$\bar{k}_{ij} = \bar{k}_{ji}$）

j	i			
	二氧化碳	硫化氢	氮	一氧化碳
甲烷	0.12	0.08	0.02	−0.02
乙烯	0.15	0.07	0.04	
乙烷	0.15	0.07	0.06	
丙烯	0.08	0.07	0.06	
丙烷	0.15	0.07	0.08	
异丁烷	0.15	0.06	0.08	
正丁烷	0.15	0.06	0.08	
异戊烷	0.15	0.06	0.08	
正戊烷	0.15	0.06	0.08	
正己烷	0.15	0.05	0.08	
正庚烷	0.15	0.04	0.08	−0.04
正辛烷	0.15	0.04	0.08	
正壬烷	0.15	0.03	0.08	
正癸烷	0.15	0.03	0.08	
正十一烷	0.15	0.03	0.08	
二氧化碳	—	0.12	—	
环己烷	0.15	0.03	0.08	
甲基环己烷	0.15	0.03	0.08	
苯甲苯	0.15	0.03	0.08	
邻二甲苯甲苯	0.15	0.03	0.08	
邻二甲苯	0.15	0.03	0.08	
间二甲苯	0.15	0.03	0.08	
对二甲苯	0.15	0.03	0.08	−0.04
乙苯	0.15	0.03	0.08	

(3) PR 方程

$$a = \sum_i^c \sum_j^c x_i x_j (a_i a_j)^{0.5} (1 - \bar{k}_{ij}) \quad (6-54)$$

$$a_i = a_{ci} \alpha_i \quad (6-55)$$

$$a_{ci} = 0.457235 \frac{(RT_{ci})^2}{p_{ci}} \quad (6-56)$$

$$\alpha_i^{0.5} = 1 + (0.37464 + 1.54226\omega_i - 0.26992\omega_i^2)(1 - T_{ri}^{0.5}) \quad (6-57)$$

与 SRK 方程类似，式中的二元相互作用系数$\bar{k}_{ij}$可通过查阅文献。

6.2.2 多参数状态方程的混合规则

(1) BWR 方程的混合规则

将 Bendict-Webb-Rubin 方程应用于气相或液相混合物时，可按 Bendict 等原先提出的下列经验混合规则计算其 8 个参数。

$$B_0 = \sum_i^c x_i B_{0i} \quad (6-58)$$

$$A_0 = \left[\sum_i^c (x_i A_{0i}^{1/2}) \right]^2 \quad (6-59)$$

$$C_0 = \left[\sum_i^c (x_i C_{0i}^{1/2}) \right]^2 \quad (6-60)$$

$$b = \left[\sum_i^c (x_i b_i^{1/3}) \right]^3 \quad (6-61)$$

$$a = \left[\sum_i^c (x_i a_i^{1/3}) \right]^3 \quad (6-62)$$

$$c = \left[\sum_i^c (x_i c_i^{1/3}) \right]^3 \quad (6-63)$$

$$\alpha = \left[\sum_i^c (x_i \alpha_i^{1/3}) \right]^3 \quad (6-64)$$

$$r = \left[\sum_i^c (x_i r_i^{1/2}) \right]^2 \quad (6-65)$$

式中　B_0，A_0，……，r——混合物的 8 个参数；

x_i——混合物中 i 组分的摩尔分率；

B_{0i}，A_{0i}，……，r_i——纯 i 组分的 8 个参数。

(2) SHBWR 方程的混合规则

将 SHBWR 方程应用于混合物时采用以下混合规则：

$$B_0 = \sum_i^c x_i B_0 \quad (6-66)$$

$$A_0 = \sum_i^c \sum_j^c x_i x_j A_{0i}^{1/2} A_{0j}^{1/2} (1 - k_{ij}) \quad (6-67)$$

$$C_0 = \sum_i^c \sum_j^c x_i x_j C_{0i}^{1/2} C_{0j}^{1/2} (1 - k_{ij})^3 \tag{6-68}$$

$$\gamma = \left[\sum_i^c (x_i \gamma_i^{1/2}) \right]^2 \tag{6-69}$$

$$b = \left[\sum_i^c (x_i b_i^{1/3}) \right]^3 \tag{6-70}$$

$$a = \left[\sum_i^c (x_i a_i^{1/3}) \right]^3 \tag{6-71}$$

$$\alpha = \left[\sum_i^c (x_i \alpha_i^{1/3}) \right]^3 \tag{6-72}$$

$$c = \left[\sum_i^c (x_i c_i^{1/3}) \right]^3 \tag{6-73}$$

$$D_0 = \sum_i^c \sum_j^c x_i x_j D_{0i}^{1/2} D_{0j}^{1/2} (1 - k_{ij})^4 \tag{6-74}$$

$$d = \left[\sum_i^c (x_i d_i^{1/3}) \right]^3 \tag{6-75}$$

$$E_0 = \sum_i^c \sum_j^c x_i x_j E_{0i}^{1/2} E_{0j}^{1/2} (1 - k_{ij})^5 \tag{6-76}$$

式中　x_i——气相或液相混合物中 i 组分的摩尔分率；

k_{ij}——i-j 组分间的二元相互作用系数($k_{ij}=k_{ji}$)，表示和理想溶液所发生的偏差，k_{ij}值愈大表明和理想溶液偏离愈远，对同一组分显然 $k_{ij}=0$。

表 6-6 中列出 Starling 所给 18 种组分间的 k_{ij}数据。此外，其他数据见表 6-7。

6.3 用状态方程确定真实混合物热力学性质

混合流体的热力性质可以通过不同的方法确定，其中状态方程法适用性强，灵活性好，可以依据状态方程推导出混合流体的热力学性质的计算公式。通过混合规则得到的热力学性质表达式，也可以用于纯物质。在工程上，我们更多关注的是一个过程当中，流体焓的变化量和熵的变化。因而，这里只介绍计算混合物的焓偏差、熵偏差的表达式。为了叙述的简便，这里省略推导过程，有兴趣的读者，可以参考相关著作。

6.3.1 SRK 方程计算热力性质

通过上节的混合规则可以得到，SRK 方程为

$$p = \frac{RT}{V-b} - \frac{a}{V(V+b)} \tag{6-77}$$

$$b = \sum_i^c x_i b_i \tag{6-78}$$

$$b_i = 0.08664 \frac{RT_{ci}}{p_{ci}} \tag{6-79}$$

表 6-6 SHBWR 模型中的二元交互作用系数 $k_{ij}(k_{ij}=k_{ji})$

甲烷	乙烯	乙烷	丙烯	丙烷	异丁烷	正丁烷	异戊烷	正戊烷	己烷	庚烷	辛烷	壬烷	癸烷	十一烷	氮	二氧化碳	硫化氢	i/j
0.0	0.01	0.01	0.021	0.023	0.0275	0.031	0.036	0.041	0.05	0.06	0.07	0.081	0.092	0.101	0.025	0.05	0.05	甲烷
	0.0	0.0	0.003	0.0031	0.004	0.0045	0.005	0.006	0.007	0.0085	0.01	0.012	0.013	0.015	0.07	0.048	0.045	乙烯
		0.0	0.003	0.0031	0.004	0.0045	0.005	0.006	0.007	0.0085	0.01	0.012	0.013	0.015	0.07	0.048	0.045	乙烷
			0.0	0.0	0.003	0.0035	0.004	0.0045	0.005	0.0065	0.008	0.01	0.011	0.013	0.10	0.045	0.04	丙烯
				0.0	0.003	0.0035	0.004	0.0045	0.005	0.0065	0.008	0.01	0.011	0.013	0.10	0.045	0.04	丙烷
					0.0	0.0	0.008	0.001	0.0015	0.0018	0.002	0.0025	0.003	0.003	0.11	0.05	0.036	异丁烷
						0.0	0.008	0.001	0.0015	0.0018	0.002	0.0025	0.003	0.003	0.12	0.05	0.034	正丁烷
							0.0	0.0	0.0	0.0	0.0	0.0	0.0	0.0	0.134	0.05	0.028	异戊烷
								0.0	0.0	0.0	0.0	0.0	0.0	0.0	0.148	0.05	0.02	正戊烷
									0.0	0.0	0.0	0.0	0.0	0.0	0.172	0.05	0.0	己烷
										0.0	0.0	0.0	0.0	0.0	0.200	0.05	0.0	庚烷
											0.0	0.0	0.0	0.0	0.228	0.05	0.0	辛烷
												0.0	0.0	0.0	0.264	0.05	0.0	壬烷
													0.0	0.0	0.294	0.05	0.0	癸烷
														0.0	0.322	0.05	0.0	十一烷
															0.0	0.0	0.0	氮
																0.0	0.035	二氧化碳
																	0.0	硫化氢

表 6-7　其他数据

组分	H_2-C_1	H_2-C_2	$He-N_2$	C_1-甲苯	C_1-甲基环己烷	C_3-苯	$n-C_3$-环己烷
k_{ij}	0.01	0.02	0.24	0.35	0.085	0.02	0.0

$$a = \sum_i^c \sum_j^c x_i x_j (a_i a_j)^{0.5} (1 - \bar{k}_{ij}) \tag{6-80}$$

$$a_i = a_{ci} \alpha_i \tag{6-81}$$

$$a_{ci} = 0.42748 \frac{(RT_{ci})^2}{p_{ci}} \tag{6-82}$$

$$\alpha_i^{0.5} = 1 + m_i (1 - T_{ri}^{0.5}) \tag{6-83}$$

$$m_i = 0.48 + 1.574\omega_i - 0.176\omega_i^2 \tag{6-84}$$

根据混合物的 SRK 方程可以得到，混合物焓偏差的计算公式：

$$\frac{H-H^0}{RT} = Z - 1 - \frac{1}{bRT}\left(a - T\frac{\mathrm{d}a}{\mathrm{d}T}\right)\ln\left(1 + \frac{b}{V}\right) \tag{6-85}$$

式中　H——真实流体的焓；

H^0——同温度下理想流体的焓；

Z——真实流体的压缩因子。

$$T\frac{\mathrm{d}a}{\mathrm{d}T} = -\sum_i^c \sum_j^c x_i x_j m_j (a_i a_{ci} T_{rj})^{0.5} (1 - \bar{k}_{ij}) \tag{6-86}$$

同样，混合物熵偏差的计算式：

$$\frac{S-S^0}{R} + \ln\frac{p}{p_0} = \ln\left(Z - \frac{pb}{RT}\right) + \frac{1}{bRT}\left(T\frac{\mathrm{d}a}{\mathrm{d}T}\right)\ln\left(1 + \frac{b}{V}\right) \tag{6-87}$$

式中　S^0——同温度下理想流体的熵；

p_0——同温度下理想流体的参照压力，一般为 1atm。

6.3.2　由 PR 方程计算热力性质

由 PR 方程及其混合规则，可以得到混合物的焓偏差

$$\frac{H-H^0}{RT} = Z - 1 - \frac{1}{2^{1.5}bRT}\left(a - T\frac{\mathrm{d}a}{\mathrm{d}T}\right)\ln\left[\frac{V+(2^{0.5}+1)b}{V-(2^{0.5}-1)b}\right] \tag{6-88}$$

$$T\frac{\mathrm{d}a}{\mathrm{d}T} = -\sum_i^c \sum_j^c x_i x_j m_j (a_i a_{cj} T_{rj})^{0.5} (1 - \bar{k}_{ij}) \tag{6-89}$$

混合物熵偏差：

$$\frac{S-S^0}{RT} + \ln\frac{p}{p_0} = \ln\left(Z - \frac{pb}{RT}\right) + \frac{1}{2^{1.5}bRT}\left(T\frac{\mathrm{d}a}{\mathrm{d}T}\right)\ln\left[\frac{V+(2^{0.5}+1)b}{V-(2^{0.5}-1)b}\right] \tag{6-90}$$

$$T\frac{\mathrm{d}a}{\mathrm{d}T} = -\sum_i^c \sum_j^c x_i x_j m_j (a_i a_{cj} T_{rj})^{0.5} (1 - \bar{k}_{ij}) \tag{6-91}$$

从上面式子可以看出，根据给出的温度、压力、混合物组成来计算流体的热力性质，首先应先通过状态方程来计算流体的压缩因子 Z。

6.3.3 由 SHBWR 方程计算热力性质

用 SHBWR 方程推导出的焓偏差计算公式为

$$\begin{aligned}\frac{H-H^0}{RT}=\frac{1}{RT}\{&(B_0RT-2A_0-\frac{4C_0}{T^2}+\frac{5D_0}{T^3}-\frac{6E_0}{T^4})\rho+\\&\frac{1}{2}(2bRT-3a-\frac{4d}{T})\rho^2+\frac{1}{5}\alpha(6a+\frac{7d}{T})\rho^5+\\&\frac{c}{\gamma T^2}[3-(3+\frac{1}{2}\gamma\rho^2-\gamma\rho^4)\exp(-\frac{1}{2}\gamma\rho^2)]\}\end{aligned}\tag{6-92}$$

用 SHBWR 方程推导出的熵偏差计算公式为

$$\begin{aligned}\frac{S-S^0}{R}+\ln\frac{p}{p_0}=\ln Z+\frac{1}{R}\{&-(B_0R+\frac{2C_0}{T^3}-\frac{3D_0}{T^4}+\frac{4E_0}{T^5})\rho-\\&\frac{1}{2}(bR+\frac{d}{T^2})\rho^2+\frac{1}{5T^2}\alpha d\rho^5+\frac{2c}{\gamma T^3}[1-(1+\frac{1}{2}\gamma\rho^2)\exp(-\gamma\rho^2)]\}\end{aligned}\tag{6-93}$$

从上面式子，我们可以看出，要计算混合物的焓偏差和熵偏差，得先用 SHBWR 方程求解相应的密度 ρ。SHBWR 方程可以改写为 $f(\rho)=0$ 的形式，用迭代法求解得到密度 ρ。

拓展阅读——油气热力性质的确定

在化工、石油等过程开发和各种应用研究中都广泛需要各种纯物质和混合物的热力学性质数据，良好的物性数据在研究、设计、操作和控制中至关重要，只有深入了解有关化学物质的热力学性质，才能在工艺过程中创造性地应用原理研究和开发新技术并使之付诸实践，以产生良好的社会效益和经济效益。因此我们常常需要确定石油和天然气的热力性质。

在工程中，确定石油和天然气的热力性质，首先采用的是查阅图表的方法。图表数据来源于实验研究。该方法直接简单直接。前人在这方面做了大量的实验研究，积累了大量的相关数据图表，但是这方面的热力学性质数据仍然不多，覆盖的温度-压力-组成范围有限。除了图表法，在实验数据基础上有良好预测性的状态方程可以很好地计算这些性质，弥补这方面的不足。在一定范围内，使用状态方程计算预测天然气的热力性质，往往可以取得较高的准确度。状态方程法(EOS)避免烦琐的图表查阅，提高计算速度和计算准确性。但是由于液体的热力性质研究尚未如气体的热力性质研究深入，使用状态方程计算液体石油的热力性质，比天然气的误差偏大些。

目前，由于 EOS 法计算公式复杂，采用手工计算比较麻烦，需要借助于计算机才能解决。许多热力性质计算是通过第三方软件，如 ChemCAD、ASPEN PLUS 等化工模拟软件，或者 MathCAD、Mathematica、Matlab、Maple 等计算软件来完成计算。另外，读者也可以尝试使用 Excel 来进行 EOS 法求解油气的热力性质。

思 考 题

6-1 为什么要研究流体的 $p-V-T$ 关系？

6-2 如何理解混合规则？为什么要提出这个概念？

6-3 偏心因子的概念是什么？为什么要提出这个概念？它可以直接测量吗？

6-4 混合物物性计算为什么需要使用混合规则？

习 题

6-1 将压力为 2.03MPa、温度为 477K 的 2.83m^3的 NH_3压缩到 0.142m^3，若温度为 448.6K，则其压力为多少？分别用下述方法计算：①Van der Waals 方程；②PK 方程；③PR 方程。

6-2 试应用 RK 方程，计算异丙醇蒸气在 473K、10×10^5Pa 压力下的摩尔体积。已知异丙醇的临界常数为 T_c=508.3K，p_c=47.64×10^5Pa。

6-3 将 1kmol 氮气压缩贮于容积为 0.04636m^3、温度为 273.15K 的钢瓶内。此时氮气的压力多大？分别用理想气体方程、RK 方程和 RKS 方程计算。其实验值为 101.33MPa。

6-4 试求 CO_2(1)-C_3H_8(2)体系在 311K 和 1.5MPa 的条件下的混合物摩尔体积，两组元的摩尔比为 3∶7(二元交互作用参数 k_{ij}近似取为 0)。

6-5 测得天然气(摩尔组成为 CH_4 84%、N_2 9%、C_2H_6 7%)在压力 9.27MPa、温度 37.8℃下的平均流速为 25m^3/h。试用下述方法计算在标准状况下的气体流速：①理想气体方程；②RK 方程；③SRK 方程；④PR 方程。

6-6 用 SRK 方程计算 CO_2气体从 25℃、0.5MPa 压缩到 100℃、1.5MPa 的过程中摩尔焓、熵的变化。

6-7 试计算甲烷(1)和氮(2)组成的气体混合物在 200K、x_1=0.60 时，压力从 0 增至到 4.86MPa 的 ΔH。甲烷(1)和氮(2)的物性数据见表 6-8。

表 6-8 习题 6-7 附表

项目	T_c/K	p_c/MPa	V_c/$cm^3\cdot mol^{-1}$	ω	Z_c
CH_4	190.6	1.600	99.0	0.008	0.288
N_2	126.2	3.394	89.5	0.040	0.290

7 水蒸气和湿空气

水蒸气是应用最为广泛的一种实际气体，其性质和物性方程较为复杂，工程上通常使用蒸汽热力性质表和图确定实际气体的热物性。希望通过学习，能了解蒸汽热力性质表和图的构架及结构，熟练掌握应用蒸汽热力性质表和图的方法，为定量分析计算实际气体热力过程奠定基础。在热力工程中经常会遇到由几种单一气体组成的混合气体，如空调工程中的湿空气(由干空气和水蒸气组成)等。通过学习，能够理解分压力、湿空气、未饱和湿空气和饱和湿空气等概念的含义，能用解析法和图解法分析和计算湿空气的状态参数和基本热力过程。

7.1 水蒸气及其产生

水蒸气是实际气体的代表，易于获得、无毒无臭且具有良好的热力学特性，广泛应用于火力发电、核电、供暖、化工等工业生产中。在蒸汽动力装置中的水蒸气发生相态变化且处于离液体不远的状态，行为复杂。偏离理想气体较远，状态变化比理想气体复杂，对其进行分析时需要利用水和水蒸气性质图表。

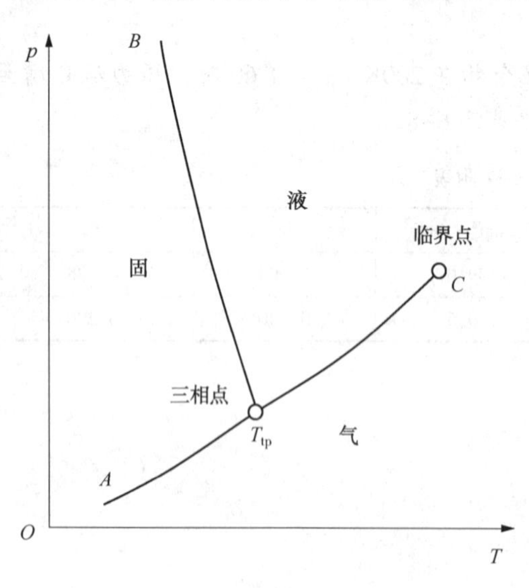

图 7-1　水的三相相图

纯净的水通常以冰(固相)、液体水(液相)和水蒸气(气相)等三种聚集态存在，并且在一定条件下可以相互转变，如图 7-1 所示为水的三相相图。以热功转换为目的使用的水主要处于液相、气相和气液共存区域。

物质由液态转变为蒸汽的现象统称为汽化。若汽化过程发生在气液自由表面上称为蒸发，而同时发生在液体内部和液体表面上的剧烈汽化过程则称为沸腾。从微观看，汽化实质上是由于液体各个分子的动能不相同，在液面的某些动能较大的分子克服邻近分子的引力，脱离液面逸入空间而形成蒸汽。温度越高，液面越大，液面上空的分子越稀，则汽化越快。同样，蒸汽分子在杂乱运动中，也会被撞回液面而成为液体(称为液化)。液面上空单位容积内的分子数(密度)越大，被撞回液面的分子数就越多，即液面上蒸汽的压力越大，液化越快。所以液化速度取决于蒸汽的压力，而汽化速度决定于液体的温度。

将一定量的水置于一密闭容器中，当汽化速度等于液化速度时，若没有外界作用，气-液两相将保持一定的相对数量而处于动态平衡。两相平衡的状态称为饱和状态，此时的压力称为饱和压力，温度称为饱和温度。又若继续对之加热使其温度升高，则汽化速度增加，并大于液化速度，平衡遭到破坏，蒸汽空间分子密度将增加。当增加到某一完全确定的数值时，将重建动态平衡，此时蒸汽压力亦为对应于较高温度下的饱和压力。

处于饱和状态的液体和蒸汽分别称为饱和液体和饱和蒸汽。饱和蒸汽的特点为在一定容积中不能再含有更多的蒸汽，此时之蒸汽压力与密度为对应温度下的最大值。如有更多的蒸汽加入，其结果为一部分蒸汽将凝结为液体，而不可能增加蒸汽的压力及密度。饱和蒸汽之名称即由此而来。

改变饱和温度，饱和压力也会起相应的变化。一定的饱和温度总是对应着一定的饱和压力；一定的饱和压力也总是对应着一定的饱和温度。饱和温度越高，饱和压力也越高。由实验可以测出饱和温度与饱和压力的关系，如图 7-1 中曲线 $T_{tp}C$ 所示。

图 7-1 中 C 为临界点，是气液相平衡的最高点。当温度超过临界温度 T_{cr} 时，液相不可能存在，而只可能是气相。与临界温度相对应的饱和压力 p_{cr} 称为临界压力。所以，临界温度是最高的饱和温度，临界压力是最高的饱和压力。水的临界参数值为

$$T_{cr}=647.14\text{K}(373.99℃)；\ p_{cr}=22.064\text{MPa}；\ v_{cr}=0.003106\text{m}^3/\text{kg}$$

当压力低于一定数值时，液相也不可能存在，而只可能是气相或固相，这一极限点即为三相点，该点压力称为三相点压力，与三相点压力相对应的饱和温度称为三相点温度。所以，三相点压力是最低的气-液两相平衡的饱和压力，三相点温度是最低的气-液两相平衡的饱和温度。水的三相点温度和三相点压力为

$$T_{th}=273.16\text{K}(0.01℃)；\ p_{th}=0.000611659\text{MPa}$$

水蒸气的饱和温度与饱和压力的对应关系可以查饱和水蒸气表，也可以根据经验公式计算。粗略的经验公式如

$$p_s=\left(\frac{t_s}{100}\right)^4$$

工程上所采用的水蒸气大都是在定压加热设备——锅炉中产生的，为便于分析，下面我们就以气缸中水的定压加热汽化过程来讨论水蒸气的一般性质。

如图 7-2 所示，设气缸中有 1kg、0.01℃的纯水，活塞上可加以不同的质量，使水处在各种不同的压力下。烟气通过气缸壁对水加热，可以使水温度升高，加热到各不同压力对应下的饱和温度。调整活塞上的重物，使水变成蒸汽的全部过程在指定压力 p 下进行。当水温低于饱和温度 t_s 时，称为过冷水，或称未饱和水，如图中(1)所示。对未饱和水加热，水温逐渐升高，水的比体积稍有增大。当水温达到压力 p 所对应的饱和温度 t_s 时，这时水将开始沸腾，称为饱和水，如图中(2)所示。水在定压下从未饱和状态加热到饱和状态，即为水的预热阶段，相当于锅炉中省煤器内水的定压预热过程。将 1kg、0.01℃的未饱和水定压加热为 t_s 的饱和水，所需的热量称为液体热，用 q_1 表示，可由比热容和温度变化计算而得，即

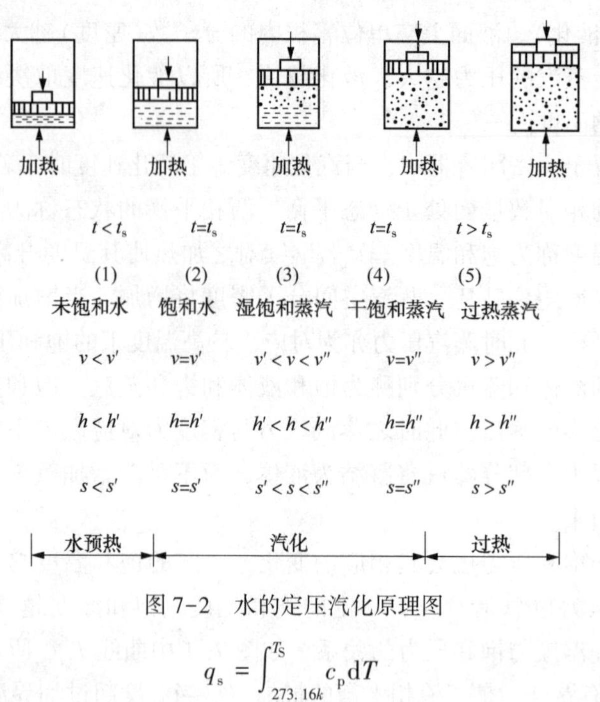

图 7-2　水的定压汽化原理图

$$q_s = \int_{273.16k}^{T_S} c_p \mathrm{d}T$$

把预热到饱和温度 t_s 的水继续加热，水开始沸腾并逐渐变为蒸汽。这时饱和压力不变，t_s 也不变。这种蒸汽和水共存的状态称为湿饱和蒸汽(简称湿蒸汽)，如图中(3)所示。随着加热过程的继续进行，水逐渐减少，蒸汽逐渐增多，直至水全部变为蒸汽，这时的蒸汽称为干饱和蒸汽，如图中(4)所示。由饱和水定压加热为干饱和蒸汽的汽化过程中，温度 t_s 保持不变，比体积随蒸汽之增多而迅速增大。这一过程相当于锅炉汽锅内的吸热过程。其所加入的热量用来转变蒸汽分子的位能和体积增加对外作出的膨胀功，但气、液分子的平均动能不变，温度不变。这一热量称为汽化相变焓 $\gamma = h'' - h'$。

对饱和蒸汽继续定压加热，则蒸汽温度升高，比体积增大，这时的蒸汽称为过热蒸汽，如图中(5)所示。其温度超过饱和温度 t_s 之值称为过热度，即 $\Delta t = t - t_s$。这一过程相当于蒸汽在锅炉的过热器中定压加热过程。过热热量为 $q_{sup} = \int_{T_s}^{T} c_p \mathrm{d}T$。

为了进一步分析水在定压下加热为蒸汽的全部过程，下面用 $p-V$ 图及 $T-s$ 图来表示上述过程中状态参数的变化，以及各个阶段中所吸入的热量。

设 1kg 的水从某一温度(如 0.01℃)开始，在压力为 0.1MPa 下加热到 99.63℃时，水开始沸腾(此沸腾温度即为饱和温度)，在 $p-V$ 图(图 7-3)及 $T-s$ 图(图 7-4)上，这一过程以 $1_0-1'$ 线段表示。这时液体的比体积略有增大，$v' = 0.0010434\text{m}^3/\text{kg}$，在 $p-V$ 图上为一水平线，而在 $T-s$ 图上是斜着向上的对数曲线。再加热，蒸汽不断产生和膨胀，最后水全部变为蒸汽，这时温度仍为 99.63℃，比体积增大较快，$v'' = 1.6946\text{m}^3/\text{kg}$。这一阶段即图上的 $1'-1''$ 线段所示。由于压力和温度都保持不变，所以在 $p-V$ 图和 $T-s$ 图上均为水平线。再继续加热，则蒸汽温度升高，比体积继续增大，成为过热蒸汽，如图上 $1''-1$ 线段所示。这时因为 p 不变，$p-V$ 图上仍为水平线，而 $T-s$ 图上因温度升高，为一对数曲线。

改变压力 p，相应有不同的饱和温度，可得类似的汽化过程，它们的状态如图 7-3 中的

2_0-2′-2″-2、3_0-3′-3″-3 等各线段所示。由于水的压缩性极小，虽压力增大，当温度保持一定时，其比体积变化不大。所以在 p-V 图上，0.01℃的各种压力下水的状态点 1_0、2_0、3_0等几乎在一条垂直线上，如图中线段Ⅰ所示。水的比体积随温度升高而有明显的增大，所以饱和水的状态点 1′、2′、3′等的体积随 t_s 的增大而逐渐增大。点 1″、2″、3″等为干饱和蒸汽。水的 t_s 随压力增大而升高，而 v' 与 v'' 之间的差数随着压力的增大而减小。1′-1″、2′-2″、3′-3″等之间的各状态点均为湿蒸汽，点 1、2、3 等为过热蒸汽。当压力升高到 22.064MPa 时，t_s = 373.99℃、$v'=v''$ = 0.003106m^3/kg，如图中 C 点所示。此时饱和水和饱和蒸汽已不再有分别，即在此压力下对水加热，温度达到 t_s 时，水立刻全部汽化，再加热即为过热蒸汽，此点即是水的临界点，临界温度 t_{cr} 是一个重要的参数，当 $t>t_{cr}$ 时，不论 p 多大，再也不能使蒸汽液化。

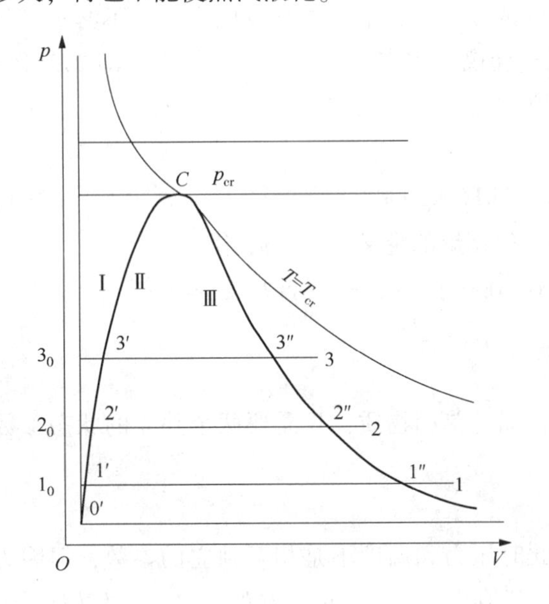

图 7-3　水定压汽化过程的 p-V 图

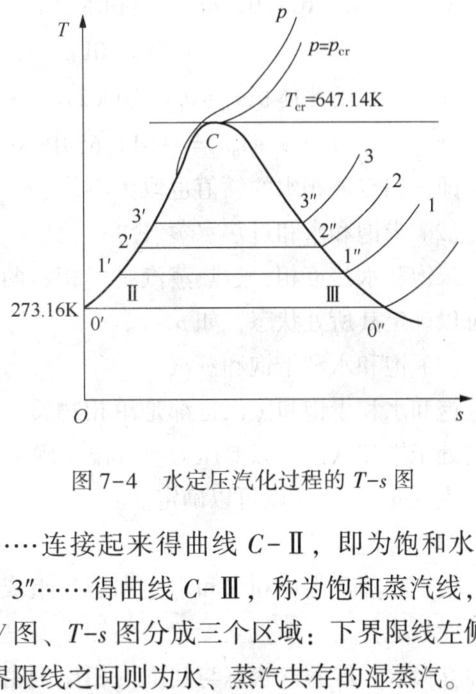

图 7-4　水定压汽化过程的 T-s 图

将不同压力下的饱和水状态点 1′、2′、3′……连接起来得曲线 C-Ⅱ，即为饱和水线，也称下界限线。连接干饱和蒸汽状态点 1″、2″、3″……得曲线 C-Ⅲ，称为饱和蒸汽线，或称上界限线。两曲线会合于临界点 C，并将 p-V 图、T-s 图分成三个区域：下界限线左侧为未饱和水，上界限线右侧为过热蒸汽，而在两界限线之间则为水、蒸汽共存的湿蒸汽。

由于水的压缩性很小，压缩后温度升高极微，所以在 T-s 图上的定压加热线与下界限线很接近，作图时这两线段基本重叠，不必分别表示。由于水受热膨胀的影响大于压缩的影响，故饱和水线向右方倾斜，温度和压力升高时，v' 和 s' 都增大。对于蒸汽则受热膨胀的影响小于压缩的影响，而 $p_s=f(t_s)$ 的函数关系中 p_s 增长较 t_s 增大得快，故饱和蒸汽线向左上方倾斜，表示 p_s 升高时，v'' 和 s'' 均减小。所以随着饱和压力 p_s 和饱和温度 t_s 的升高，汽化过程逐渐减小，汽化相变焓也逐渐减小，到临界点时为零。

综上所述，水的加热过程在 p-V 图及 T-s 图上所表示的规律，可归纳为：一点(临界点)，两线(饱和水线、饱和蒸汽线)、三区(未饱和水区、湿蒸汽区、过热蒸汽区)、五态(未饱和水、饱和水、湿饱和蒸汽、干饱和蒸汽、过热蒸汽)。

7.2 水蒸气热力性质图表

对于简单可压缩系统，只要有两个独立的状态参数就可以确定出此状态下所有的参数，那对于水和水蒸气的五个状态要用什么样的参数来描述，如何利用图表来确定水和水蒸气所处的状态以及 p、v、t、h、s 等状态参数在本节中将进行讨论。

7.2.1 水和水蒸气的状态参数

(1) 零点的规定

在热工计算中，常常需要计算水及水蒸气的 h、s、u 增加或减少的数值，不必求其绝对值，故可规定一任意起点。根据国际水蒸气会议的规定，选定水的三相点，即 273.16K 的液相水作为基准点，规定在该点状态下的液相水的热力学能和熵为零，即对于 $t_0=t_{tp}=0.01℃$、$p_0=p_{tp}=611.659Pa$ 的饱和水：

$$u_0^{'}=0kJ/kg,\ s_0^{'}=0kJ/(kg\cdot K) \tag{7-1}$$

此时，水的比体积 $v_0^{'}=0.00100021m^3/kg$。根据焓的定义 $h=u+pv$，得

$$h_0^{'}=u_0^{'}+p_0v_0^{'}=0+611.659Pa\times0.00100021m^3/kg=0.6117J/kg\approx0$$

即三相点液相水的焓值也取为零。

(2) 未饱和水和过热水蒸气

未饱和水是液相，过热蒸汽是气相，两者都是单相物质，只需要两个独立的状态参数就可以确定其所处状态，如 p、t。

(3) 饱和水和干饱和蒸汽

饱和水和干饱和蒸汽也都是单相物质，此时压力和温度不是相互独立的参数，但因为它们处于饱和状态，只要压力或者温度确定，其他状态参数如饱和水的 h'、s'、v'以及干饱和蒸汽的 h''、s''、v''就可以确定。

(4) 湿饱和蒸汽

湿饱和蒸汽由饱和水和干饱和蒸汽组成，此时压力和温度也不是相互独立的参数，所以两者只能作为一个独立参数，仅知道温度和压力不能确定湿蒸汽所处状态，还需要另一个独立参数。湿蒸汽状态与其中两相比例密切相关。定义单位质量湿蒸汽中所含干饱和蒸汽的质量称作湿蒸汽的干度，用 x 表示，则

$$x=\frac{干饱和蒸汽质量}{湿蒸汽总质量} \tag{7-2}$$

干度是饱和状态下工质的特有参数。在图 7-4 中，$x=0$ 是饱和水，如点 1′，饱和水线上的点 $x=0$；$x=1$ 是干饱和蒸汽，如点 1″，干饱和蒸汽线上的点 $x=1$。由 1′点至 1″点之间任一湿蒸汽状态，$0<x<1$。$x<0$ 及 $x>1$ 都无意义。

若干度为 x，每千克质量的湿蒸汽中有 $x$kg 的干饱和蒸汽和$(1-x)$kg 的饱和水，从而湿蒸汽的比体积 v_x、焓 h_x和熵 s_x为

$$v_x=xv''+(1-x)v' \tag{7-3}$$

$$h_x = xh'' + (1-x)h' \tag{7-4}$$

$$s_x = xs'' + (1-x)s' \tag{7-5}$$

湿蒸汽的 h、s、u、v 值均介于饱和水和饱和蒸汽各相应参数之间。通常不需要计算热力学能的变化，如果需要，可根据 $u=h-pv$ 计算得到。

7.2.2 水蒸气的表和图

在分析计算蒸汽过程和循环时，必须知道蒸汽的物性参数。蒸汽的状态方程极为复杂，不适合工程计算。水蒸气的参数均系用实验和分析方法求得，一般列成数据表以供工程计算用。由于各国在进行实验建立水蒸气状态方程式时所采用的理论与方法不同，测试技术有差异，其结果也不免有异。为此，通过国际会议的研究和协商制定了水蒸气热力性质的国际骨架表。1963 年召开的第六届国际水和水蒸气性质会议规定水的三相点的液相水的热力学能和熵值为零，并且以此为起点编制的骨架表的参数已达 100MPa 和 800℃。1985 年第十届国际水蒸气性质大会公布了新的骨架表，规定了新的更严格的允差。此项研究还在继续进行，参数范围还在不断扩大。

由于计算技术的发展，为适应计算机的使用，国际公式化委员会(简称 IFC)先后发表了“工业用 1967 年 IFC 公式”和“科学用 1968 年 IFC 公式”。现在各国使用的水和水蒸气图表就是根据这些公式计算而编制的。由于在工程上广泛使用的还是热力性质图表，因此着重介绍图表的构成及使用。

(1) 饱和水和干饱和蒸汽表

为了使用方便，饱和水和干饱和蒸汽表有两种编排形式——以温度为变数的排列(附表 6)和以压力为变数的排列(由附表 7 数据计算得出)。前者的第一列为温度 t，第二列为相应的饱和压力 p_s；后者的第一列为压力 p，第二列为相应的饱和温度 t_s。其他项目依次为饱和水比体积 v'、干饱和蒸汽比体积 v''、饱和水焓 h'、干饱和蒸汽焓 h''、汽化相变焓 r、饱和水熵 s'、干饱和蒸汽熵 s''。

对于湿蒸汽，可由以上两表查出饱和液体和干饱和蒸汽的参数，然后按式(7-3)~式(7-5)计算。

(2) 未饱和水和过热蒸汽表

未饱和水与过热蒸汽的参数合并列在同一表中(附表 8)。表中，以温度为最左侧第一列的变数，以压力为最上面第一行的变数，由该两变数的交点可查得 v、h 和 s 三个参数。另外，在每个压力下面注明了该压力下的干饱和蒸汽与饱和水的参数。表中，凡属临界参数以下的数据画有一条粗黑阶梯线，黑阶梯线以上为水的参数，黑阶梯线以下为过热蒸汽的参数。参数热力学能均按 $u=h-pv$ 计算。利用该表数据以及图中所分析的参数范围，可以很容易确定出给定的状态是五态中的哪一种。

(3) 焓熵图(h-s 图)

水蒸气表是不连续的，在求间隔中的状态参数时需要插值，湿蒸汽的状态参数也需要计算才能得到，因此不够方便。工程中常要计算的过程做功量和加热量，一般均可用焓差 Δh 表示。另外，还常遇到定熵变化以及确定不可逆损失时计算熵增量的情况。在以焓 h 为纵坐标、熵 s 为横坐标所组成的焓-熵(h-s)图上，Δh、Δs 均可以以直线段的长度表示，使用极为方便。h-s 图最早由德国人莫里尔提出，也称为莫里尔图。

焓-熵图是根据水及蒸汽表中的数据绘制而成的。图中各种线群的交点清楚，只有定容线群与定压线的交点不够明确，其斜率比定压线大，常用红线套印。图 7-5 是其结构示意图。工程上较少采用干度较低的蒸汽，故实用的 h-s 图只是图 7-5 的右上部分，参见附图 2。

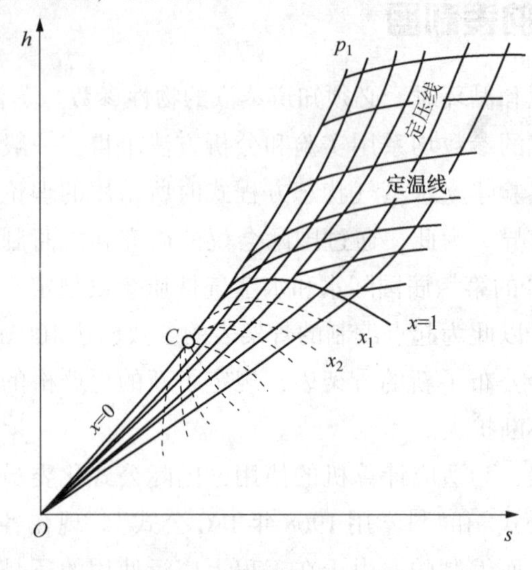

图 7-5 水蒸气的 h-s 图

h-s 图中主要是定压线群和定温线群，在湿蒸汽区内还有等干度线群。水及其汽化和过热的所有定压线的斜率都可根据 $(\partial h/\partial s)_p = T$ 来确定，即水的定压线自左向右上升：湿蒸汽区，定压线是一直线，斜率为 $(\partial h/\partial s)_p = T_s$；过热区，斜率随温度升高而增大，定压线为向上翘的发散曲线。在湿蒸汽区，压力不变对应温度也不变，即定温线与定压线重合。过热蒸汽区，定温线向右伸展到低压区时逐渐趋向水平，即与定焓线平行，蒸汽趋向理想气体，焓仅为温度的单值函数。临界点 C 位于左侧。在临界点，$(\partial h/\partial s)_{p_{cr}} = T_{cr}$ 也具有一定值的正斜度，故临界点的焓值不是最大值 $(\partial h/\partial s \neq 0)$，它低于干饱和蒸汽线的最高点。定干度线是从 C 点出发的一簇线，只在湿蒸汽区才有意义。

【例 7-1】 确定下列情况下工质 H_2O 状态及未知状态参数：① $p=101.3\text{kPa}$ 和 $t=20℃$；② $p=350\text{kPa}$ 和 $v=0.37\text{m}^3/\text{kg}$；③ $p=500\text{kPa}$ 和 $v=0.45\text{m}^3/\text{kg}$；④ $t=200℃$，$x=0.9$。

解：① 由 $p=101.3\text{kPa}$ 查饱和水与干饱和蒸汽表(按压力排列)，表中数据表明该状态的参数需要内插。采取内插法，得

$$t_s = 99.63 + \frac{104.81-99.63}{0.12-0.10} \times (0.1013-0.10) = 99.9667℃$$

因 $t<t_s$，可知，工质处于未饱和水状态。

确定未饱和水状态应该选择未饱和水及过热蒸汽表，从表中数据可知，需要内插。应用内插法：

比体积 $$v = 0.0010017 + \frac{0.00110015-0.0010017}{0.5-0.1} \times (0.1013-0.10) = 0.001002\text{kJ/kg}$$

比焓 $$h=84+\frac{84.3-84}{0.5-0.1}\times(0.1013-0.10)=84\text{kJ/kg}$$

比熵 $$s=0.2963+\frac{0.2962-0.2963}{0.5-0.1}\times(0.1013-0.1)=0.2963\text{kJ/(kg·K)}$$

比热力学能

$$u=h-pv=84-101.3\times0.001002=83.898\text{kJ/kg}$$

② 由 $p=350\text{kPa}$ 查饱和水及干饱和蒸汽表(按压力排列)，得到 $v'=0.0010789\text{m}^3/\text{kg}$，$v''=0.52425\text{m}^3/\text{kg}$，因为 $v'<v<v''$，可知工质处于湿蒸汽状态。

查饱和水及干饱和蒸汽表(按压力排列)，可确定其他状态参数：

$$t=t_s=138.88℃$$

由 $v_x=(1-x)v'+xv''$，可得干度为

$$x=\frac{v-v'}{v''-v'}=\frac{0.37-0.0010789}{0.52425-0.0010789}=0.705$$

$$h_x=(1-x)h'+xh''=(1-0.705)\times584.3+0.705\times2732.5=2098.781\text{kJ/kg}$$

$$s_x=(1-x)s'+xs''(1-0.705)\times1.7273+0.705\times6.9414=5.403\text{kJ/(kg·K)}$$

$$u_x=h_x-pv_x=2098.781-350\times0.37=1969.281\text{kJ/kg}$$

③ 查饱和水及饱和及干饱和蒸汽表(按压力排列)，得 $v''=0.37486\text{m}^3/\text{kg}$，可知 $v>v''$，工质处于过热蒸汽状态。

查未饱和水和过热蒸汽表，由 $p=500\text{kPa}$、$v=0.45\text{m}^3/\text{kg}$ 查表会发现，已知的比体积 v 为隐函数。一般的做法是先内插获得温度值，然后再查找其他参数。

内插温度值：

$$t=220+\frac{240-220}{0.4646-0.4450}\times(0.45-0.4450)=225.102℃$$

其他参数：

$$h=2898+\frac{2939.9-2898}{0.4646-0.445}\times(0.45-0.445)=2908.689\text{kJ/kg}$$

$$s=7.1481+\frac{7.2315-7.1481}{0.4646-0.445}\times(0.45-0.445)=7.1694\text{kJ/(kg·K)}$$

$$u=h-pv=2908.689-500\times0.45=2683.689\text{kJ/kg}$$

④ 该状态为湿蒸汽，查饱和水和干饱和蒸汽表(按温度排列)，得

$$h'=852.4\text{kJ/kg},\ h''=2791.4\text{kJ/kg}$$

$$s'=2.3307\text{kJ/(kg·K)},\ s''=6.4289\text{kJ/(kg·K)}$$

$$v'=0.0011565\text{m}^3/\text{kg},\ v''=0.12714\text{m}^3/\text{kg},\ p=1.5551\text{MPa}$$

则有

$$h_x=xh''+(1-x)h'=0.9\times2791.4+(1-0.9)\times852.4=2597.5\text{kJ/kg}$$

$$s_x=xs''+(1-x)s'=0.9\times6.4289+(1-0.9)\times2.3307=6.01908\text{kJ/(kg·K)}$$

$$v_x=xv''+(1-x)v'=0.9\times0.12714+(1-0.9)\times0.0011565=0.11454\text{m}^3/\text{kg}$$

$$u_x=h_x-pv_x=2597.5-1555.1\times0.11454=2419.38\text{kJ/kg}$$

讨论：① 解决此类问题，首先应该根据工质热力状态的特点判断其所处的状态，根据已知参数，通过查饱和水及饱和水蒸气热力参数表，得到饱和水和干饱和蒸汽的相应状态参数，然后比较判断工质所处的状态是水蒸气五种状态中的哪一种。

② 根据判断的结果，确定选用哪类水蒸气状态参数性质表。

③ 在水蒸气参数表的使用中，经常会遇到一些需要查找的参数不在表列数据中的情况，这时需要采用内插法，有的甚至要采用两次内插。如未饱和水与过热蒸汽，若参数既不在压力表列数据中，也不在温度表列中，就需要两次内插。

④ 当已知湿蒸汽的 h、s、v、u 中的任一参数值时，水蒸气干度可用 $x=\frac{h-h'}{h''-h'}$ 确定，或者采用 s、v、u 中其他的湿蒸气参数确定干度，原理是相同的。

【例 7-2】 采用焓-熵图确定例 7-1 中②和③条件下工质状态及未知状态参数。

解：由 $p=350\text{kPa}$ 和 $v=0.37\text{m}^3/\text{kg}$ 查 h-s 图，如图 7-6 所示。

确定状态点 A，并查出相应的其他状态参数：

温度 $t=139℃$，干度 $x=0.71$，比焓 $h=2110\text{kJ/kg}$，比熵 $s=5.42\text{kJ/(kg·K)}$

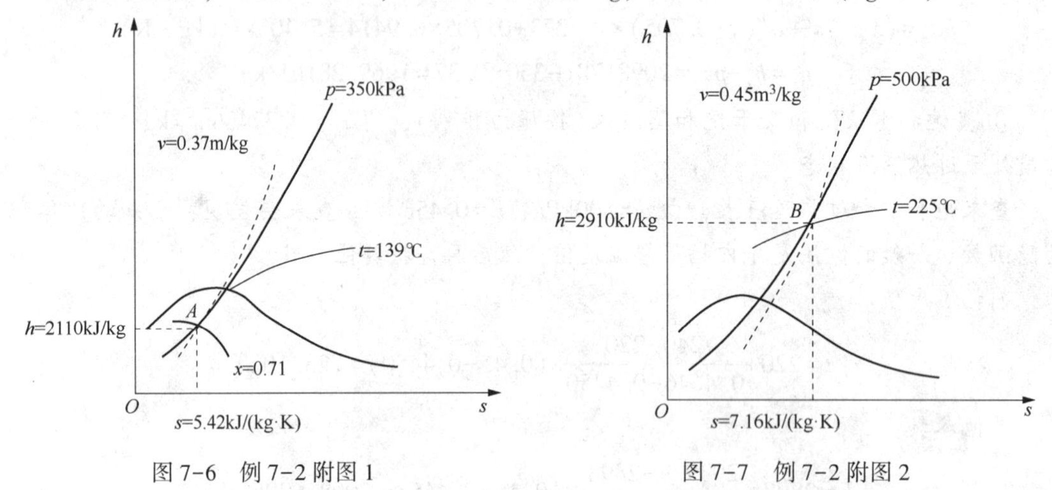

图 7-6　例 7-2 附图 1　　　图 7-7　例 7-2 附图 2

由 $p=500\text{kPa}$ 和 $v=0.45\text{m}^3/\text{kg}$ 查 h-s 图，如图 7-7 所示。

确定状态点 B，并查出相应的其他状态参数：

温度 $t=225℃$，比焓 $h=2910\text{kJ/kg}$，比熵 $s=7.16\text{kJ/(kg·K)}$

将结果与例 7-1 中③比较：

温度的相对误差　$\frac{225.102-225}{225.102}\times100\%=0.0453\%$

比焓的相对误差　$\frac{2910-2908.689}{2908.689}\times100\%=0.0451\%$

比熵的相对误差　$\frac{7.1694-7.16}{7.1694}\times100\%=0.13\%$

讨论：从以上的计算结果及比较分析可以看到，采用查表的方法确定水蒸气相关参数，其优点是准确，缺点是不够直观，当需要内插时很繁琐；应用查图的方法简洁明了，误差在工程应用允许范围内，并且工质状态在焓-熵图所处的区域非常直观明了。要注意的是未饱和水、饱和水以及干度较小的湿蒸汽参数不能采用焓-熵图确定。在工程计算中，熟练运用水蒸气 $h-s$ 图确定状态参数非常重要。 .

7.3 水蒸气热力过程

水蒸气的典型热力过程也是定压、定温、定容和可逆绝热(定熵)四种。其中以定压过程和绝热过程在蒸汽动力循环中出现得最多。例如水在锅炉中的加热、汽化和过热，乏汽在冷凝器中的凝结，给水在回热器中的预热，以及回热用抽汽在回热器中的冷却和凝结都是定压过程。蒸汽在汽轮机中的膨胀作功就是绝热过程。这些过程在 $h-s$ 图上求解更为方便。

分析水蒸气过程与前面第 3 章分析理想气体过程的目的相同，计算过程前后的参数以及过程中的热量和做功量。但因工质性质不同，分析的方法有很大差异。主要是水蒸气没有适当而又简单的状态方程式，且比热容、焓和内能不是温度的单值函数，而是 p 或 V 和 T 的复杂函数，所以不采用理想气体公式计算而常采用蒸汽图表进行计算。分析时假定过程是可逆的，根据给定条件，通常是已知过程初态的两个独立参数，过程的种类以及过程终了时的某一个参数。这样，可从完全确定了的初态点，沿着过程线直到和终态点的已知参数线相交，从而得到终态点。有了初、终态点及其过程线，就可用热力学第一定律和面积计算或分析过程中的热量及做功量。在 $p-V$ 图和 $T-s$ 图上，过程线及其初、终态点的坐标线所包围的面积为功和热的量；在 $h-s$ 图上，初、终态点之间的高度为焓差 Δh 的值。

分析计算水蒸气的状态变化过程，一般步骤如下：

① 根据初态的已知两个参数，通常为 (p, t)、(p, x) 或 (t, x) 从表或图中查得其他参数；

② 根据过程特征及一个终态参数，确定终态，再从表或图上查得其他参数；

③ 根据已求得的初、终态参数，利用热力学基本定律计算 q 和 w。

7.3.1 定压过程

工程上，定压过程是十分常见的过程。在定压过程中，p=定值，可得

$$w=\int p\mathrm{d}v=p(v_2-v_1) \qquad w_t=\int -v\mathrm{d}p=0$$

$$q=\Delta h=h_2-h_1$$

$$\Delta u=u_2-u_1 \quad 或 \quad \Delta u=q-w$$

图 7-8 是水蒸气从初态 p_1、t_1 定压冷却到终态 p_1、x_2 的过程。由定压线 p_1 与定温线 t_1 的交点定出状态 1，从纵坐标读出 h_1。同一定压线与定干度线 x_2 的交点就是终态 2，从纵坐标读出 h_2。每千克蒸汽在定压下放出的热量就等于焓差 h_1-h_2。若查表计算，先根据 p_1、t_1 查出 h_1，再查出 p_1 下的饱和水和干饱和蒸汽的焓值 h'' 及 h'，h_2 可用公式 $h_2=xh''+(1-x)h'$ 计算得到。

7.3.2 可逆绝热过程(定熵过程)

可逆绝热过程中，熵 s=定值，可得

$$q=\int T\mathrm{d}s=0$$

$$w=q-\Delta u=-\Delta u=u_1-u_2=(h_1-h_2)-(p_1v_1-p_2v_2)$$

$$w_t=q-\Delta h=-\Delta h=h_1-h_2$$

图7-9为水蒸气从初态 p_1、t_1 可逆绝热膨胀到 p_2 的过程。由 p_1、t_1 在 $h-s$ 图上查出 h_1 和 v_1，再从状态1作垂直线(定熵线)交 p_2 定压线于点2，即绝热膨胀后的终态。从点2可以查出 h_2 和 v_2。绝热膨胀的技术功等于焓降，膨胀功等于热力学能的减少量。

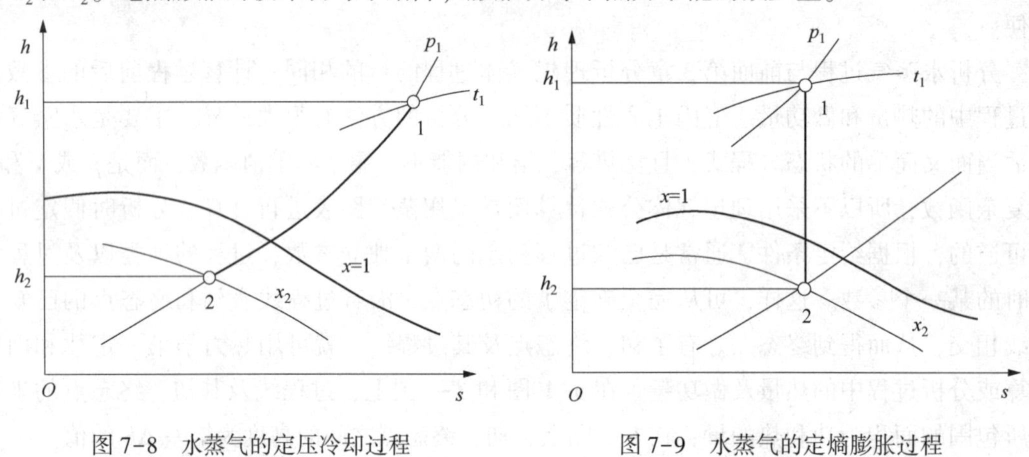

图7-8 水蒸气的定压冷却过程　　　图7-9 水蒸气的定熵膨胀过程

7.3.3 定温过程

实际设备中定温过程很少见。在定温过程中，T=定值，其计算与前面两过程类似，有

$$q=\int T\mathrm{d}s=T(s_2-s_1)$$

$$\Delta u=u_2-u_1$$

$$w=q-\Delta u,\qquad w_t=q-\Delta h$$

7.3.4 定容过程

同样的，定容过程在实际设备中也很少见。定容过程中，v=定值，过程热量和功为

$$w=\int p\mathrm{d}v=0$$

$$q=\Delta u=u_2-u_1$$

【例7-3】 在锅炉中将1kg水蒸气从初始状态 p_1=4.0MPa、t_1=30℃定压加热到 t_2=450℃。求需要的总的加热量。

解：由 p_1=4.0MPa查饱和水和干饱和蒸汽表(按压力排列)，得到饱和温度为 t_s=250.33℃，可知 t_1=30℃时初态为未饱和水，t_2=450℃的终态为过热蒸汽。

查未饱和水和过热蒸汽表，可得 $h_1=129.32\text{kJ/kg}$，$h_2=3329.2\text{kJ/kg}$，则加热需要的热量为

$$q=h_2-h_1=3329.2-129.32=3199.88\text{kJ/kg}$$

【例 7-4】 水蒸气从初始状态 $p_1=1.0\text{MPa}$、$t_1=300℃$ 可逆绝热膨胀到 $p_2=0.1\text{MPa}$。求每千克水蒸气所作的技术功和膨胀到终了状态的干度值。

解：本题采用查表、查图两种不同的方法求解。

(1) 用查表的方法计算

① 初态参数

由 $p_1=1.0\text{MPa}$、$t_1=300℃$ 查未饱和水及过热蒸汽表，得 $h_1=3051.3\text{kJ/kg}$，$s_1=7.1239\text{kJ/(kg·K)}$

② 终态参数

由 $p_2=0.1\text{MPa}$，查饱和水及干饱和水蒸气表，得 $s'=1.3027\text{kJ/(kg·K)}$，$s''=7.3608\text{kJ/(kg·K)}$，$h'=417.51\text{kJ/kg}$，$h''=2675.7\text{kJ/kg}$

绝热过程 $s_1=s_2$，有 $s'<s_2<s''$，即终态为湿蒸汽状态，且

$$x_2=\frac{s_2-s'}{s''-s'}=\frac{7.1239-1.3027}{7.3608-1.3027}=0.9609$$

$$h_2=(1-x_2)h'+x_2h''=(1-0.9609)\times417.51+0.9609\times2675.7=2587.405\text{kJ/kg}$$

③ 可逆绝热膨胀过程的技术功

应用热力学第一定律表达式 $q_s=\Delta h+w_{t,s}$，且 $q_s=0$，所以有

$$w_{t,s}=-\Delta h=h_1-h_2=3051.3-2587.405$$
$$=463.895\text{kJ/kg}$$

(2) 用查图的方法计算

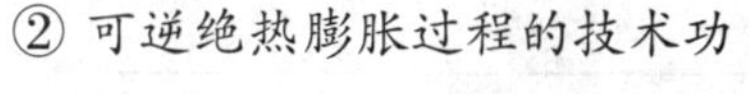

① 初、终状态参数

由 $p_1=1.0\text{MPa}$、$t_1=300℃$，查焓-熵图，$h_1=3052\text{kJ/kg}$，$s_1=7.125\text{kJ/(kg·K)}$；作等熵线交 $p_2=0.1\text{MPa}$ 等压线，得 $x_2=0.961$，$h_2=2588\text{kJ/kg}$。

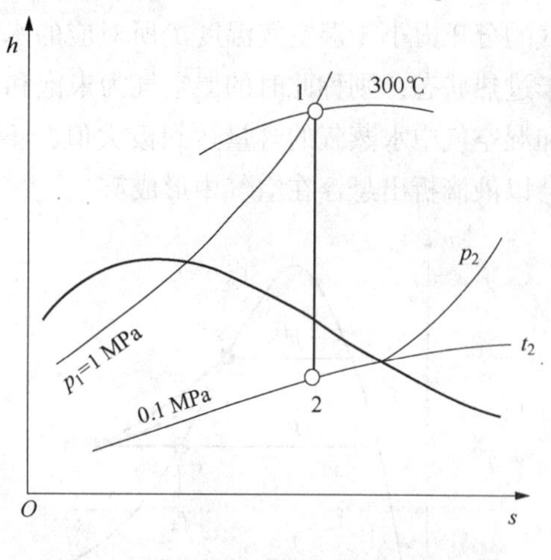

图 7-10 例 7-4 附图

② 可逆绝热膨胀过程的技术功

$$w_{t,s}=h_1-h_2=3052-2588=464\text{kJ/kg}$$

7.4 湿空气及其性质

7.4.1 湿空气的成分及特点

地球上的大气由氮、氧、氩、二氧化碳、水蒸气及极微量的其他气体所组成。水蒸气以外的所有组成气体称为干空气，湿空气是干空气与水蒸气的混合物，干空气的组元一般

是恒定的，为便于计算，将干空气标准化(不考虑微量的其他气体)。通常工程中应用的湿空气多处于大气压力 p_0 或低于 p_0，湿空气中水蒸气的分压力更低，可近似看作理想气体，因此湿空气可看作是理想混合气体。与一般气体混合物相比，湿空气的特点是：单位质量干空气所携带的水蒸气的质量和水蒸气有集态变化。正是利用湿空气这种特点，湿空气被广泛应用在空调中采暖通风、调温调湿以及动力工程中烘干等工艺过程。在分析计算湿空气过程时，由于湿空气的特殊性，需要引入一些能表明水蒸气质量和集态变化的特殊状态参数，而湿空气的其他热力性质如平均气体常数、平均摩尔质量等计算仍可按一般理想气体混合物计算。为说明方便，角标“a”“v”分别表示干空气和水蒸气。

根据湿空气中水蒸气所处的状态不同，将湿空气分为饱和湿空气和未饱和湿空气两种。根据道尔顿分压力定律，有

$$p=p_a+p_v \tag{7-6}$$

式中　p——湿空气的总压力，通常即为大气压力 $p=p_0$；

p_a——干空气分压力；

p_v——水蒸气分压力。

由上式可知，p_v 值越大，表示湿空气中所含水蒸气越多，但水蒸气分压力不会超过大气压力。如果湿空气中水蒸气的分压力达到了湿空气温度 T 所对应的水蒸气的饱和压力，即 $p_v=p_s(T)$，也就是水蒸气处于干饱和状态时，称此时的湿空气为饱和湿空气；如果水蒸气的分压力小于湿空气温度 T 所对应的水蒸气的饱和压力，即 $p_v<p_s(T)$，也就是水蒸气处于过热状态，则称此时的湿空气为未饱和湿空气，分别如图 7-11 中的 s 点和 1 点所示。饱和湿空气中水蒸气的含量达到极大值，不能再吸收水蒸气了，如果再加入多余水蒸气，就会以液滴析出悬浮在空气中形成雾。

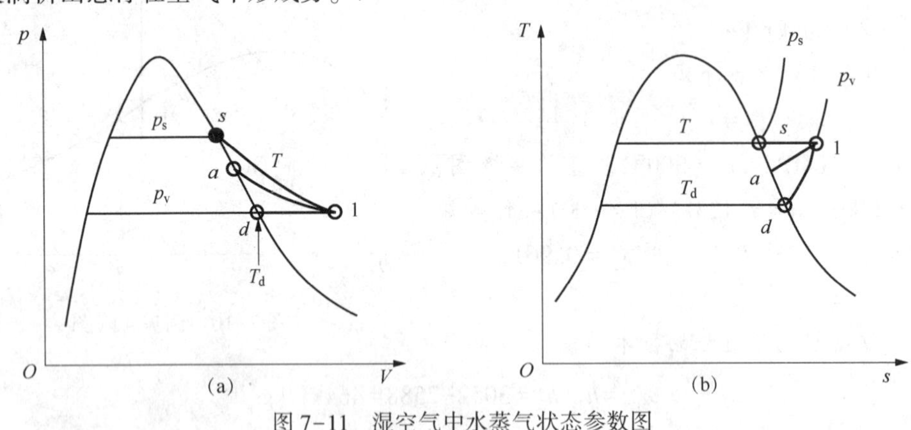

图 7-11　湿空气中水蒸气状态参数图

7.4.2　露点温度和绝热饱和温度

未饱和湿空气可以在一定条件下向饱和湿空气转换，转换可经历不同途径(图 7-11)。

其一，在温度 T 不变的情况向湿空气通入水蒸气，则水蒸气分压力将不断增加，当压力增加到一定时，可以达到饱和空气状态，如图 7-11 中过程线 1-s 在 p-V 图和 T-s 图中表示的定温过程。达到饱和时，水蒸气分压力将达到湿空气温度对应的水蒸气的饱和压力，也就是最大分压力值。

其二，在保持湿空气分压力不变的情况下，降低湿空气温度，当温度低到一定程度时，如再进行冷却，将有水蒸气变为凝结水以液滴析出，此时湿空气达到饱和空气状态，如图 7-11 中定压过程线 1-d。将这样达到的饱和状态称为露点，其温度为露点温度，该温度为与水蒸气分压力 p_v 相对应的饱和温度，用符号 t_d 表示，则有 $t_d=f(p_v)$。

露点可用湿度计或露点计测定。露点计中利用乙醚在金属容器中蒸发而使其表面温度连续下降，当容器外表面上开始出现第一颗露滴时的温度，即湿空气的露点温度。由露点温度 t_d 可以从水蒸气图或表查出相应的饱和压力，这个压力就是湿空气中水蒸气的分压力。湿空气露点在工程中是一个十分有用的参数，如在冬季采暖季节，房屋建筑外墙内表面的温度必须高于室内湿空气的露点温度，否则，外墙内表面会产生蒸汽凝结现象。

其三，在绝热条件下对湿空气加入水分，并使其蒸发而使湿空气达到饱和状态，此时的状态点称为绝热饱和状态，相应的温度称为绝热饱和温度或热力学饱和温度 t_w，是湿空气的一个状态参数。在绝热饱和过程中，水分蒸发一方面使湿空气中的 p_v 升高，另一方面蒸发时从空气中吸热而使湿空气的温度降低。所以，过程 1-a 处于过程 1-s 和过程 1-d 之间。

7.4.3 相对湿度

如前所述，水蒸气分压力 p_v 的高低可以表示湿空气中水蒸气含量的多少。但是，具有相同 p_v 值而处于不同状态的湿空气，例如图 7-11 中的点 d 和点 1，它们的吸湿能力是不同的。点 1 状态的湿空气，尚未达到饱和状态，仍可吸收水蒸气；而处于点 d 状态的湿空气，已达到饱和状态，不再具有吸湿能力。由此可见，水蒸气分压力虽然能表明空气中含水蒸气量的多少，但不能说明空气的吸湿能力，为此，需定义另一个湿空气的状态参数，来表达湿空气接近饱和的程度。

湿空气中水蒸气的分压力 p_v 与同一温度、同样总压力的饱和湿空气中的水蒸气分压力(湿空气有可能达到的最大分压力值)的比值，称为相对湿度，用 φ 表示，即

$$\varphi=\frac{p_v}{p_s} \tag{7-7}$$

相对湿度反映了湿空气中水蒸气含量接近饱和的程度。在某温度 t 下，φ 值越小，表示湿空气越干燥，具有较强的吸湿能力；φ 越值大，表示湿空气越潮湿，吸湿能力小。当 $\varphi=0$ 时为纯的干空气，当 $\varphi=1$ 时则为饱和湿空气。未饱和空气的相对湿度 φ 在 0~1 之间 ($0<\varphi<1$)。应用理想气体状态方程，有

$$p_v v=R_{g,v}T$$
$$p_s v_s=p_s v''=R_{g,v}T$$

则相对湿度又可表示为

$$\varphi=\frac{p_v}{p_s}=\frac{p_v}{p''} \tag{7-8}$$

7.4.4 干球温度和湿球温度

湿空气的相对湿度可以用湿度计测出。湿度计由两只水银温度计组成，如图 7-12 所示，一支是普通温度计，用以测量湿空气本身的温度，该温度计读出的温度叫干球温度 t，

另一支是在温度计的水银球外包有湿布，该温度计上读出的温度叫作湿球温度，用符号 t_w 表示。通常用湿球温度计在保持掠过风速在 2~40m/s 范围内测得湿球温度。当与湿球温度计接触的湿空气尚未达到饱和时，由于湿布上水分的蒸发，需要吸收相应的汽化相变焓，湿球温度计的读数将比干球温度计的读数要低。湿空气的相对湿度越小，湿布上的水分就蒸发得越多，吸收的汽化相变焓也就越多，湿球温度汁的读数就越低。对于未饱和湿空气，湿球温度总是低于干球温度，高于露点温度；对于饱和湿空气，湿球温度等于干球温度。总之，$t_d \leqslant t_w \leqslant t$。根据测得的干、湿球温度可查相关图表确定湿空气的相对湿度。实验和理论表明，湿空气湿球温度与绝热饱和温度近似相等 $t_w = t_w'$。

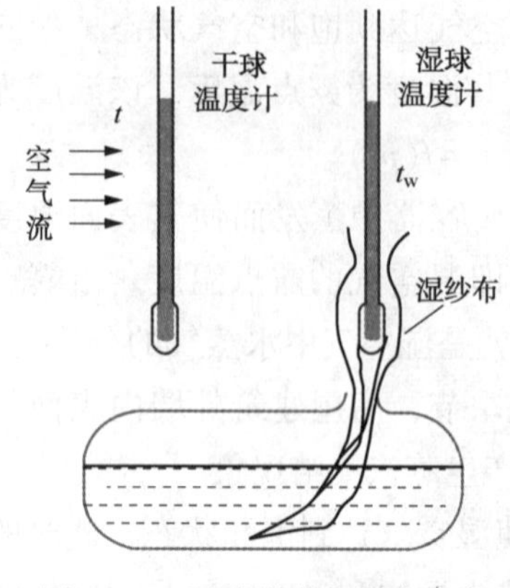

图 7-12　干球温度和湿球温度

7.4.5　湿空气的含湿量

在冷却塔冷却和干燥等过程中，湿空气中水蒸气含量可能变化，但干空气质量不改变，因此为了分析和计算方便，常以干空气质量作为计算基准，引入含湿量 d 来描述湿空气中，单位质量干空气所含有的水蒸气的质量。含湿量 d 是湿空气的一个特殊的状态参数，为湿空气中水蒸气质量 m_v 与干空气的质量 m 之比，即

$$d=\frac{m_v}{m_a}=\frac{M_v n_v}{M_a n_a} \quad \text{kg(水蒸气)/kg(干空气)或 kg/kg(DA)} \tag{7-9}$$

式中，$M_v = 18.016\times10^{-3}$kg/mol，$M_a = 28.97\times10^{-3}$kg/mol，DA 表示干空气。

利用理想气体状态方程和道尔顿分压力定律，即有 $p_a = p_o - p_v$，$p_v V = n_v RT$ 和 $p_a V = n_a RT$，代入式(7-9)，可得

$$d=0.622\frac{p_v}{p_a}=0.622\frac{p_v}{p_o-p_v} \quad \text{kg/kg(DA)} \tag{7-10}$$

当总压力 p 为常数时，含湿量只是水蒸气分压力的函数，即 $d=f(p_v)$，说明含湿量与水蒸气的分压力不是相互独立的函数。根据式(7-7)，可得 $p_v=\varphi p_s$，代入式(7-10)，可得

$$d=0.622\frac{\varphi p_s}{p_0-\varphi p_s} \tag{7-11}$$

因为 $p_s=f(t)$，所以 $d=F(\varphi, t)$。当湿空气的压力 p、温度 t 给定时，水蒸气的饱和压力 p_s 也随之确定。由式(7-11)可知，这时 d 是 φ 的单值函数，d 越小，φ 也越小，当 $d=0$ 时，$\varphi=0$，为干空气。

7.5　湿空气热力过程及干燥计算

7.5.1　湿空气的焓和比焓

湿空气是干空气和水蒸气的混合物，按照理想气体混合物焓的定义，如式(7-12)，湿

空气的焓等于干空气的焓与水蒸气焓之和，即

$$H=H_a+H_v=m_a h_a+m_v h_v \tag{7-12}$$

对于湿空气的比焓，与通常混合气体的比焓定义不同，主要是考虑到湿空气中干空气质量通常为常数，定义湿空气的比焓是相对于单位质量干空气的，即

$$h=\frac{H}{m_a}=\frac{m_a h_a+m_v h_v}{m_a}=h_a+dh_v \quad \text{kJ/kg(DA)} \tag{7-13}$$

干空气和水蒸气都可作理想气体处理，若干空气比热容为定值，并规定 0℃时焓值为零，则干空气的比焓为

$$h_a=c_{p,a}t=1.005t \quad \text{kJ/kg(DA)}$$

在水蒸气分压力较低情况下，水蒸气的焓也可近似地看作仅与温度有关，是温度的线性函数，常用的经验公式如下

$$h_v=2501+1.86t \quad \text{kJ/kg}$$

代入式(7-13)，湿空气的比焓为

$$h=1.005t+d(2501+1.86t) \quad \text{kJ/kg(DA)} \tag{7-14}$$

式中，温度 t 的单位为℃，含湿量 d 的单位为 kg/kg(DA)。

7.5.2 湿空气的焓-湿图

湿空气的各种参数(t，φ，d，p_v，h，t_d，t_w)虽然可以通过上述有关公式进行计算，但是目前工程计算仍大量采用将各种参数之间的关系制成的线图，在实用上更方便。由于湿空气有两种组分，所以与简单可压缩工质相比，需要有三个独立的状态参数才能确定其状态。对湿空气而言，其线图可在一定的总压力下，选则(t，φ，d，p_v，h，t_d，t_w)中两个独立参数为坐标进行绘制，这里介绍在湿空气过程中应用广泛的的焓-湿图，即 $h-d$ 图。

$h-d$ 图是在大气压力一定下，以含 1kg 干空气的湿空气为基准，取焓为纵坐标，含湿量为横坐标并根据式(7-11)和式(7-14)绘制而成的，参见附图 3。为了使曲线清晰起见，纵坐标与横坐标的交角不是直角，而是 135°，主要有五种图线组成。

(1) 定 h 线

因为 $h-d$ 图采用 135°的斜角坐标，所以定焓线是一组相互平行并与纵坐标成 135°角(与水平线成 45°角)的直线。

(2) 定 d 线

定含湿量线是一组与纵坐标平行的直线。

(3) 定 t 线

根据式 $h=1.005t+d(2501+1.86t)$，若温度 t 为某一常数，则焓与含湿量成直线 $h=kd+b$ 形式，其中 $k=2501+1.86t$，$b=1.005t$，为正斜率的线。t 不同，斜率不同，在 $h-d$ 图上定温线是一组互不平行的直线群。定 t 线也称定干球温度线。

(4) 定 φ 线

根据式 $d=0.622\dfrac{\varphi p_s}{p_o-\varphi p_s}$，当湿空气的总压力 p_o 确定时，因 $p_s=f(t)$，相对湿度是 d 和 p_s 的函数，即

$$\varphi=f(d, p_s)=f(d, t)$$

当 φ 为定值(即要画定相对湿度线)，温度 t 给定，就可确定一个 d 值，再根据 $h=1.005t+d(2501+1.86t)$，可确定 h 值。在不同温度 t 下，可在平面坐标 $h-d$ 图上确定诸多 (h, d) 点，将不同定温线上的相对湿度值 φ 相同的点连接起来，就成为一条向上凸出的曲线，即为定 φ 线。

在 $h-d$ 图上 $\varphi=1$ 曲线将 $h-d$ 图划分为两部分，线上的湿空气为饱和湿空气，$\varphi=1$ 线以上各点表示湿空气处于未饱和状态，$\varphi=1$ 线以下各点表示水蒸气已开始凝结为水，故湿空气的 $\varphi>1$ 并无实际意义。$\varphi=1$ 的线为露点的轨迹，故从 $h-d$ 图上也可查出露点温度。当 $\varphi=0$ 时，$d=0$，表示干空气，即纵坐标轴。

同时还应指出，当压力为 0.1MPa，其饱和温度为 99.64℃，当湿空气的温度比 99.64℃高时，对应的 p_s 将大于 0.1MPa。而 $p_0=p_v+p_a$，$p_v \leqslant p_0$，也就是 $p_s=f(t) \leqslant p$，当 $p_s=p_o$，此时湿空气中所含水蒸气的最大分压力就是大气压 $p_{x,max}=p_0$，是常数，而不再随温度的升高而升高，即

$$d=0.622\frac{\varphi p_s}{p_0-\varphi p_s}=0.622\frac{\varphi}{1-\varphi}$$

如上式所示，定 φ 线也就是定 d 线。故定 φ 线与温度为 99.64℃的定温线相交后即折成直线上升近乎垂线。

(5) 水蒸气分压力线

因湿空气为环境中的空气，其压力就是大气压力，因此对某一地区而言，p_0=常数，由式 $d=0.622\frac{p_v}{p_0-p_v}$，可得

$$p_v=\frac{p_0\times d}{0.622+d}$$

上式表示了水蒸气分压力与含湿量的关系，在 $h-d$ 图上将水蒸气分压力 p_v 标注在图的上方，与含湿量一一对应。

值得指出的是，$h-d$ 图是在一定的大气压力下绘制的，不同的大气压力有不同的图形。附图 3 为大气压力 $p_0=0.1$MPa 下绘制的。若实际大气压力与制作 $h-d$ 时的大气压力相差不大时，仍用此图计算，误差不会太大。

7.5.3 *h-d* 的应用

在对湿空气的处理过程中，$h-d$ 图应用是很广泛的，主要有以下几个方面：

① 由湿空气的任意两个独立参数，通常是(t, φ)、(t, d)、(t, t_w)、(t, t_d)、(t_w, h)，可在 $h-d$ 图上找出相应的状态点，并由此点确定其它状态参数。当得出 d 值后，再由线图查出水蒸气分压力 p_v 值。

② 利用 $h-d$ 图亦可求出在给定的状态下，使湿空气变成饱和湿空气的温度，即露点温度。从状态点引垂线与 $\varphi=1$ 的曲线相交，其交点所对应的干球温度即为露点温度。

③ 利用 $h-d$ 图可以方便地表示烘干、空调通风中等湿空气的状态变化热力过程。

【例 7-5】 当地当时大气压力为0.1MPa，空气温度为30℃，相对湿度为60%，试分别用解析法和焓湿图求湿空气的露点 t_d，含湿量 d，水蒸气分压力 p_v 及焓 h。

解：① 解析法

水蒸气分压力 $p_v = \varphi p_s$，查饱和蒸汽表得：

$t = 30℃$ 时，$p_s = 4.24\text{kPa}$，因而水蒸气分压力

$$p_v = 0.6 \times 4.24\text{kPa} = 2.544\text{kPa}$$

露点温度是与 p_v 相对应的饱和温度，按压力查饱和蒸汽表得

$$t_d = t_s(p_v) = 21.3℃$$

含湿量

$$d = 0.622\frac{p_v}{p - p_v} = 0.622 \times \frac{2.544\text{kPa}}{100\text{kPa} - 2.544\text{kPa}} = 1.624 \times 10^{-2}\text{kg/kg(干空气)}$$

湿空气的焓

$$\begin{aligned} h &= 1.005t + d(2501 + 1.86t) = 1.005 \times 30 + 1.624 \times 10^{-2}(2501 + 1.86 \times 30) \\ &= 71.67\text{kJ/(kg}\cdot\text{K)(干空气)} \end{aligned}$$

② 图解法

查看附图 3，由 $\varphi = 60\%$ 及 $t = 30℃$，在 h-d 图上找到交点 1，即为湿空气的状态。从图中可读得

$$d = 16.2\text{g/kg(干空气)} \qquad h = 71.7\text{kJ/kg(干空气)}$$

由 1 点作等 d 线向下与 $\varphi = 100\%$ 线相交，交点的温度即为 $t_d = 20.8℃$；由 1 点作等 d 线向上可以直接读出水蒸气分压力 $p_v = 2.47\text{kPa}$。

【例 7-6】 已知 $t = 15℃$、$t_w = 12℃$、$p = 0.1\text{MPa}$，求 h，d，φ。

解：因 $p = 0.1\text{MPa}$，利用 h-d 图，根据 $t_w = 12℃$ 的等温线与 $\varphi = 100\%$ 的等 φ 线的交点读出 $h = 34.0\text{kJ/kg}$(干空气)。该等焓线与 $t = 15℃$ 的等温线相交，确定出湿空气状态点，得 $d = 7.2\text{g}$(水蒸气)/kg(干空气)，$\varphi = 0.71$。

湿空气在工程上应用很广，其过程不外乎加热或冷却、加湿、去湿以及混合。这些过程普遍地都是稳定流动，在分析时需要应用能量守恒方程、质量平衡方程和湿空气的特性参数。

7.5.4 加热过程

在空气调节技术中，使空气在压力基本不变的情况下加热过程是经常会遇到的。利用热空气烘干物品时，在烘干过程之前也需要先加热空气，其加热设备示意图如图 7-13，这种加热过程进行时，含湿量保持不变，如图 7-14 中 1-2 过程。

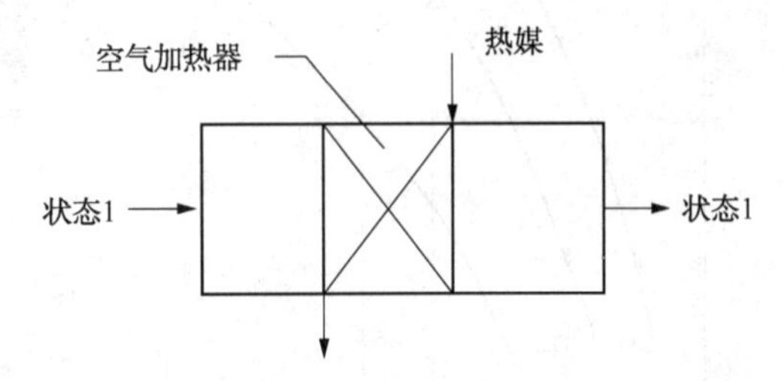

图 7-13 加热设备示意图

在加热过程中，湿空气的温度升高、焓增加、相对湿度减少，即

$$d_2 = d_1, \ t_2 > t_1, \ h_2 > h_1, \ \varphi_2 < \varphi_1$$

根据稳定流动能量方程式，过程中吸热量等于焓的增量：

$$q = \Delta h = h_2 - h_1 \qquad \text{kJ/kg(DA)} \tag{7-15}$$

7.5.5 冷却及冷却除湿过程

湿空气的冷却过程与加热过程恰好相反，参数变化为

$$d_{2'}=d_1,\ t_{2'}<t_1,\ h_{2'}<h_1,\ \varphi_{2'}>\varphi_1$$

冷却水带走的热量计算同式(7-15)。

湿空气的冷却除湿是先冷却，如图 7-14 中的 1-2′-o 线，o 点在 $\varphi=1$ 线上，再沿 $\varphi=1$ 的定 φ 线冷凝，此时有水蒸气不断凝结析出，是一个气-液平衡过程，如图 7-14 中 $o-s$ 线所示。其待征是焓湿量、温度和焓都减小，相对湿度为 100%。此过程析出的水量为

$$\Delta d=d_o-d_s$$

冷却水带走的热量为

$$q=(h_1-h_s)-(d_o-d_s)h_{水}\quad \text{kJ/kg(DA)} \tag{7-16}$$

式中　$h_{水}$——凝结水的比焓；

$(d_o-d_s)h_{水}$——凝结水带走的能量。

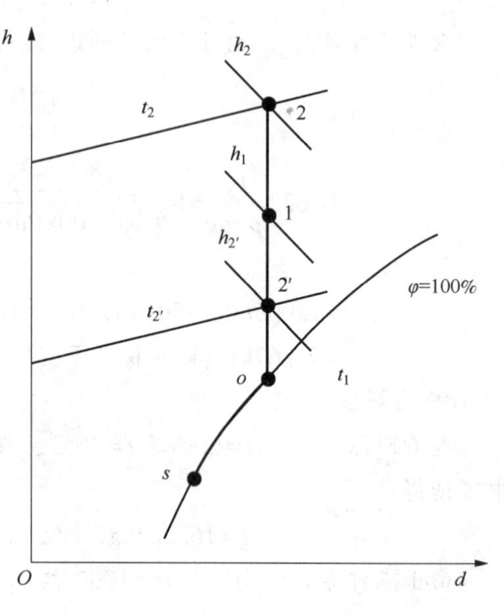

图 7-14　加热(或冷却)过程 h-d 图

7.5.6 绝热加湿过程

(1) 喷水加湿过程

在空气处理过程中，绝热情况下对空气加湿，称为绝热加湿过程，如在喷淋室中通过喷入循环水滴来达到绝热加湿的目的。水滴蒸发所需的汽化相变焓，完全来自空气。而水滴变为水蒸气后又回到空气中去了，对空气来说其焓值只增加了几克水的液体焓，能量方程式为

$$h_1+(d_2-d_1)h_1=h_2$$

因为水的焓 h_1 很小，所以 $(d_2-d_1)h_1\approx 0$，可得 $h_1\approx h_2$。因此，可以认为绝热加湿过程是一个等焓过程，如图 7-15 所示，而在加湿过程中温度降低、相对湿度和含湿量增加，即

$$d_2>d_1,\ t_2<t_1,\ h_2\approx h_1,\ \varphi_2>\varphi_1$$

在绝热加湿过程 1-2 中，对每千克干空气而言吸收的水蒸气为

$$\Delta d=d_2-d_1\quad \text{kJ/kg(DA)}$$

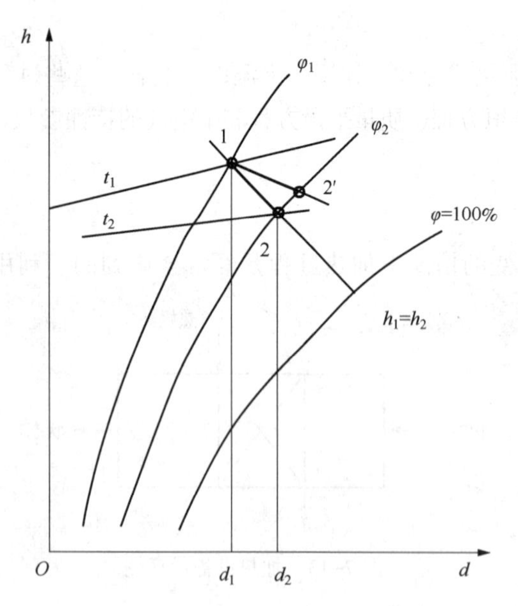

图 7-15　绝热加湿过程 h-d 图

(2) 喷蒸汽加湿过程

喷蒸汽加湿的能量方程式为

$$h_1+(d_2-d_1)h_v=h_{2'}$$

喷入的蒸汽焓 h_v 较大，所以湿空气在绝热加湿过程 1-2′中，h、φ、d 均增大，如图 7-15所示。在加湿过程中对于每千克空气而言吸收的水蒸气仍为 $\Delta d=d_2-d_1$。

7.5.7 湿空气的混合

在空调工程中，在满足卫生的条件下，常使一部分空调系统中的循环空气与室外新风混合，如图 7-16 所示，经过处理再送入空调房间内，这种两股或多股状态不同但压力基本相同且在绝热情况下的气流混合，经常是为获得符合温度和湿度要求的空气，以节省冷量或热量，达到节能的目的。

设混合前两股气流中干空气的质量流量分别为 q_{m,a_1}、q_{m,a_2}，含湿量分别为 d_1、d_2，焓为 h_1、h_2，如图 7-17 所示，绝热混合后状态参数用角标 3 标示，混合过程的 $h-d$ 图如图 7-17 所示。干空气质量守恒方程、水蒸气质量守恒方程和能量守恒方程式如下：

$$q_{m,a_3}=q_{m,a_1}+q_{m,a_2}$$

$$q_{m,a_3}d_3=q_{m,a_1}d_1+q_{m,a_2}d_2$$

$$q_{m,a_3}h_3=q_{m,a_1}h_1+q_{m,a_2}h_2$$

联合求解，整理后可得

$$\frac{h_3-h_1}{d_3-d_1}=\frac{h_2-h_3}{d_2-d_3}$$

$$\frac{q_{m,a_1}}{q_{m,a_2}}=\frac{d_2-d_3}{d_3-d_1}=\frac{h_2-h_3}{h_3-h_1}=\frac{\overline{23}}{\overline{31}}$$

由上式可知，混合后的状态点 3 在 1 和 2 连线上，且 3 点的位置取决于质量比，也就是直线距离$\overline{23}$: $\overline{31}$之比等于流量之比 q_{m,a_1} : q_{m,a_2}，遵循杠杆定律，即 3 点将$\overline{12}$分割时与干空气质量流量成反比。

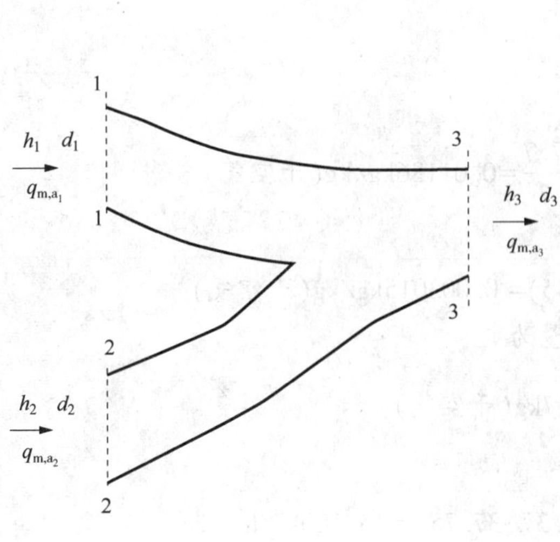

图 7-16 湿空气的混合

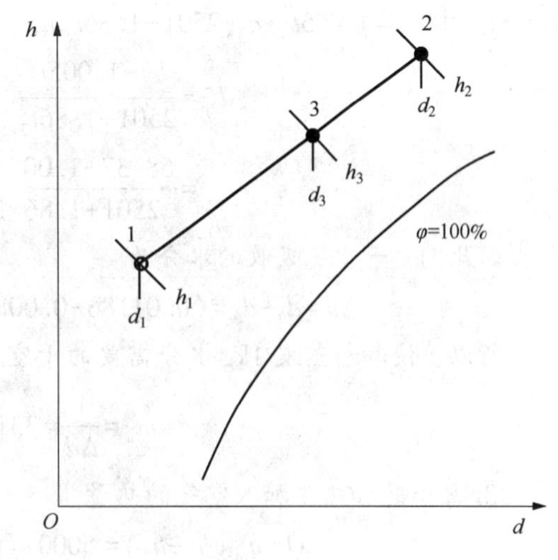

图 7-17 湿空气混合的 $h-d$ 图

【例 7-7】 将 $t_1=20℃$，$\varphi_1=60\%$的湿空气在加热器中加热到温度 $t_2=50℃$后进入干燥器去干燥物料，流出干燥器时空气温度 $t_3=37.7℃$。若空气压力近似不变，为 0.1MPa，试求：① 加热终了时空气相对湿度；② 物料蒸发 1kg 水分，需要多少千克干空气；③ 设干空气的质量流量为 5000kg/h，加热器每小时向空气加入多少热量。

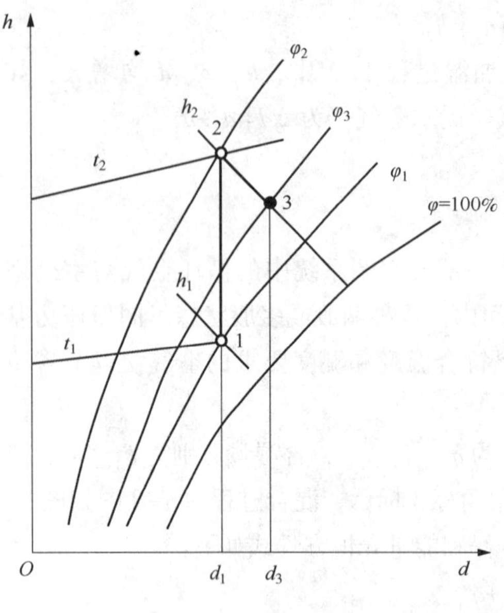

图 7-18 例 7-7 附图

解：其过程的 $h-d$ 图如图 7-18 所示。

① 初态参数：查表得 $p_{s,20℃}=2.3368\text{kPa}$，则水蒸气分压为

$$p_{v1}=\varphi_1 p_{s1}=0.6\times2.3368\text{kPa}=1.40208\text{kPa}$$

因为加热过程含湿量 d 不变，而 $d=0.622\dfrac{p_v}{p_0-p_v}$，过程中 p_0 又保持不变，所以 $p_{v2}=p_{v1}=1.40208\text{kPa}$，又查表得 $p_{s,50℃}=12.335\text{kPa}$，因此加热终了时空气相对湿度为

$$\varphi_2=\frac{p_{v2}}{p_{s2}}=\frac{1.40208}{12.335}=11.37\%$$

② 加热前湿空气的含湿量和焓分别

$$d_1=0.622\times\frac{1.40208}{100-1.40208}=8.845\times10^{-3}\text{kg/kg(干空气)}=d_2$$

$$h_1=1.005t_1+d(2501+1.86t_1)$$

$$=1.005\times20+8.845\times10^{-3}(2051+1.86\times20)=37.75\text{kJ/kg(干空气)}$$

同样，据 t_2 和 d_2 求出 $h_2=68.37\text{kJ/kg(干空气)}$。因空气在干燥器内吸湿过程可以看作绝热加湿过程，而被干燥的物料所含有的水分为液态水，因而湿空气的焓值近似不变，即 $h_3=h_2$。由 $h_3=1.005t_3+d_3(2501+1.86t_3)$，可得

$$d_3=\frac{h_3-1.005t_3}{2501+1.86t_3}$$

$$=\frac{68.37-1.005\times37.7}{2501+1.86\times37.7}=0.01186\text{kg/kg(干空气)}$$

因此 1kg 干空气吸收的水分为

$$\Delta d=d_3-d_2=(0.01186-0.008845)=0.003015\text{kg/kg(干空气)}$$

所以，使物料蒸发 1kg 水分需要的干空气量为

$$m_a=\frac{1}{\Delta d}=331.67\text{kg(干空气)}$$

③ 每小时加热器加入空气的热量

$$Q=q_{m_a}(h_2-h_1)=5000\times(68.37-37.75)=153100\text{kJ/h}$$

【例 7-8】 室外空气($t_1=34℃$，$\varphi_1=80\%$，$p_1=10^5\text{Pa}$)通过空调装置后变成 $t_3=20℃$，

$\varphi_3=50\%$的调节空气，向室内供应，供应量$\dot{m}_a=50\text{kg/min}$。空调过程中，先将室外空气冷却去湿，然后再加热到所要求的状态。试计算：① 空气中需要除去的水分；② 冷却介质应带走的热量；③ 加热器加入的热量。

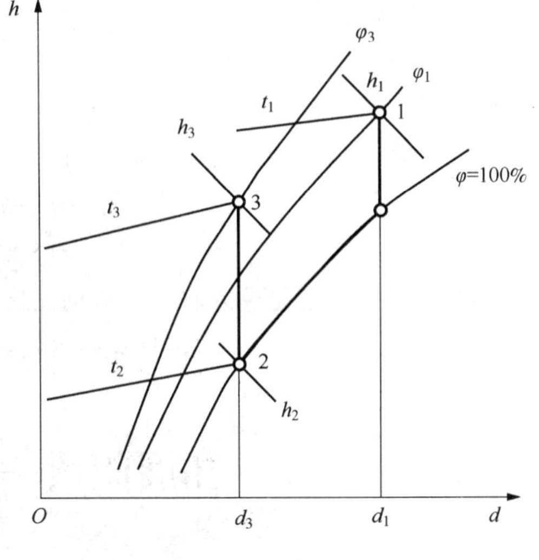

图 7-19　例 7-8 附图

解：如图 7-19 所示，在 $h-d$ 图上，按题给的参数和过程，查出各状态点的有关参数。根据 t_1 和 φ_1 查得 $d_1=0.0274\text{kg/kg}$ 干空气，$h_1=105\text{kJ/kg}$(干空气)。根据 t_3 和 φ_3 查得 $d_3=0.0073\text{kg/kg}$(干空气)，$h_3=38\text{kJ/kg}$(干空气)。

冷却去湿过程中达到的状态 2 应为 $d_2=d_3$ 的饱和湿空气。由图可查得 $h_2=27\text{kJ/kg}$ 干空气，$t_2=9℃$。

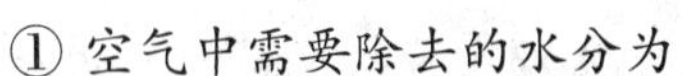

① 空气中需要除去的水分为

$$\dot{m}_w=\dot{m}_a(d_1-d_2)=50\times(0.0274-0.0073)=1.005\text{kg/min}$$

② 冷却介质带走的热量为

$$\dot{Q}_{12}=\dot{m}_a(h_1-h_2)-\dot{m}_w h_w$$

其中凝结水的焓 h_w 为

$$h_w=c_{p,w}t_2=4.186\times9=37.67\text{kJ/kg}$$

此值也可根据 t_2 由饱和水蒸气表中查得。因此有

$$\dot{Q}_{12}=50\times(105-27)-1.005\times37.67=3862.14\text{kJ/min}$$

③ 加热器加入的热量为

$$\dot{Q}_{23}=\dot{m}_a(h_3-h_2)=50\times(38-27)=550\text{kJ/min}$$

【例 7-9】　将 $t_1=32℃$，$p=100\text{kPa}$ 及 $\varphi_1=65\%$的湿空气送入空调机。在空调机中，首先用冷却盘管对湿空气冷却和冷凝去湿，直至湿空气降至 $t_2=10℃$，然后用电加热器将湿空气加热到 $t_3=20℃$。试确定：①各过程湿空气的初、终态参数；②1kg 干空气在空调机中除去的水分 Δm_w；③湿空气被冷却而带走的热量 q_1 和从电热器吸入的热量 q_2。

解：空调过程可参看图 7-19，不同的是先确定 2 点再根据 3 点与 2 点等含湿量来确定。

① 确定各过程初、终态参数

由 $t_1=32℃$和 $\varphi_1=65\%$在 $h-d$ 图上求得点 1，查得其含湿量和焓值分别为

$$d_1=0.0197\text{kg/kg}(\text{干空气})\quad h_1=82\text{kg/kg}(\text{干空气})$$

通过点 1 作垂线与 $\varphi_1=100\%$的线相交，再沿等 φ 线与 $t_2=10℃$的定温线交于点 2，并查得

$$d_2=0.0077\text{kg/kg}(\text{干空气})\quad h_2=29.5\text{kg/kg}(\text{干空气})$$

通过点 2 作垂线与 $t_3=20℃$的定温线交于点 3，$d_3=d_2$，并查得

$$h_3=39.8\text{kg/kg}(\text{干空气})\quad \varphi_3=53\%$$

在饱和蒸汽表中查得，$t_2=10℃$时饱和水的焓为 $h_w=h_2'=42.0\text{kJ/kg}$

② 计算 Δm_w

$$\Delta m_w=d_1-d_2=(0.0197-0.0077)=0.012\text{kg/kg(干空气)}$$

③ 计算 q_1 和 q_2

利用冷却去湿过程的能量方程式得

$$\begin{aligned}q_1&=h_1-h_2-(d_1-d_2)h_w\\&=(82.0-29.5)-0.012\times42=52.0\text{kJ/kg(干空气)}\end{aligned}$$

利用加热过程的能量方程，得从电热器吸入的热量

$$q_2=h_3-h_2=39.8-29.5=10.3\text{kJ/kg(干空气)}$$

拓展阅读——天然气的除湿

从地下储气层中开采出来的天然气往往含有水和水蒸气等有害物质，而水分的存在会使管道的输气能力下降，从而增大了动力消耗；在一定的条件下，液态水会与天然气形成水合物从而使阀门、管道和设备堵塞；若天然气中含有 H_2S 和 CO_2 与水接触还会形成酸腐蚀管路和设备。因此，在对其输送之前，必须要进行相应的处理，以达到相关规范的要求。

天然气脱水的实质就是使天然气从饱和状态变为不饱和的状态。传统的天然气脱水方法主要有溶剂吸收法、固体吸附法和低温分离法三大类，近几年来，膜分离法和超音速脱水法等新型的脱水方法和技术也得到了大力发展。

随着温度降低、压力增高，天然气的饱和含水量会逐渐减小，低温分离法根据这一特点，对饱和天然气进行冷却降温，或者先增加压力再降低温度从而对天然气进行脱水。低温分离法属于物理脱水，主要分膨胀制冷法和丙烷制冷法。膨胀制冷法又主要有 J-T 阀节流制冷和透平膨胀机制冷等方法。为了防止天然气温度在节流前后迅速降低而生成水合物，J-T 节流制冷法需要在预冷器前注入水合物抑制剂以防止水合物的形成。

低温分离法优点：设备简单、投资低、特别适用于高压气体。低温分离法缺点：耗能高、水露点高；脱水循环的部分环节可能会生成水合物，为预防水合物的形成要投入抑制剂，并对抑制剂进行回收；若要深度脱水需增设制冷设备，从而加大了工程投资和使用成本。低温分离法是在国内气田中应用第二广泛的天然气脱水技术(三甘醇法排首位)，在高压气田较为适用。塔里木克拉 2 气田、新疆油田采气一厂、长庆采气二厂所采用的就是低温分离法脱水。四川气田主要采用三甘醇脱水、J-T 阀和透平膨胀机脱水。

思 考 题

7-1　有没有 380℃ 的饱和水？为什么？

7-2　已知水蒸气的压力和温度，能否确定水蒸气的状态，为什么？

7-3　处于沸腾状态的水总是烫手的，这种说法是否正确？为什么？

7-4　随着压力的升高，饱和温度也升高了，试说明饱和水及干饱和蒸汽的比体积是如何变化的？

7-5　根据式 $c_p=\left(\frac{\delta h}{\delta T}\right)_p$ 可知在定压过程中有 $dh=c_p dT$，这对任何物质都适用只要过程是定压的。如果将此式应用于水的定压汽化过程，则得 $dh=c_p dT=0$（因为水定压汽化时温度不变，$dT=0$）。然而众所周知，水在汽化时焓是增加的（$dh>0$）。问题到底出在哪里？

7-6　判断下列说法是否正确

① 水蒸气在定压汽化过程中温度不变。

② 闭口系中，水蒸气的定温吸热量等于膨胀功。

③ 理想气体经不可逆绝热过程熵增大，而水蒸气不一定。

④ 温度高于临界温度的过热水蒸气，经等温压缩过程可以液化。

⑤ 水蒸气的汽化相变焓在低温时较大，在高温时较小，在临界温度为0。

7-7　含湿量 d 与质量成分 x_1 是否相同？如果不同，它们之间有什么关系。为什么不用质量成分 x_1 描写湿空气成分？

7-8　未饱和湿空气的干球温度 t，湿球温度 t_w 和露点温度 t_d 之间的大小关系是什么？定性表示在 $T-s$ 图上。饱和湿空气的 t、t_w 和 t_d 之间的大小关系又是什么？湿空气的相对湿度越大，是否意味着含湿量也越大？

7-9　为什么影响人体感觉和物体受潮的因素主要是湿空气的相对湿度？

7-10　解释大气中发生的雨、雪、霜、雹、雾、露等自然现象，并说明它们发生的条件。

7-11　如果等量的干空气与湿空气降低的温度相同，两者放出的热量相等吗？为什么？

7-12　已知壁面温度为 t'℃，室内空气温度为 t℃，试问：防止在墙面上发生结露现象的最大允许相对湿度 φ 为多少？

7-13　冬天的夜晚，窗户玻璃室内一侧经常有水珠出现；夏季时一些冷水管的表面也常有水滴出现，这是为什么？

习　题

7-1　利用水蒸气表判定下列各点状态，并确定其他状态参数值：

① $p_1=2MPa$，$t_1=300℃$；

② $p_2=9MPa$，$v_2=0.017m^3/kg$；

③ $p_3=0.5MPa$，$x_3=0.9$；

④ $p_4=1.0MPa$，$t_4=175℃$；

⑤ $p_5=1.0MPa$，$v_5=0.2404m^3/kg$。

7-2　1kg 初态为 $p_1=3MPa$、$t_1=450℃$ 的蒸汽，可逆绝热膨胀至 $p_2=0.004MPa$，试用 $h-s$ 图求终点状态参数 t_2、v_2、h_2、s_2，并求膨胀功 w 和技术功 w_t。

7-3　一热交换器用干饱和蒸汽加热空气。已知蒸汽压力为 0.1MPa，空气出、入口温度分别为 66℃、21℃，环境温度 $t_0=21℃$。若热交换器与外界完全绝热，求稳流状态下每千克蒸汽凝结时：①流过的空气质量；②整个系统的熵变及做功能力的不可逆损失。

7-4　在一台蒸汽锅炉中，烟气定压放热，温度从1500℃降低到250℃，所放出的热量用以生产水蒸气，压力为9.0MPa、温度为30℃的锅炉给水被加热、汽化并过热成 p_1 = 9.0MPa、t_1=450℃的过热蒸汽。将烟气近似看作空气，取比热容 c_p = 1.0789kJ/(kg·K)，试求：①生产1kg过热蒸汽需要的烟气量；②生产1kg过热蒸汽时烟气熵的减小以及过热蒸汽熵的增加；③将烟气和水蒸气作为孤立系统时生产1kg过热蒸汽孤立系统熵的增加；④环境温度为15℃时做功能力的损失。

7-5　锅炉给水温度为290℃、压力为14MPa，锅炉出口过热蒸汽温度为540℃，锅炉的蒸发量为670t/h，锅炉效率为95%，煤的发热量为18840kJ/kg，试求锅炉每昼夜的燃煤量是多少？

7-6　1kg压力为2MPa、干度为0.95的蒸汽，定温膨胀到压力为1MPa。求：①终点状态参数 t_2、v_2、h_2、s_2；②完成此过程蒸汽的吸热量 q；③完成此过程蒸汽对外界所作的膨胀功 w。

7-7　汽轮机的进汽压力为3.5MPa、温度为435℃，排汽压力为4kPa，蒸汽在汽轮机内作可逆绝热膨胀。试求1kg蒸汽在汽轮机内所作的轴功和汽轮机的排汽干度。

7-8　一台功率为200MW的蒸汽轮机，其耗汽率 d=3.1kg/(kW·h)。乏汽压力为0.004MPa，干度为0.9，在凝汽器中全部凝结为饱和水(图7-20)。已知冷却水进入凝汽器时的温度为10℃，离开时的温度为18℃；水的恒压比热容为4.187kJ/(kg·K)，求冷却水流量。

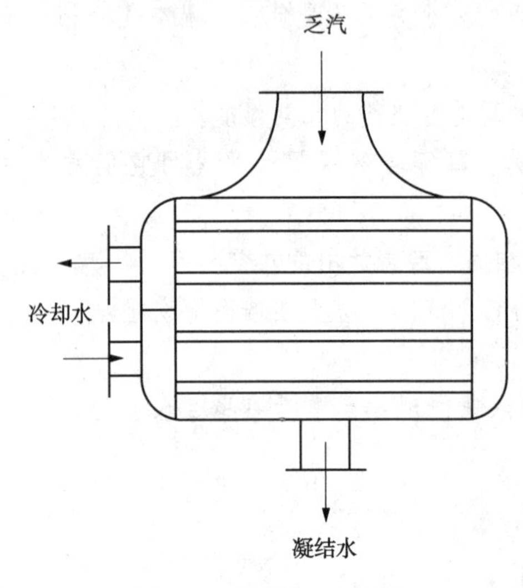

图7-20　习题7-8附图

7-9　一容积为100m³的开口容器，装满0.1MPa、20℃的水，问将容器内的水加热到90℃将会有多少公斤的水溢出(忽略水的汽化，假定加热过程中容器体积不变)？

7-10　湿空气温度为30℃，压力为10^5Pa，露点温度为22℃，计算其相对湿度和含湿量。

7-11　室内空气的压力和温度分别为0.1MPa和25℃，相对湿度为66%，求水蒸气分压力、露点温度和含湿量。

7-12　某空调系统每小时需要 t_c=21℃、φ_c=60%的湿空气12000m³。已知新空气的温度 t_1=5℃，相对湿度 φ_1=80%，循环空气的温度 t_2=25℃，相对湿度 φ_2=70%。新空气与循环空气混合后送入空调系统。设当时的大气压力为0.1013MPa。试求：①需预先将新空气加热到多少度？②新空气与循环空气的流量各为多少(kg/h)？

7-13　某空调系统每小时需要 t_2=21℃，φ_2=60%的湿空气若干公斤(其中干空气质量 m_a=4500kg)，现将室外温度 t_1=35℃，相对湿度 φ_1=70%的空气经过处理后达到上述要求。①求在处理过程中所除去的水分及放热量；②如将35℃的纯干空气4500kg冷却到21℃，应放出多少热量。设大气压力101325Pa。

7-14　冷却塔中水的温度由38℃被冷却至23℃，水流量100×10³kg/h。从塔底进入的湿空气参数为温度15℃，相对湿度50%，塔顶排出的是温度为30℃的饱和空气。求需要送入冷却塔的湿空气质量流量和蒸发的水量。若欲将热水(38℃)冷却到进口空气的湿球温度，其他参数不变，则送入的湿空气质量流量又为多少？设大气压力$B=101325\text{Pa}$。

7-15 某日白天室温为32℃，气压为37.1kPa，空气相对湿度为80%。晚间室温为20℃，气压为98.03kPa。问在晚间将从空气中凝结出百分之几的露水(已知32℃时水的饱和蒸气压为4.74kPa，20℃时为2.3kPa)？

7-16 温度为25℃，压力为0.1MPa，相对湿度为60%的湿空气经历压缩后温度升高到50℃，压力升高到0.3MPa，之后又在定压下冷却，请问冷却到多少度后有冷凝水流出？已知25℃、30℃、35℃时的饱和压力为$p_{s,25℃}=3.066\text{kPa}$，$p_{s,30℃}=4.242\text{kPa}$，$p_{s,35℃}=5.70\text{kPa}$。

参 考 文 献

[1] 沈维道，蒋智敏，童钧耕．工程热力学[M]．第三版．北京：高等教育出版社，2004.

[2] 张学学．热工基础[M]．第二版．北京：高等教育出版社，2014.

[3] 严家騄．工程热力学[M]．第四版．北京：高等教育出版社，2008.

[4] 郑宏飞．热力学与传热学基础[M]．北京：科学出版社，2016.

[5] 陈贵堂，王永珍．工程热力学[M]．第二版．北京：北京理工大学出版社，2008.

[6] 孙德兴，吴荣华，张承虎．高等传热学——导热与对流的数理解析[M]．北京：中国建筑工业出版社，2014.

[7] 秦臻．传热学理论及应用研究[M]．北京：中国水利水电出版社，2016.

[8] 严铭卿，宓亢琪，田贯三．燃气工程设计手册[M]．北京：中国建筑工业出版社，2009.

[9] 童景山．流体热物性学：基本理论与计算[M]．北京：中国石化出版社，2008.

[10] 马沛生．化工热力学教程[M]．北京：高等教育出版社，2011.

[11] 高光华，童景山．化工热力学[M]．第二版．北京：清华大学出版社，2007.

[12] 马沛生．化工热力学：通用型[M]．北京：化学工业出版社，2005.

[13] 王丽，杨晓宏，董英斌．工程热力学[M]．北京：中国水利水电出版社，2010.

附　　录

附表 1　常用气体的某些基本热力性质

物质	M/(kg/kmol)	c_p/[kJ/(kg·K)]	$c_{p,m}$/[J/(mol·K)]	c_v/[J/(mol·K)]	$c_{v,m}$/[J/(mol·K)]	R_g/[kJ/(kg·K)]	$\kappa(c_p/c_v)$
氩 Ar	39.94	0.523	20.89	0.315	12.57	0.208	1.67
氦 He	4.003	5.200	20.81	3.123	12.50	2.007	1.67
氢 Hg	2.016	14.32	28.86	10.19	20.55	4.124	1.40
氮 N_2	28.02	1.038	29.08	0.742	20.77	0.297	1.40
氧 O_2	32.00	0.917	29.34	0.657	21.03	0.260	1.39
一氧化碳 CO	28.01	1.042	29.19	0.748	28.88	0.297	1.40
空气	28.97	1.004	29.09	0.717	20.78	0.287	1.40
水蒸气 H_2O	18.016	1.867	33.64	1.406	25.33	0.461	1.33
二氧化碳 CO_2	44.01	0.845	37.19	0.656	28.88	0.189	1.29
二氧化硫 SO_2	64.07	0.644	41.25	0.514	32.94	0.130	1.25
甲烷 CH_3	16.04	2.227	35.72	1.709	27.41	0.519	1.30
丙烷 C_3H_3	44.09	1.691	74.56	1.502	66.25	0.189	1.13

附表 2　理想气体状态下常用气体恒压比热容与温度关系

气体	分子式	C_0	C_1	C_2	C_3
水蒸气	H_2O	1.79	0.107	0.586	-0.20
乙炔	C_2H_2	1.03	2.91	-1.92	0.54
空气	—	1.05	-0.365	0.85	-0.39
氨	NH_3	1.60	1.4	1.0	-0.7
氩	Ar	0.52	0	0	0
正丁烷	C_4H_{10}	0.163	5.70	-1.906	-0.049
二氧化碳	CO_2	0.45	1.67	-1.27	0.39
一氧化碳	CO	1.10	-0.46	-1.9	-0.454
乙烷	C_2H_6	0.18	5.92	-2.31	0.29
乙醇	C_2H_5OH	0.2	-4.65	-1.82	0.03
乙烯	C_2H_4	1.36	5.58	-3.0	0.63
氦	He	5.193	0	0	0

续表

气体	分子式	C_0	C_1	C_2	C_3
氢	H_2	13.46	4.6	-6.85	3.79
甲烷	CH_4	1.2	3.25	0.75	-0.71
甲醇	CH_3OH	0.66	2.21	0.81	-0.89
氮	N_2	1.11	-0.48	0.96	-0.42
正辛烷	C_8H_{18}	-0.053	6.75	-3.67	0.775
氧	O_2	0.88	-0.0001	0.54	-0.33
丙烷	C_3H_8	-0.096	6.95	-3.6	0.73
R22*	$CHClF_2$	0.2	1.87	-1.35	0.35
R134a*	CF_3CH_2F	0.165	2.81	-2.23	1.11
二氧化碳	SO_2	0.37	1.05	-0.77	0.21

注：$c_P = c_0 + c_1\theta + c_2\theta_2 + c_3\theta^3$ kJ/(kg·K)；$r\theta = \{T\}_K/1000$；适用范围为250～1200K，带*的物质最高适用温度为500K。

附表3 常用气体的平均恒压比热容 $c_p|_{0℃}^{t}$ kJ/(kg·K)

	气体						
温度/℃	O_2	N_2	CO	CO_2	H_2O	SO_2	空气
0	0.915	1.0.9	1.040	0.815	1.859	0.607	1.004
100	0.923	1.040	1.042	0.866	1.873	0.636	1.006
200	0.935	1.043	1.046	0.910	1.894	0.662	1.012
300	0.950	1.049	1.054	0.949	1.919	0.687	1.019
400	0.965	1.057	1.63	0.983	1.948	0.708	1.028
500	0.979	1.066	1.075	1.013	1.978	0.724	1.039
600	0.993	1.076	1.086	1.040	2.009	0.737	1.050
700	1.005	1.087	1.098	1.064	2.042	0.754	1.061
800	1.016	1.097	1.109	1.085	2.075	0.762	1.071
900	1.026	1.108	1.120	1.104	2.110	0.775	1.081
1000	1.035	1.118	1.130	1.022	2.144	0.783	1.091
1100	1.043	1.127	1.140	1.138	2.177	0.791	1.100
1200	1.051	1.136	1.149	1.153	2.211	0.795	1.108
1300	1.058	1.145	1.158	1.166	2.243	—	1.117
1400	1.065	1.153	1.166	1.178	2.274	—	1.124
1500	1.071	1.160	1.173	1.189	2.305	—	1.131
1600	1.077	1.167	1.180	1.200	2.335	—	1.138
1700	1.083	1.174	1.187	1.209	2.363	—	1.144

续表

温度/℃	气体						
	O_2	N_2	CO	CO_2	H_2O	SO_2	空气
1800	1.089	1.180	1.192	1.218	2.391	—	1.150
1900	1.094	1.186	1.198	1.226	2.417	—	1.156
2000	1.099	1.191	1.203	1.233	2.442	—	1.161
2100	1.104	1.197	1.208	1.241	2.466	—	1.166
2200	1.109	1.201	1.213	1.247	2.489	—	1.171
2300	1.114	1.206	1.218	1.253	2.512	—	1.176
2400	1.118	1.210	1.222	1.259	2.533	—	1.180
2500	1.123	1.214	1.226	1.264	2.554	—	1.184
2600	1.127	—	—	—	2.574	—	—
2700	1.131	—	—	—	2.594	—	—
2800	—	—	—	—	2.612	—	—

附表4　常用气体的平均恒容比热容 $c_v|_{0℃}^{t}$　　kJ/(kg·K)

温度/℃	气体						
	O_2	N_2	CO	CO_2	H_2O	SO_2	空气
0	0.655	0.742	0.743	0.626	1.398	0.477	0.716
100	0.663	0.744	0.745	0.677	1.411	0.507	0.719
200	0.675	0.747	0.749	0.721	1.432	0.532	0.724
300	0.690	0.752	0.757	0.760	1.457	0.557	0.732
400	0.705	0.760	0.767	0.794	1.486	0.578	0.741
500	0.719	0.769	0.777	0.824	1.516	0.595	0.752
600	0.733	0.779	0.789	0.851	1.547	0.607	0.762
700	0.745	0.790	0.801	0.875	1.581	0.624	0.773
800	0.756	0.801	0.812	0.896	1.614	0.632	0.784
900	0.766	0.811	0.823	0.916	1.648	0.645	0.794
1000	0.775	0.821	0.834	0.933	1.682	0.653	0.804
1100	0.783	0.830	0.843	0.950	1.716	0.662	0.813
1200	0.791	0.839	0.857	0.964	1.749	0.666	0.821
1300	0.798	0.848	0.861	0.977	1.781	—	0.829
1400	0.805	0.856	0.869	0.989	1.813	—	0.837
1500	0.811	0.863	0.876	1.001	1.843	—	0.844
1600	0.817	0.870	0.883	1.011	1.873	—	0.851
1700	0.823	0.877	0.889	1.020	1.902	—	0.857

续表

气体							
温度/℃	O_2	N_2	CO	CO_2	H_2O	SO_2	空气
1800	0.829	0.883	0.896	1.029	1.929	—	0.863
1900	0.834	0.889	0.901	1.037	1.955	—	0.869
2000	0.839	0.894	0.906	1.045	1.980	—	0.874
2100	0.844	0.900	0.911	1.052	2.005	—	0.879
2200	0.849	0.905	0.916	1.058	2.028	—	0.884
2300	0.854	0.909	0.921	1.064	2.050	—	0.889
2400	0.858	0.914	0.925	1.070	2.072	—	0.893
2500	0.863	0.918	0.929	1.075	2.093	—	0.897
2600	0.868	—	—	—	2.113	—	—
2700	0.872	—	—	—	2.132	—	—
2800	—	—	—	—	2.151	—	—
2900	—	—	—	—	2.168	—	—
3000	—	—	—	—	—	—	—

附表 5 空气的热力性质（与热物理性质）

T/K	t/°C	h/(kJ/kg)	p_t	v_t	s^o/[kJ/(kg·K)]
200	-73.15	201.87	0.3414	585.2	6.3000
210	-63.15	211.94	0.4051	518.39	6.3491
220	-53.15	221.99	0.4768	464.41	6.3959
230	-43.15	232.04	0.5571	412.85	6.4406
240	-33.15	242.08	0.6466	371.17	6.4833
250	-23.15	252.12	0.7458	335.21	6.5243
260	-13.15	262.15	0.8555	303.92	6.5636
270	-3.15	272.19	0.9761	276.61	6.6015
280	6.85	282.22	1.1084	252.62	6.6380
290	16.85	292.25	1.2531	231.43	6.6732
300	26.85	302.29	1.4108	212.65	6.7072
310	36.85	312.33	1.5823	195.92	6.7401
320	46.85	322.37	1.7682	180.98	6.7720
330	56.85	332.42	1.9693	167.57	6.8029
340	66.85	342.47	2.1865	155.50	6.8330
350	76.85	352.54	2.4204	144.60	6.8621
360	86.85	362.61	2.6720	134.73	6.8905

续表

T/K	t/°C	h/(kJ/kg)	p_t	v_t	s^o/[kJ/(kg·K)]
370	96.85	372.69	2.9419	125.77	6.9181
380	106.85	382.79	2.2312	117.60	6.9450
390	116.85	392.89	3.5407	110.15	6.9731
400	126.85	403.01	3.8712	103.33	6.9969
410	136.85	413.14	4.2238	97.069	7.0219
420	146.85	423.29	4.5993	91.318	7.0464
430	156.85	433.45	4.9989	86.019	7.0703
440	166.85	433.62	5.4234	81.130	7.0937
450	176.85	453.81	5.8739	76.610	7.1166
460	186.85	464.02	6.3516	72.423	7.1390
470	196.85	474.25	6.8575	68.538	7.1610
480	206.85	484.49	7.3927	64.929	7.1826
490	216.85	494.76	7.9584	61.570	7.2037
500	226.85	505.04	8.5558	58.440	7.2245
510	236.85	515.34	9.1861	55.519	7.2249
520	246.85	525.66	9.8506	52.789	7.2650
530	256.85	536.01	10.551	50.232	7.2847
540	266.85	546.37	11.287	47.843	7.3040
550	276.85	556.76	12.062	45.598	7.3231
560	286.85	567.16	12.877	43.488	7.3418
570	296.85	577.59	13.732	41.509	7.3603
580	306.85	588.04	14.630	39.645	7.3785
590	316.85	598.52	15.572	37.889	7.3964
600	326.85	609.02	16.559	36.234	7.4140
610	336.85	619.34	17.593	34.673	7.4314
620	346.85	630.08	18.676	33.198	7.4486
630	356.85	640.65	19.810	31.802	7.4655
640	366.85	651.24	20.995	30.483	7.4821
650	376.85	661.85	22.234	29.235	7.4986
660	386.85	672.49	23.528	28.052	7.5148
670	396.85	683.15	24.880	26.929	7.5309
680	406.85	693.84	26.291	25.864	7.5467
690	416.85	704.55	27.763	24.853	7.5623

续表

T/K	t/°C	h/(kJ/kg)	p_t	v_t	s^o/[kJ/(kg·K)]
700	426. 85	715. 28	29. 298	23. 892	7. 5778
710	436. 85	726. 04	30. 898	22. 979	7. 5931
720	446. 85	736. 82	32. 565	22. 110	7. 6081
730	456. 85	747. 63	34. 301	21. 282	7. 6230
740	466. 85	758. 46	36. 109	20. 494	7. 6378
750	476. 85	769. 32	37. 989	19. 743	7. 6523
760	486. 85	780. 19	39. 945	19. 026	7. 6667
770	496. 85	791. 10	41. 978	18. 343	7. 6810
780	506. 85	802. 02	44. 092	17. 690	7. 6951
790	516. 85	812. 97	46. 288	17. 067	7. 7090
800	526. 85	823. 94	48. 568	16. 472	7. 7228
810	536. 85	834. 94	50. 935	15. 903	7. 7365
820	546. 85	845. 96	53. 392	15. 358	7. 7500
830	556. 85	857. 00	55. 941	14. 837	7. 7634
840	566. 85	868. 06	58. 584	14. 338	7. 7767
850	576. 85	879. 15	61. 325	13. 861	7. 7898
860	586. 85	890. 26	64. 165	13. 403	7. 8028
870	596. 85	901. 39	67. 107	12. 964	7. 8156
880	660. 85	912. 54	70. 155	12. 544	7. 8284
890	616. 85	923. 72	73. 310	12. 140	7. 8410
900	626. 85	934. 91	76. 576	11. 753	7. 8535
910	636. 85	946. 31	79. 956	11. 381	7. 8659
920	646. 85	957. 37	83. 452	11. 024	7. 8782
930	656. 85	968. 63	87. 067	10. 681	7. 8904
940	666. 85	979. 90	90. 805	10. 352	7. 9024
950	676. 85	991. 20	94. 667	10. 035	7. 9144
960	686. 85	1002. 52	98. 659	9. 7305	7. 9262
970	696. 85	1013. 86	102. 78	9. 4376	7. 9380
980	706. 85	1025. 22	107. 04	9. 1555	7. 9496
990	716. 85	1036. 60	111. 43	8. 8845	7. 9612
1000	726. 85	1047. 99	115. 97	8. 6229	7. 9727
1010	736. 85	1059. 41	120. 65	8. 3713	7. 9840
1020	746. 85	1070. 84	125. 49	8. 1281	7. 9953

续表

T/K	t/°C	h/(kJ/kg)	p_t	v_t	s^o/[kJ/(kg · K)]
1030	756. 85	1082. 30	130. 47	7. 8945	8. 0065
1040	766. 85	1093. 77	135. 60	7. 6696	8. 0175
1050	776. 85	1105. 26	140. 90	7. 4521	8. 0285
1060	786. 85	1116. 76	146. 36	7. 2424	8. 0394
1070	796. 85	1128. 28	151. 98	7. 0404	8. 0503
1080	806. 85	1139. 82	157. 77	6. 8454	8. 0610
1090	816. 85	1151. 38	163. 74	6. 6569	8. 0716
1100	826. 85	1162. 95	169. 88	6. 4752	8. 0822
1110	836. 85	1174. 54	176. 20	6. 2997	8. 0927
1120	846. 85	1186. 15	182. 71	6. 1299	8. 1031
1130	856. 85	1197. 77	189. 40	5. 9662	8. 1134
1140	866. 85	1209. 40	196. 29	5. 8077	8. 1134
1150	876. 85	1221. 06	203. 38	5. 6544	8. 1339
1160	886. 85	1232. 72	210. 66	5. 5065	8. 1440
1170	896. 85	1244. 41	218. 15	5. 3633	8. 1540
1180	906. 85	1256. 10	225. 85	5. 2247	8. 1639
1190	916. 85	1267. 82	233. 77	5. 0905	8. 1738
1200	926. 85	1279. 54	241. 90	4. 9607	8. 1836
1210	936. 85	1291. 28	250. 25	4. 8352	8. 1934
1220	946. 85	1303. 04	258. 83	4. 7135	8. 2031
1230	956. 85	1314. 81	267. 64	4. 5957	8. 2127
1240	966. 85	1326. 59	276. 69	4. 4815	8. 2222
1250	976. 85	1338. 39	285. 98	4. 3709	8. 2317
1260	986. 85	1350. 20	295. 51	4. 2638	8. 2411
1270	996. 85	1362. 03	305. 30	4. 1598	8. 2504
1280	1006. 85	1337. 86	315. 33	4. 0592	8. 2597
1290	1016. 85	1385. 71	325. 63	3. 9616	8. 2690
1300	1026. 85	1397. 58	336. 19	3. 8669	8. 2781
1310	1036. 85	1409. 45	347. 02	3. 7750	8. 2872
1320	1046. 85	1421. 34	358. 13	3. 6858	8. 2963
1330	1056. 85	1433. 24	369. 51	3. 5994	8. 3052
1340	1066. 85	1445. 16	381. 19	3. 5153	8. 3142
1350	1076. 85	1457. 08	393. 15	3. 4338	8. 3230

续表

T/K	t/°C	h/(kJ/kg)	p_r	v_r	s^o/[kJ/(kg·K)]
1360	1086. 85	1469. 02	405. 40	3. 3547	8. 3318
1370	1096. 85	1480. 97	417. 96	3. 2778	8. 3406
1380	1106. 85	1492. 93	430. 82	3. 2032	8. 3493
1390	1116. 85	1504. 91	444. 00	3. 1306	8. 3579
1400	1126. 85	1516. 89	457. 49	3. 0602	8. 3665
1410	1136. 85	1528. 89	471. 30	2. 9917	8. 3751
1420	1146. 85	1540. 89	485. 44	2. 9252	8. 3836
1430	1156. 85	1552. 91	499. 92	2. 8605	8. 3920
1440	1166. 85	1564. 94	514. 74	2. 7975	8. 4006
1450	1176. 85	1576. 98	529. 90	2. 7364	8. 4092
1460	1186. 85	1589. 03	545. 42	2. 6768	8. 4170
1470	1196. 85	1601. 09	561. 29	2. 6190	8. 4252
1480	1206. 85	1613. 17	577. 53	2. 5626	8. 4334
1490	1216. 85	1625. 25	594. 13	2. 5079	8. 4451
1500	1226. 85	1637. 34	611. 12	2. 4545	8. 4496
1510	1236. 85	1649. 44	628. 48	2. 4026	8. 4577
1520	1246. 85	1661. 56	646. 4	2. 3521	8. 4657
1530	1256. 85	1673. 68	664. 38	2. 3029	8. 4736
1540	1266. 85	1685. 81	682. 94	2. 2550	8. 4815
1550	1276. 85	1697. 95	701. 89	2. 2083	8. 4894
1560	1286. 85	1710. 10	721. 27	2. 1629	8. 4972
1570	1296. 85	1722. 26	741. 06	2. 1186	8. 5050
1580	1306. 85	1734. 43	761. 29	2. 0754	8. 5127
1590	1316. 85	1746. 61	781. 94	2. 0334	8. 5204
1600	1326. 85	1758. 80	803. 04	1. 9924	8. 5280
1610	1336. 85	1771. 00	824. 59	1. 9525	8. 5356
1620	1346. 85	1783. 21	846. 60	1. 9135	8. 5432
1630	1356. 85	1795. 42	869. 06	1. 8756	8. 5507
1640	1366. 85	1807. 64	892. 00	1. 8386	8. 5582
1650	1376. 85	1819. 88	915. 41	1. 8025	8. 5656
1660	1386. 85	1832. 12	936. 31	1. 7673	8. 5730
1670	1396. 85	1844. 37	963. 70	1. 7329	8. 5804
1680	1406. 85	1856. 63	988. 59	1. 6994	8. 5877

续表

T/K	t/°C	h/(kJ/kg)	p_t	v_t	s^o/[kJ/(kg·K)]
1690	1416.85	1868.89	1013.99	1.6667	8.5950
1700	1426.85	1881.17	1039.9	1.6348	8.6022
1725	1451.85	1911.89	1107.0	1.5583	8.6201
1750	1476.85	1942.66	1177.4	1.4863	8.6378
1775	1501.85	1973.48	1251.4	1.4184	8.6553
1800	1526.85	2004.34	1329.0	1.3544	8.6726
1825	1551.85	2035.25	1410.4	1.2904	8.6897
1850	1576.85	2066.21	1495.6	1.2370	8.7065
1875	1601.85	2097.20	1584.9	1.1830	8.7231
1900	1626.85	2128.25	1678.4	1.1320	8.7396
1925	1651.85	2159.33	1776.2	1.0838	8.7558
1950	1676.85	2190.45	1878.4	1.0381	8.7719
1975	1701.85	2221.61	1985.3	0.99481	8.7878
2000	1726.85	2252.82	2096.9	0.95379	8.8035
2025	1751.85	2284.05	2213.5	0.91484	8.8190
2050	1776.85	2315.33	2335.1	0.87791	8.8344
2075	1801.85	2346.64	2461.9	0.84284	8.8495
2100	1826.85	2377.99	2594.2	0.80950	8.8646
2125	1851.85	2409.38	2732.0	0.77782	8.8794
2150	1876.85	2440.80	2785.6	0.74767	8.8941
2175	1901.85	2472.25	3025.0	0.71901	8.9087
2200	1926.85	2503.73	3180.6	0.69169	8.9230
2225	1951.85	2535.25	3342.5	0.66567	8.9373
2250	1976.85	2566.80	3510.8	0.64088	8.9514
2275	2001.85	2598.38	3685.8	0.61723	8.9654
2300	2026.85	2630.00	3876.6	0.59468	8.9792
2325	2051.85	2661.64	4056.5	0.57315	8.9929
2350	2076.85	2693.32	4252.6	0.55260	9.0064
2375	2101.85	2725.02	4456.2	0.53297	9.0198
2400	2126.85	2756.75	4667.4	0.51420	9.0331
2425	2151.85	2788.51	4886.5	0.49627	9.0463
2450	2176.85	2820.31	5113.7	0.47911	9.0593
2475	2201.85	2852.12	5394.2	0.46269	9.0722

续表

T/K	t/°C	h/(kJ/kg)	p_t	v_t	s^o/[kJ/(kg·K)]
2500	2226.85	2883.97	5593.2	0.44697	9.0851
2525	2251.85	2915.84	5846.0	0.43192	9.0977
2550	2276.85	2947.74	6107.7	0.41751	9.1103
2575	2301.85	2979.67	6978.7	0.40369	9.1228
2600	2326.85	3011.63	6659.2	0.39044	9.1351
2625	2351.85	3043.61	6949.4	0.37773	9.1474
2650	2376.85	3075.61	7249.5	0.36554	9.1595
2675	2401.85	3107.64	7559.8	0.35385	9.1715
2700	2426.85	3139.70	7880.6	0.34261	9.1835
2725	2451.85	3171.78	8212.1	0.33183	9.1953
2750	2476.85	3203.88	8554.7	0.32146	9.2070
2775	2501.85	3236.01	8908.4	0.31150	9.2186
2800	2526.85	3268.16	9273.7	0.30193	9.2302
2825	2551.85	3300.33	9650.9	0.29272	9.2416
2850	2576.85	3332.53	10040.0	0.28386	9.2530
2875	2601.85	3364.75	10441.6	0.27534	9.2642
2900	2626.85	3396.99	10855.8	0.26714	9.2754
2925	2651.85	3429.25	11283.0	0.25924	9.2865

附表 6　饱和水与饱和水蒸气的热力性质(按温度排序)

温度	压力	比体积		焓		相变焓	熵	
		液体	蒸汽	液体	蒸汽		液体	蒸汽
t/℃	p/MPa	v'/(m^3/kg)	v''/(m^3/kg)	h'/(kJ/kg)	h''/(kJ/kg)	r/(kJ/kg)	s'/[kJ/(kg·K)]	s''/[kJ/(kg·K)]
0	0.0006108	0.0010002	206.321	−0.04	2501.0	2501.0	−0.0002	9.1565
0.01	0.0006112	0.00100022	206.175	0.000614	2501.0	2501.0	0.0000	9.1562
1	0.0006566	0.0010001	192.611	4.17	2502.8	2498.6	0.0152	9.1298
2	0.0007054	0.0010001	179.935	8.39	2504.7	2496.3	0.0306	9.1035
3	0.0007575	0.0010000	168.165	12.60	2506.5	2493.9	0.0459	9.0773
4	0.0008129	0.0010000	157.267	16.80	2508.3	2491.5	0.0611	9.0514
5	0.0008718	0.0010000	147.167	21.01	2510.2	2489.2	0.0762	9.0258
6	0.0009346	0.0010000	137.768	25.21	2512.0	2486.8	0.0913	9.0003
7	0.0010012	0.0010001	129.061	29.41	2513.9	2484.5	0.1063	8.9751
8	0.0010721	0.0010001	120.952	33.60	2515.7	2482.1	0.1213	8.9501

续表

温度	压力	比体积		焓		相变焓	熵	
		液体	蒸汽	液体	蒸汽		液体	蒸汽
t/℃	p/MPa	v'/ (m³/kg)	v''/ (m³/kg)	h'/ (kJ/kg)	h''/ (kJ/kg)	r/ (kJ/kg)	s'/ [kJ/(kg·K)]	s''/ [kJ/(kg·K)]
9	0.0011473	0.0010002	113.423	37.80	2517.5	2479.7	0.1362	8.9254
10	0.0012271	0.0010003	106.419	41.99	2519.4	2477.4	0.1510	8.9009
11	0.0013118	0.0010003	99.896	46.19	2521.2	2475.0	0.1658	8.8766
12	0.0014015	0.0010004	93.828	50.38	2523.0	2472.6	0.1805	8.8525
13	0.0014967	0.0010006	88.165	54.57	2524.9	2470.2	0.1952	8.8286
14	0.0015974	0.0010007	82.893	58.75	2526.7	2467.9	0.2098	8.8050
15	0.0017041	0.0010008	77.970	62.94	2528.6	2465.7	0.2243	8.7815
16	0.0018170	0.0010010	73.376	67.13	2530.4	2463.3	0.2388	8.7583
17	0.0019364	-0.0010012	69.087	71.31	2532.2	2460.9	0.2533	8.7353
18	0.0020626	0.0010013	65.080	75.50	2634.0	2458.5	0.2677	8.7125
19	0.0021960	0.0010015	61.334	79.68	2535.9	2456.2	0.2820	8.6898
20	0.0023368	0.0010017	57.833	83.86	2537.7	2453.8	0.2963	8.6674
22	0.0026424	0.0010022	51.488	92.22	2541.4	2449.2	0.3247	8.6232
24	0.0029824	0.0010026	45.923	100.59	2545.0	2444.4	0.3530	8.5797
26	0.0033600	0.0010032	41.031	108.95	2543.6	2439.6	0.3810	8.5370
28	0.0037785	0.0010037	36.726	117.31	2552.3	2435.0	0.4088	8.4950
30	0.0042417	0.0010043	32.929	125.66	2555.9	2430.2	0.4365	8.4537
35	0.0056217	0.0010060	25.246	146.56	2565.0	2413.4	0.5049	8.3536
40	0.0073749	0.0010078	19.648	167.45	2574.0	2406.5	0.5721	8.2576
45	0.0095817	0.0010099	15.278	188.36	2582.9	2394.5	0.6383	8.1655
50	0.012335	0.0010121	12.048	209.26	2591.8	2382.6	0.7055	9.0771
55	0.015740	0.0010145	9.3812	230.17	2600.7	2370.5	0.7677	7.9922
60	0.019919	0.0010171	7.6807	251.09	2609.5	2368.1	0.8310	7.9106
65	0.025008	0.0010199	6.2042	272.02	2618.2	2346.2	0.8933	7.8320
70	0.031161	0.0010228	5.0479	292.97	2626.8	2333.8	0.9548	7.7565
75	0.038548	0.0010259	4.1356	313.94	2636.3	2321.4	1.0154	7.6837
80	0.047359	0.0010292	3.4104	334.92	2643.8	2208.9	1.0752	7.6135
85	0.057803	0.0010326	2.8300	355.92	2652.1	2296.2	1.1343	7.5459
90	0.070108	0.0010361	2.3624	376.94	2660.3	2283.4	1.1925	7.4805
95	0.084525	0.0010398	1.9832	397.99	2668.4	2270.4	1.2500	7.4174
100	0.101325	0.0010437	1.6738	419.06	2676.3	2227.2	1.3069	7.3564

续表

温度	压力	比体积		焓		相变焓	熵	
		液体	蒸汽	液体	蒸汽		液体	蒸汽
t/℃	p/MPa	v'/(m^3/kg)	v''/(m^3/kg)	h'/(kJ/kg)	h''/(kJ/kg)	r/(kJ/kg)	s'/[kJ/(kg·K)]	s''/[kJ/(kg·K)]
110	0. 14326	0. 0010519	1. 2106	461. 32	2691. 8	2230. 6	1. 4185	7. 2402
120	0. 19854	0. 0010606	0. 89202	503. 7	2706. 6	2202. 9	1. 5276	7. 1310
130	0. 27012	0. 0010700	0. 66851	546. 3	2720. 7	2174. 4	1. 6344	7. 0281
140	0. 36136	0. 0010801	0. 50875	589. 1	2734. 0	2144. 9	1. 7390	6. 9307
150	0. 47597	0. 0010908	0. 39261	632. 2	2746. 3	2114. 1	1. 8416	6. 8381
160	0. 61804	0. 0011012	0. 30685	675. 5	2757. 7	2082. 2	1. 9425	6. 7498
170	0. 79202	0. 0011145	0. 24259	719. 1	2768. 0	2048. 9	2. 0416	6. 6652
180	1. 0027	0. 0011275	0. 19381	763. 1	2777. 1	2014. 0	2. 1393	6. 5838
190	1. 2552	0. 0011415	0. 15631	807. 5	2784. 9	1977. 4	2. 2356	6. 5052
200	1. 5551	0. 0011565	0. 12714	852. 4	2791. 4	1939. 0	2. 3307	6. 4289
210	1. 9079	0. 0011726	0. 10422	897. 8	2796. 4	1898. 6	2. 4247	6. 3546
220	2. 3201	0. 0011900	0. 08602	943. 3	2799. 9	1856. 2	2. 5178	6. 2819
230	2. 7979	0. 0012087	0. 07143	990. 7	2801. 7	1811. 4	2. 6102	6. 2104
240	3. 3480	0. 0012291	0. 05964	1037. 6	2801. 6	1764. 0	2. 7021	6. 1397
250	3. 9776	0. 0012513	0. 05002	1085. 8	2799. 5	1723. 7	2. 7936	7. 0693
260	4. 6940	0. 0012756	0. 04212	1135. 0	2795. 2	1660. 2	2. 8850	5. 9989
270	5. 5051	0. 0013025	0. 03557	1185. 4	2788. 3	1602. 9	2. 9766	5. 9278
280	6. 4191	0. 0013324	0. 03010	1237. 0	2778. 6	1541. 6	3. 0687	5. 8555
290	7. 4448	0. 0013659	0. 02551	1290. 3	2765. 4	1475. 1	3. 1616	5. 7811
300	8. 5917	0. 0014041	0. 02162	1345. 4	2748. 4	1403. 0	3. 2559	5. 7038
310	9. 8697	0. 0014480	0. 01829	1402. 9	2726. 8	1326. 9	3. 3522	5. 6224
320	11. 290	0. 0014965	0. 01544	1463. 4	2699. 6	1236. 2	3. 4513	5. 5356
330	12. 865	0. 0015614	0. 01296	1527. 5	2665. 5	1138. 0	3. 5546	5. 4414
340	14. 608	0. 0016390	0. 01078	1596. 8	2622. 3	1025. 5	3. 6638	5. 3363
350	16. 537	0. 0017407	0. 008822	1672. 9	2566. 1	893. 2	3. 7816	5. 2149
360	18. 674	0. 0018930	0. 006970	1763. 1	2485. 7	722. 6	3. 9189	5. 0603
370	21. 053	0. 002231	0. 0049458	1896. 2	2335. 7	439. 5	4. 1198	4. 8031
371	21. 306	0. 002298	0. 004710	1916. 5	2310. 7	394. 2	4. 1503	4. 7624
372	21. 562	0. 002392	0. 004432	1942. 0	2280. 1	338. 1	4. 1891	4. 7130
373	21. 821	0. 002525	0. 004090	1974. 5	2238. 3	263. 8	4. 2385	4. 6467
374	22. 084	0. 002834	0. 003432	2039. 2	2150. 7	111. 5	4. 3374	4. 5096

附表7　饱和水与饱和水蒸气的热力性质(按压强排序)

压力	温度	比体积		焓		相变焓	熵	
		液体	蒸汽	液体	蒸汽		液体	蒸汽
p/MPa	t/℃	v'/(m^3/kg)	v''/(m^3/kg)	h'/(kJ/kg)	h''/(kJ/kg)	r/(kJ/kg)	s'/[kJ/(kg·K)]	s''/[kJ/(kg·K)]
0.0010	6.982	0.0010001	129.208	29.33	2513.8	2484.5	0.1060	8.9756
0.0020	17.511	0.0010012	67.006	73.45	2533.2	2459.8	0.2606	8.7236
0.0030	24.098	0.0010027	45.668	101.00	2545.2	2444.2	0.3543	8.5776
0.0040	28.981	0.0010040	34.803	121.41	2554.1	2432.7	0.4224	8.4747
0.0050	32.90	0.0010052	28.196	137.77	2561.2	2423.4	0.4762	8.3952
0.0060	36.18	0.00100064	23.742	151.50	2567.1	2415.6	0.5209	8.3305
0.0070	39.02	0.0010074	20.532	163.38	2572.2	2408.8	0.5591	8.2760
0.0080	41.53	0.0010084	18.106	173.87	2576.7	2402.8	0.5926	8.2289
0.0090	43.79	0.0010094	16.206	183.28	2580.8	2397.5	0.6224	8.1875
0.010	45.83	0.0010102	14.676	191.84	2584.4	2392.6	0.6493	8.1505
0.015	54.00	0.0010140	10.025	225.98	2598.9	2372.9	0.7549	8.0089
0.020	60.09	0.0010172	7.6515	251.46	2609.6	2385.8	0.8321	7.9092
0.025	64.99	0.0010199	6.2060	271.99	2618.1	2346.1	0.8932	7.8321
0.030	69.12	0.0010223	5.2308	289.31	2625.3	2336.0	0.9441	7.7695
0.040	75.89	0.0010265	3.9949	317.65	2636.8	2379.2	1.0261	7.6711
0.050	81.35	0.0010301	3.2415	340.57	2645.0	2305.4	1.0912	7.5951
0.060	85.95	0.0010333	2.7329	359.93	2653.6	2293.7	1.1454	7.5332
0.070	89.96	0.0010361	2.3658	376.77	2660.2	2283.4	1.1921	7.4811
0.080	93.51	0.0010387	2.0879	391.72	2666.0	2274.3	1.2330	7.4360
0.090	69.71	0.0010412	1.8701	405.21	2671.1	2265.9	1.2696	7.3963
0.10	99.63	0.0010434	1.6946	417.51	2675.7	2258.2	1.3027	7.3608
0.12	104.81	0.0010476	1.4289	439.36	2683.8	2244.4	1.3609	7.2996
0.14	109.32	0.0010513	1.2370	458.42	2690.8	2232.4	1.4109	7.2480
0.16	113.32	0.0010547	1.0917	475.38	2696.8	2221.4	1.4550	7.2032
0.18	116.93	0.0010579	0.97775	490.70	2702.1	2211.4	1.4944	7.1638
0.20	120.23	0.0010608	0.88592	504.7	2706.9	2202.2	1.5301	7.1286
0.25	127.43	0.0010675	0.71881	535.4	2717.2	2181.8	1.6072	7.0540
0.30	133.54	0.0010735	0.60586	561.4	2725.5	2164.1	1.6717	6.9930
0.35	138.88	0.0010789	0.52425	584.3	2732.5	2148.2	1.7273	6.9414
0.40	143.62	0.0010839	0.46242	604.7	2738.5	2133.8	1.7764	6.8966
0.45	147.92	0.0010885	0.41392	623.2	2743.8	2120.6	1.8204	6.8570
0.50	151.85	0.0010928	0.37481	640.1	2748.2	2108.4	1.8604	6.8515
0.60	158.84	0.0011009	0.31556	670.4	2756.4	2086.0	1.9308	6.7598

续表

压力	温度	比体积		焓		相变焓	熵	
		液体	蒸汽	液体	蒸汽		液体	蒸汽
p/ MPa	t/℃	v'/ (m^3/kg)	v''/ (m^3/kg)	h'/ (kJ/kg)	h''/ (kJ/kg)	r/ (kJ/kg)	s'/ [kJ/(kg·K)]	s''/ [kJ/(kg·K)]
0. 70	164. 96	0. 0011082	0. 27274	697. 1	2762. 9	2065. 8	1. 9918	6. 7074
0. 80	170. 42	0. 0011150	0. 24030	720. 9	2768. 4	2047. 5	2. 0457	6. 6618
0. 90	175. 36	0. 0011213	0. 21481	742. 6	2773. 0	2030. 4	2. 0941	6. 6212
1. 00	179. 88	0. 0011274	0. 19430	762. 6	2777. 0	2014. 1	2. 1382	6. 5847
1. 10	184. 06	0. 0011331	0. 17739	781. 1	2780. 4	1909. 3	2. 1786	6. 5515
1. 20	187. 96	0. 0011386	0. 16320	798. 4	2783. 4	1985. 0	2. 2160	6. 5210
1. 30	191. 60	0. 0011438	0. 15112	814. 7	2786. 0	1971. 3	2. 2509	6. 4927
1. 40	195. 04	0. 0011489	0. 14072	830. 1	2788. 4	1958. 3	2. 2836	6. 4665
1. 50	198. 28	0. 0011538	0. 13165	844. 7	2790. 4	1945. 7	2. 3144	6. 4418
1. 60	201. 37	0. 0011586	0. 12368	858. 6	2792. 2	1933. 6	2. 3435	6. 4187
1. 70	204. 30	0. 0011633	0. 11661	871. 8	2793. 8	1922. 0	2. 3712	6. 3967
1. 80	207. 10	0. 0011678	0. 11031	884. 6	2795. 1	1910. 5	2. 3976	6. 3759
1. 90	209. 79	0. 0011722	0. 10464	896. 8	2796. 4	1899. 6	2. 4227	6. 3561
2. 00	212. 37	0. 0011766	0. 09953	908. 6	2797. 4	1888. 8	2. 4468	6. 3373
2. 20	217. 24	0. 0011850	0. 09064	930. 9	2799. 1	1868. 2	2. 4922	6. 3018
2. 40	221. 78	0. 0011932	0. 08319	951. 9	2800. 4	1848. 2	2. 5343	6. 2691
2. 60	226. 03	0. 0012011	0. 07685	971. 7	2801. 2	1829. 5	2. 5736	6. 2386
2. 80	230. 04	0. 0012088	0. 07138	990. 5	2801. 7	1811. 2	2. 6106	6. 2101
3. 00	233. 84	0. 0012163	0. 06662	1008. 4	2801. 9	1793. 5	2. 6455	6. 1832
3. 50	242. 54	0. 0012345	0. 05702	1049. 8	2801. 3	1751. 5	2. 7253	6. 1218
4. 00	250. 33	0. 0012521	0. 04974	1087. 5	2799. 4	1711. 9	2. 7967	6. 0670
5. 00	263. 92	0. 0012858	0. 03941	1154. 6	2792. 8	1638. 2	2. 9209	5. 9712
6. 00	275. 56	0. 0013187	0. 03241	1213. 9	2783. 3	1569. 4	3. 0277	5. 8878
7. 00	258. 80	0. 0013514	0. 02734	1267. 7	2771. 4	1503. 7	3. 1225	5. 8126
8. 00	294. 98	0. 0013843	0. 02349	1317. 5	2757. 5	1440. 0	3. 2083	5. 7430
9. 00	303. 31	0. 0014179	0. 02046	1364. 2	2741. 8	1377. 6	3. 2875	5. 6773
10. 0	310. 96	0. 0014526	0. 01800	1408. 6	2724. 4	1315. 8	3. 3616	5. 6143
11. 0	318. 04	0. 0014887	0. 01597	1451. 2	2705. 4	1254. 2	3. 4316	5. 5531
12. 0	324. 64	0. 0015267	0. 01425	1492. 6	2684. 8	1192. 2	3. 4986	5. 4930
13. 0	330. 81	0. 0015670	0. 01277	1533. 0	2662. 4	1129. 4	3. 5633	5. 4333
14. 0	336. 63	0. 0016104	0. 01149	1572. 8	2638. 3	1065. 5	3. 6262	5. 3737

续表

压力	温度	比体积		焓		相变焓	熵	
		液体	蒸汽	液体	蒸汽		液体	蒸汽
p/MPa	t/℃	v'/(m³/kg)	v''/(m³/kg)	h'/(kJ/kg)	h''/(kJ/kg)	r/(kJ/kg)	s'/[kJ/(kg·K)]	s''/[kJ/(kg·K)]
15.0	342.12	0.0016580	0.01035	1612.2	2611.6	999.4	3.6877	5.3122
16.0	347.32	0.0017101	0.009330	1651.5	2582.7	931.2	3.7486	5.2496
17.0	352.26	0.0017690	0.008401	1691.6	2550.8	859.2	3.8103	5.1841
118.0	356.96	0.0018380	0.007534	1733.4	2514.4	781.0	3.8739	5.1135
19.0	361.44	0.0019231	0.006700	1778.2	2470.1	691.9	3.9417	5.0321
20.0	365.71	0.002038	0.005873	1828.8	2413.8	585.0	4.0181	4.9338
21.0	369.79	0.002218	0.005006	1892.2	2340.2	448.0	4.1137	4.8106
22.0	373.68	0.002675	0.003757	2007.7	2192.5	184.8	4.2891	4.5748

附表 8 未饱和水与过热水蒸气的热力性质

p	0.001MPa t_s=6.982 v'=0.0010001 v''=129.208 h'=29.33 h''=2513.8 s'=0.1060 s''=8.9756			0.005MPa t_s=32.90 v'=0.0010052 v''=28.196 h'=137.77 h''=2561.2 s'=0.4762 s''=8.3952		
t/℃	v/(m³/kg)	h/(kJ/kg)	s/[kJ/(kg·K)]	v/(m³/kg)	h/(kJ/kg)	s/[kJ/(kg·K)]
0	0.0010002	0.0	-0.0001	0.0010002	0.0	-0.0001
10	130.60	2519.5	8.9956	0.0010002	42.0	0.1510
20	135.23	2538.1	9.0604	0.0010017	83.9	0.2963
40	144.47	2575.5	9.1837	28.86	2574.6	8.4385
60	153.71	2613.0	9.2997	30.71	2612.3	8.5552
80	162.95	2650.6	9.4093	32.57	2650.0	8.6652
100	172.19	2688.3	9.5132	24.42	2687.9	8.7695
120	181.42	2726.2	9.6122	36.27	2725.9	8.8687
140	190.66	2764.3	6.7066	28.12	2764.0	8.9633
160	199.89	2802.6	9.7971	39.97	2802.3	9.0539
180	209.12	2841.0	9.8839	41.81	2840.8	9.1408
200	218.35	2879.7	9.9674	43.66	2879.5	9.2244
220	227.58	2918.6	10.0480	45.51	2918.5	9.3049
240	236.82	2957.7	10.1257	47.36	2957.6	9.3828
260	246.05	2997.1	10.2010	49.20	2997.0	9.4580
280	255.28	3036.7	10.2739	51.05	3036.6	9.5310

续表

p	0.001MPa t_s=6.982 v'=0.0010001　v''=129.208 h'=29.33　h''=2513.8 s'=0.1060　s''=8.9756			0.005MPa t_s=32.90 v'=0.0010052　v''=28.196 h'=137.77　h''=2561.2 s'=0.4762　s''=8.3952		
t/℃	v/(m³/kg)	h/(kJ/kg)	s/[kJ/(kg·K)]	v/(m³/kg)	h/(kJ/kg)	s/[kJ/(kg·K)]
300	264.51	3076.5	10.3446	52.90	3076.4	9.6017
350	287.58	3177.2	10.5130	57.51	3177.1	9.7702
400	310.66	3279.5	10.6709	62.13	3279.4	9.9280
450	333.74	3383.4	10.820	66.74	3383.3	10.077
500	356.81	3489.0	10.961	71.36	3489.0	10.218
550	379.89	3596.3	11.095	75.98	3596.2	10.352
600	402.96	3705.3	11.224	80.59	3705.3	10.481

p	0.01MPa t_s=45.83 v'=0.0010102　v''=14.676 h'=191.84　h''=2584.4 s'=0.6493　s''=8.1505			0.1MPa t_s=99.63 v'=0.0010434　v''=1.6946 h'=417.51　h''=2675.7 s'=1.3027　s''=7.36008		
t/℃	v/(m³/kg)	h/(kJ/kg)	s/[kJ/(kg·K)]	v/(m³/kg)	h(kJ/kg)	s/[kJ/(kg·K)]
0	0.0010002	0.0	-0.0001	0.0010002	0.1	-0.0001
10	0.0010002	42.0	0.1510	0.0010002	42.1	0.1510
20	0.0010017	83.9	0.2963	0.0010017	84.0	0.2963
40	0.0010078	167.4	0.5721	0.0010078	167.5	0.5721
60	15.34	2611.3	8.2331	0.0010171	251.2	0.8309
80	16.27	2649.3	8.3437	0.0010292	335.0	1.0752
100	17.20	2687.3	8.4484	1.696	2676.5	7.3628
120	18.12	2725.4	8.5479	1.793	2716.8	7.4681
140	19.05	2763.6	8.6427	1.889	2756.6	7.5669
160	19.98	2802.0	8.7334	1.984	2796.2	7.6605
180	20.90	2840.6	8.8204	2.078	2835.7	7.7496
200	21.82	2879.3	8.9041	2.172	2875.2	7.8348
220	22.75	2918.3	8.9848	2.266	2914.7	7.9166
240	23.67	2957.4	9.0626	2.359	2954.3	7.9954
260	24.60	2996.8	9.1379	2.453	2994.1	8.0714
280	25.52	3036.5	9.2109	2.546	3034.0	8.1440
300	26.44	3076.3	9.2817	2.639	3074.1	8.2162

续表

p	0.01MPa			0.1MPa		
	$t_s=45.83$ $v'=0.0010102$　$v''=14.676$ $h'=191.84$　$h''=2584.4$ $s'=0.6493$　$s''=8.1505$			$t_s=99.63$ $v'=0.0010434$　$v''=1.6946$ $h'=417.51$　$h''=2675.7$ $s'=1.3027$　$s''=7.36008$		
t/℃	v/(m³/kg)	h/(kJ/kg)	s/[kJ/(kg·K)]	v/(m³/kg)	h(kJ/kg)	s/[kJ/(kg·K)]
350	28.75	3177.0	9.4502	2.871	3175.3	8.3854
400	31.06	3279.4	9.6081	3.103	3278.0	8.5439
450	33.39	3383.3	9.7570	3.334	3382.2	8.6932
500	35.68	3488.9	9.8982	3.565	3487.9	8.8346
550	37.99	3596.2	10.033	3.797	3595.4	8.9693
600	40.29	3705.2	10.161	4.028	3704.5	9.0979

p	0.5MPa			1.0MPa		
	$t_s=151.85$ $v'=0.0010928$　$v''=0.37481$ $h'=640.1$　$h''=2748.5$ $s'=1.8604$　$s''=6.8215$			$t_s=179.88$ $v'=0.0011274$　$v''=0.19430$ $h'=762.6$　$h''=2777.0$ $s'=2.1382$　$s''=6.5847$		
t/℃	v/(m³/kg)	h/(kJ/kg)	s/[kJ/(kg·K)]	v/(m³/kg)	h/(kJ/kg)	s/[kJ/(kg·K)]
0	0.0010000	0.5	-0.0001	0.0009997	1.0	-0.0001
10	0.0010000	42.5	0.1509	0.0009998	43.0	0.1509
20	0.00110015	84.3	0.2962	0.0010013	84.8	0.2961
40	0.0010076	167.9	0.5719	0.0010074	168.3	0.5717
60	0.0010169	251.5	0.8307	0.0010167	251.9	0.8305
80	0.0010290	335.3	1.0750	0.0010287	335.7	1.0746
100	0.0010435	419.4	1.3066	0.0010432	419.7	1.3062
120	0.0010605	503.9	1.5273	0.0010602	504.3	1.5269
140	0.0010800	589.2	1.7388	0.0010796	589.5	1.7383
160	0.3836	2767.3	6.8654	0.0011019	675.7	1.9420
180	0.4046	2812.1	6.9665	0.1944	2777.3	6.5854
200	0.4250	2855.5	7.0602	0.2059	2827.5	6.6940
220	0.4450	2898.0	7.1481	0.2169	2874.9	6.7921
240	0.4646	2939.9	7.2315	0.2275	2920.5	6.8826
260	0.4841	2981.5	7.3110	0.2378	2964.8	6.9674
280	0.5034	3022.9	7.3872	0.2480	3008.3	7.0475
300	0.5226	3064.2	7.4606	0.2580	3051.3	7.1239
350	0.5701	3167.6	7.6335	0.2825	3157.7	7.3018

续表

p	0.5MPa t_s = 151.85 v' = 0.0010928　v'' = 0.37481 h' = 640.1　h'' = 2748.5 s' = 1.8604　s'' = 6.8215			1.0MPa t_s = 179.88 v' = 0.0011274　v'' = 0.19430 h' = 762.6　h'' = 2777.0 s' = 2.1382 s″ = 6.5847		
t/℃	v/(m³/kg)	h/(kJ/kg)	s/[kJ/(kg·K)]	v/(m³/kg)	h/(kJ/kg)	s/[kJ/(kg·K)]
400	0.6172	3271.8	7.7944	0.3066	3264.0	7.4606
420	0.6360	3313.8	7.8558	0.3161	3306.6	7.5283
440	0.6548	3355.9	7.9158	0.3256	3349.3	7.5890
450	0.6641	3377.1	7.9452	0.3304	3370.7	7.6188
460	0.6735	3398.3	7.9743	0.3351	3392.1	7.6482
480	0.6922	3440.9	8.0316	0.3446	3435.1	7.7061
500	0.7109	3483.7	8.0877	0.3540	3478.3	7.7627
550	0.7575	3591.7	8.2232	0.3776	3587.2	7.8991
600	0.8040	3701.4	8.3525	0.4010	3697.4	8.0292

p	3MPa t_s = 233.81 v' = 0.0012163　v'' = 0.06662 h' = 1008.4　h'' = 2801.9 s' = 2.6455　s'' = 6.1832			5MPa t_s = 263.92 v' = 0.0012858　v'' = 0.03941 h' = 1154.6　h'' = 2792.8 s' = 2.9209　s'' = 5.9712		
t/℃	v/(m³/kg)	h/(kJ/kg)	s/[kJ/(kg·K)]	v/(m³/kg)	h/(kJ/kg)	s/[kJ/(kg·K)]
0	0.0009987	3.0	0.0001	0.0009977	5.1	0.0002
10	0.0009988	44.9	0.1507	0.0009979	46.9	0.1505
20	0.0010004	68.7	0.2957	0.0009995	88.6	0.2952
40	0.0010065	170.1	0.5709	0.0010056	171.9	0.5702
60	0.0010158	253.6	0.8294	0.0010149	255.3	0.8283
80	0.0010278	337.3	1.0733	0.0010268	338.8	1.0720
100	0.0010422	421.2	1.3046	0.0010412	422.7	1.3030
120	0.0010590	505.7	1.5250	0.0010579	507.1	1.5232
140	0.0010783	590.8	1.7362	0.0010771	592.1	1.7342
160	0.0011005	676.9	1.9396	0.0010990	678.0	1.9373
180	0.0011258	764.1	2.1366	0.0011241	765.2	2.1330
200	0.0011550	853.0	2.3284.	0.0011530	853.8	2.3253
220	0.0011891	943.9	2.5166	0.0011866	944.4	2.5129
240	0.06818	2823.0	6.2245	0.0012264	1037.8	2.6985
260	0.07286	2885.5	6.3440	0.0012750	1135.0	2.8842
280	0.07714	2941.8	6.4477	0.04224	2857.0	6.0889

续表

p	3MPa			5MPa		
	$t_s=233.81$ $v'=0.0012163$ $v''=0.06662$ $h'=1008.4$ $h''=2801.9$ $s'=2.6455$ $s''=6.1832$			$t_s=263.92$ $v'=0.0012858$ $v''=0.03941$ $h'=1154.6$ $h''=2792.8$ $s'=2.9209$ $s''=5.9712$		
t/℃	v/(m³/kg)	h/(kJ/kg)	s/[kJ/(kg·K)]	v/(m³/kg)	h/(kJ/kg)	s/[kJ/(kg·K)]
300	0.08116	2994.2	6.5408	0.04532	2925.4	6.2104
350	0.09053	3115.7	6.7443	0.05194	3069.2	6.4513
400	0.09933	3231.6	6.9231	0.05780	3196.9	6.6486
420	0.10276	3276.9	6.9894	0.06002	3245.4	6.7198
440	0.1061	3321.9	7.0535	0.06220	3293.2	6.7875
450	0.1078	3344.4	7.0847	0.06327	3316.8	6.8204
460	0.1095	3366.8	7.1155	0.06434	3340.4	6.8528
480	0.1128	3411.6	7.1758	0.06644	3387.2	6.9158
500	0.1161	3456.4	7.2345	0.06853	3433.8	6.9768
550	0.1243	3568.6	7.3752	0.07363	3549.6	7.1221
600	0.1324	3681.5	7.5084	0.07864	3665.4	7.2586

p	7MPa			10MPa		
	$t_s=285.80$ $v'=0.0013514$ $v''=0.02734$ $h'=1267.7$ $h''=2771.4$ $s'=3.1225$ $s''=5.8126$			$t_s=310.96$ $v'=0.0014526$ $v''=0.01800$ $h'=1408.6$ $h''=2724.4$ $s'=3.3616$ $s''=5.6143$		
t/℃	v/(m³/kg)	h/(kJ/kg)	s/[kJ/(kg·K)]	v/(m³/kg)	h/(kJ/kg)	s/[kJ/(kg·K)]
0	0.0009967	7.1	0.0004	0.0009953	10.1	0.0005
10	0.0009970	48.8	0.1504	0.0009956	51.7	0.1500
20	0.000996	90.4	0.2948	0.0009972	93.2	0.2942
40	0.0010047	173.6	0.5694	0.0010034	176.3	0.5682
60	0.0010140	256.9	0.8273	0.0010126	259.4	0.8257
80	0.0010259	340.4	1.0707	0.0010244	342.8	1.0687
100	0.0010401	424.2	1.3015	0.0010386	426.5	1.2992
120	0.0010567	508.5	1.5215	0.0010551	510.6	1.5188
140	0.0010758	593.4	1.7321	0.0010739	595.4	1.7291
160	0.0010976	679.2	1.9350	0.0010954	681.0	1.9315
180	0.0011224	766.2	2.132	0.0011199	767.8	2.1272
200	0.0011510	854.6	2.3222	0.0011480	855.9	2.3176
220	0.0011841	945.0	2.5093	0.0011805	946.0	2.5040
240	0.0012233	1038.0	2.6941	0.0012188	1038.4	2.6878

续表

p	7MPa $t_s = 285.80$ $v' = 0.0013514$ $v'' = 0.02734$ $h' = 1267.7$ $h'' = 2771.4$ $s' = 3.1225$ $s'' = 5.8126$			10MPa $t_s = 310.96$ $v' = 0.0014526$ $v'' = 0.01800$ $h' = 1408.6$ $h'' = 2724.4$ $s' = 3.3616$ $s'' = 5.6143$		
t/℃	$v/(m^3/kg)$	h/(kJ/kg)	s/[kJ/(kg·K)]	$v/(m^3/kg)$	h/(kJ/kg)	s/[kJ/(kg·K)]
260	0.0012708	1134.7	2.8789	0.0012648	1134.3	2.8711
280	0.0013307	1236.7	3.0667	0.0013221	1235.2	3.0567
300	0.02946	2839.2	5.9322	0.0013978	1343.7	3.2494
350	0.03524	3017.0	6.2306	0.02242	2924.2	5.9464
400	0.03992	3159.7	6.4511	0.02641	3098.5	6.2158
420	0.04414	3288.0	6.6350	0.02974	3242.2	6.4220
440	0.04810	3410.5	6.7988	0.03277	3374.1	6.5984
450	0.04964	3458.6	6.8602	0.03392	3425.1	6.6635
460	0.05116	3506.4	6.9198	0.03505	3475.4	6.7262
480	0.05191	3530.2	6.9490	0.03561	3500.4	6.7568
500	0.05266	3554.1	6.9778	0.03616	3525.4	6.7869
550	0.05414	3601.6	7.0342	0.03726	3574.9	6.8456
600	0.05561	3649.0	7.0890	0.03833	3624.0	6.9025

p	14MPa $t_s = 336.63$ $v' = 0.0016104$ $v'' = 0.01149$ $h' = 1572.8$ $h'' = 2638.3$ $s' = 3.6262$ $s'' = 5.3737$			20MPa $t_s = 365.71$ $v' = 0.002038$ $v'' = 0.005873$ $h' = 1828.8$ $h'' = 2413.8$ $s' = 4.0181$ $s'' = 4.9338$		
t/℃	$v/(m^3/kg)$	h/(kJ/kg)	s/[kJ/(kg·K)]	$v/(m^3/kg)$	h/(kJ/kg)	s/[kJ/(kg·K)]
0	0.0009933	14.1	0.0007	0.0009904	20.1	0.0008
10	0.0009938	55.6	0.1496	0.0009910	61.3	0.1489
20	0.0009955	97.0	0.2933	0.0009929	102.5	0.2919
40	0.0010017	179.8	0.5666	0.0009992	185.1	0.5643
60	0.0010109	262.8	0.8236	0.0010083	267.8	0.8204
80	0.0010226	346.0	1.0661	0.0010199	350.8	1.0623
100	0.0010366	429.5	1.2961	0.0010337	434.0	1.2916
120	0.0010529	513.5	1.5153	0.0010496	517.7	1.5101
140	0.0010715	598.0	1.7251	0.0010679	602.0	1.7192
160	0.0010926	683.4	1.9269	0.0010886	687.1	1.9203
180	0.0011167	769.9	2.1220	0.0011120	773.1	2.1145

续表

p	14MPa			20MPa		
	$t_s=336.63$ $v'=0.0016104$ $v''=0.01149$ $h'=1572.8$ $h''=2638.3$ $s'=3.6262$ $s''=5.3737$			$t_s=365.71$ $v'=0.002038$ $v''=0.005873$ $h'=1828.8$ $h''=2413.8$ $s'=4.0181$ $s''=4.9338$		
t/℃	v/(m^3/kg)	h/(kJ/kg)	s/[kJ/(kg·K)]	v/(m^3/kg)	h/(kJ/kg)	s/[kJ/(kg·K)]
200	0.0011442	857.7	2.3117	0.0011387	860.4	2.3030
220	0.0011759	947.2	2.4970	0.0011693	949.3	2.4870
240	0.0012129	1039.1	2.6796	0.0012047	1040.3	2.6678
260	0.0012572	1134.1	2.8612	0.0012466	1134.1	2.8470
280	0.0013115	1233.5	3.0441	0.0012971	1231.6	3.0226
300	0.0013816	1339.5	3.2324	0.0013606	1334.6	3.2095
350	0.01323	2753.5	5.5606	0.001666	1648.4	3.7327
400	0.01722	3004.0	5.9488	0.009952	2820.1	5.5578
420	0.02007	3175.8	6.1953	0.01270	3062.4	5.9061
440	0.02251	3323.0	6.3922	0.01477	3240.2	6.1440
450	0.02342	3378.4	6.4630	0.01551	3303.7	6.2251
460	0.02430	3432.5	6.5304	0.01621	3364.6	6.3009
480	0.02473	3459.2	6.5631	0.01655	3394.3	6.3373
500	0.02515	3485.8	6.5951	0.01688	3423.6	6.3726
550	0.02599	3528.2	6.6573	0.01753	3480.9	6.4406
600	0.02681	3589.8	6.7172	0.01816	3536.9	6.5055

p	25MPa			30MPa		
t/℃	v/(m^3/kg)	h/(kJ/kg)	s/[kJ/(kg·K)]	v/(m^3/kg)	h/(kJ/kg)	s/[kJ/(kg·K)]
0	0.0009881	25.1	0.0009	0.0009857	30.0	0.0008
10	0.0009888	66.1	0.1482	0.0009866	10.8	0.1471
20	0.0009907	107.1	0.2907	0.0009886	0.17	0.2895
40	0.0009971	189.4	0.5623	0.0009950	193.8	0.5604
60	0.0010062	272.0	0.8178	0.0010041	276.1	0.8153
80	0.0010177	354.8	1.0591	0.0010155	358.7	1.0560
100	0.0010313	437.8	1.2879	0.0010289	441.6	1.2843
120	0.0010470	521.3	1.5059	0.0010445	524.9	1.5017
140	0.0010650	605.4	1.7144	0.0010621	603.1	1.7097
160	0.0010853	690.2	1.9148	0.0010821	693.3	1.9095
180	0.0011082	775.9	2.1083	0.0011046	778.7	2.1022
200	0.0011343	862.8	2.2960	0.0011300	865.2	2.2891

续表

p	25MPa			30MPa		
t/℃	v/(m³/kg)	h/(kJ/kg)	s/[kJ/(kg·K)]	v/(m³/kg)	h/(kJ/kg)	s/[kJ/(kg·K)]
220	0.0011640	951.2	2.4789	0.0011590	953.1	2.4711
240	0.0011983	1041.5	2.6584	0.0011922	1042.8	2.6493
260	0.0012384	1134.3	2.8359	0.0012307	1134.8	2.8252
280	0.0012863	1230.5	3.0130	0.0012762	1229.9	3.0002
300	0.0013453	1131.5	3.1922	0.0013315	1329.0	3.1763
350	0.001600	1626.4	3.6844	0.001554	1611.3	3.6475
400	0.006009	2583.2	5.1472	0.002806	2159.1	4.4854
420	0.009168	2952.1	5.6787	0.006730	2823.1	5.4458
440	0.01113	3165.0	5.9639	0.008679	3083.9	5.7954
450	0.01180	3237.0	6.0558	0.009309	3166.1	5.9004
460	0.01242	3304.7	6.1401	0.009889	3241.7	5.9945
480	0.01272	3337.3	6.1800	0.010165	3277.7	6.0385
500	0.01301	3369.2	6.2185	0.01043	3312.6	6.0806
550	0.01358	3431.2	6.2921	0.01095	3379.8	6.1604
600	0.01413	3491.2	6.3616	0.01144	3444.2	6.2351

附表9 氨(NH_3)饱和液与饱和蒸气的热力性质

温度	压力	比体积		比焓		比熵	
t/℃	p/kPa	v'/(m³/kg)	v''/(m³/kg)	h'/(kJ/kg)	h''/(kJ/kg)	s'/[kJ/(kg·K)]	s''/[kJ/(kg·K)]
-30	119.5	0.001476	0.96339	44.26	1404.0	0.1856	5.7778
-25	151.6	0.001490	0.77119	66.58	1411.2	0.2763	5.6947
-20	190.2	0.001504	0.62334	89.05	1418.0	0.3657	5.6155
-15	236.3	0.001519	0.50838	111.66	1424.6	0.4538	5.5397
-10	290.9	0.001534	0.41808	134.41	1430.8	0.5408	5.4673
-5	354.9	0.001550	0.34648	157.31	1436.7	0.6266	5.3997
0	429.6	0.001556	0.28920	180.36	1442.2	0.7114	5.3309
5	515.9	0.001583	0.24299	203.58	1447.3	0.7951	5.2666
10	615.2	0.001600	0.20504	226.97	1452.0	0.8779	5.2045
15	728.6	0.001619	0.17462	250.54	1456.3	0.9598	5.1444
20	857.5	0.001638	0.14922	274.30	1460.2	1.0408	5.0860
25	1003.2	0.001658	0.12813	298.25	1463.5	1.1210	5.0293
30	1167.0	0.001680	0.11049	322.42	1466.3	1.2005	4.9738
35	1350.4	0.001702	0.09567	346.80	1468.6	1.2792	4.9169
40	1554.9	0.001725	0.08313	371.43	1470.2	1.3574	4.8662

续表

温度	压力	比体积		比焓		比熵	
t/℃	p/kPa	v'/(m^3/kg)	v''/(m^3/kg)	h'/(kJ/kg)	h''/(kJ/kg)	s'/[kJ/(kg·K)]	s''/[kJ/(kg·K)]
45	1782.0	0.001750	0.07428	396.31	1471.2	1.4350	4.8136
50	2033.1	0.001777	0.06337	421.48	1471.5	1.5121	4.7614
55	2310.1	0.001804	0.05555	446.96	1471.0	1.5888	4.7095
60	2614.4	0.001834	0.04880	472.79	1469.7	1.6652	4.6577
65	2947.8	0.001866	0.04296	499.01	1467.5	1.7415	4.6057
70	3312.0	0.001900	0.03787	525.69	1464.4	1.8178	4.5533
75	3709.0	0.001937	0.03341	552.88	1460.1	1.8943	4.5001
80	4140.5	0.001978	0.02951	580.69	1454.6	1.9712	4.4458
85	4608.6	0.002022	0.02606	609.21	1447.8	2.0488	4.3901
90	5115.3	0.002071	0.02300	638.59	1439.4	2.1273	4.3325
95	5662.9	0.002126	0.02028	668.99	1429.2	2.2073	4.2723
100	6253.7	0.002188	0.01784	700.64	1416.9	2.2893	4.2088
105	6890.4	0.002261	0.01546	733.87	1402.0	2.3740	4.1407
110	7575.7	0.002347	0.01363	769.15	1383.7	2.4625	4.0665
115	8313.3	0.002452	0.01178	807.21	1361.0	2.5566	3.9833
120	9107.2	0.002589	0.01003	549.36	1331.7	2.6593	3.8861
132.3	2614.4	0.004255	0.00426	1085.85	1085.9	3.2316	3.2316

附表 10 氟利昂 12(CCl_2F_2)饱和液与饱和蒸气的热力性质

温度	压力	比容		焓		汽化潜热	熵	
		液体	蒸汽	液体	蒸汽		液体	蒸汽
t/℃	p/bar	v'/(m^3/kg)	v''/(m^3/kg)	h'/(kJ/kg)	h''/(kJ/kg)	r/(kJ/kg)	s'/[kJ/(kg·K)]	s''/[kJ/(kg·K)]
-70	0.12336	0.6234	1.1259	359.394	539.594	179.613	3.93768	4.82398
-60	0.22702	0.6349	0.6394	367.098	544.284	177.185	3.97519	4.80669
-50	0.39216	0.6468	0.3854	375.095	549.224	174.129	4.01195	4.79254
-40	0.64243	0.6592	0.2441	383.301	554.164	170.863	4.04800	4.78103
-30	1.00469	0.6725	0.1613	391.758	559.105	167.346	4.08346	4.77190
-25	1.23720	0.6793	0.1331	396.113	561.575	165.462	4.10097	4.76788
-20	1.50688	0.6868	0.1107	400.467	564.003	163.536	4.11834	4.76449
-15	1.82619	0.6940	0.0968	404.947	566.432	161.484	4.13563	4.76135
-10	2.19100	0.7018	0.0781	409.469	568.860	159.391	4.15280	4.75859
-5	2.60876	0.7092	0.0663	414.032	571.205	157.172	4.16984	4.75612
0	3.08566	0.7173	0.0567	418.680	573.549	154.869	4.18680	4.75394

续表

温度	压力	比容		焓		汽化潜热	熵	
		液体	蒸汽	液体	蒸汽		液体	蒸汽
t/℃	p/bar	v'/(m^3/kg)	v''/(m^3/kg)	h'/(kJ/kg)	h''/(kJ/kg)	r/(kJ/kg)	s'/[kJ/(kg · K)]	s''/[kJ/(kg · K)]
5	3. 62443	0. 7257	0. 0486	423. 369	575. 852	154. 483	4. 20363	4. 75189
10	4. 23009	0. 7342	0. 0420	428. 142	578. 113	149. 971	4. 22040	4. 75013
20	5. 66706	0. 7524	0. 0317	437. 897	582. 467	144. 570	4. 25370	4. 74691
30	7. 43442	0. 7734	0. 0243	447. 861	586. 486	138. 624	4. 28672	4. 74406
40	9. 85178	0. 7968	0. 0188	458. 077	590. 087	132. 009	4. 31939	4. 74096

附表 11　氟利昂 134a 饱和液与饱和蒸气的热力性质(按温度排序)

t/℃	p/kPa	v'/(m^3/kg×10^{-3})	v''/(m^3/kg×10^{-3})	h'/(kJ/kg)	h''/(kJ/kg)	s'/[kJ/(kg · K)]	s''/[kJ/(kg · K)]
-85. 00	2. 56	5899. 997	0. 64884	345. 37	94. 12	1. 8702	0. 5348
-80. 00	3. 87	4045. 366	0. 65501	348. 41	99. 89	1. 8535	0. 5668
-75. 00	5. 72	2816. 477	0. 66106	351. 48	105. 48	1. 8379	0. 5974
-70. 00	8. 27	2004. 070	0. 66719	354. 57	111. 46	1. 8239	0. 6272
-65. 00	11. 72	1442. 296	0. 67327	357. 68	117. 38	1. 8107	0. 6562
-60. 00	16. 29	1055. 363	0. 67947	360. 81	123. 37	1. 7987	0. 6847
-55. 00	22. 24	785. 161	0. 68583	363. 95	129. 42	1. 7878	0. 7127
-50. 00	29. 90	593. 412	0. 69238	367. 10	135. 54	1. 7782	0. 7405
-45. 00	39. 58	454. 926	0. 69916	370. 25	141. 72	1. 7695	0. 7678
-40. 00	51. 69	353. 529	0. 70619	373. 40	147. 96	1. 7618	0. 7949
-35. 00	66. 63	278. 087	0. 71348	376. 54	154. 26	1. 7549	0. 8216
-30. 00	84. 85	221. 302	0. 72105	379. 67	160. 60	1. 7488	0. 8479
-25. 00	106. 86	177. 937	0. 72892	382. 79	167. 04	1. 7434	0. 8740
-20. 00	133. 18	144. 450	0. 73712	385. 89	173. 52	1. 7387	0. 8997
-15. 00	164. 36	118. 481	0. 74572	388. 97	180. 04	1. 7346	0. 9253
-10. 00	201. 00	97. 832	0. 75463	392. 01	186. 63	1. 7309	0. 9504
-5. 00	243. 71	81. 304	0. 76388	395. 01	193. 29	1. 7276	0. 9753
0. 00	293. 14	68. 164	0. 77365	397. 98	200. 00	1. 7248	1. 0000
5. 00	349. 96	57. 470	0. 78384	400. 90	206. 78	1. 7223	1. 0244
10. 00	414. 88	48. 721	0. 79453	406. 76	213. 63	1. 7201	1. 0486
15. 00	488. 60	41. 532	0. 80577	406. 57	200. 55	1. 7182	1. 0727
20. 00	571. 88	35. 576	0. 81762	409. 30	227. 55	1. 7165	1. 0965
25. 00	665. 49	30. 603	0. 83017	400. 96	234. 63	1. 7149	1. 1202
30. 00	770. 21	26. 424	0. 84347	414. 52	241. 80	1. 7135	1. 1437

续表

t/℃	p/kPa	v′/ (m³/kg×10⁻³)	v″/ (m³/kg×10⁻³)	h′/ (kJ/kg)	h″/ (kJ/kg)	s′/ [kJ/(kg·K)]	s″/ [kJ/(kg·K)]
35.00	886.87	22.899	0.85768	416.99	249.07	1.7121	1.1672
40.00	1016.32	19.893	0.87284	439.34	256.44	1.7108	1.1906
45.00	1159.45	17.320	0.88919	421.55	263.94	1.7093	1.2139
50.00	1317.19	15.112	0.90394	423.62	271.57	1.7078	1.2373
55.00	1490.52	13.203	0.92634	425.51	279.36	1.7061	1.2607
60.00	1680.47	11.538	0.94775	427.18	287.33	1.7041	1.2842
65.00	1888.17	10.808	0.97175	428.61	295.51	1.7016	1.3080
70.00	2114.81	8.788	0.99902	429.70	303.94	1.6986	1.3321
75.00	2361.75	7.638	1.03073	430.38	312.71	1.6948	1.3568
80.00	2630.48	6.601	1.06869	430.53	321.92	1.6898	1.3822
85.00	2922.80	5.647	1.11621	429.86	331.74	1.6829	1.4089
90.00	3240.89	4.751	1.18024	427.99	342.54	1.4732	1.4379
95.00	3587.80	3.851	1.27926	423.70	355.23	1.6574	1.4714
100.00	3969.25	2.779	1.53410	412.19	275.04	1.6230	1.5234
101.00	4051.31	2.382	1.96810	404.50	392.88	1.6018	1.5707
101.15	4064.00	1.969	1.96850	393.07	393.0	1.5712	1.5712

附表 12 氟利昂 134a 饱和液与饱和蒸气的热力性质(按压强排序)

p/kPa	t/℃	v′/ (m³/kg×10⁻³)	v″/ (m³/kg×10⁻³)	h′/ (kJ/kg)	h″/ (kJ/kg)	s′/ [kJ/(kg·K)]	s″/ [kJ/(kg·K)]
10.00	-67.32	1676.284	0.67044	356.24	114.63	1.8166	0.6428
20.00	-56.74	868.908	0.68352	362.84	127.30	1.7915	0.7030
30.00	-49.94	591.338	0.69247	347.14	135.62	1.7780	0.7408
40.00	-44.81	450.539	0.69942	370.37	141.95	1.7692	0.7688
50.00	-40.64	364.782	0.70527	373.00	147.16	1.7627	0.7915
60.00	-37.08	306.836	0.71041	375.24	151.64	1.7577	0.8105
80.00	-31.25	234.033	0.71913	378.90	159.04	1.7503	0.8414
100.00	-26.45	189.737	0.72667	381.89	165.15	1.7451	0.8665
120.00	-22.37	159.324	0.73319	384.42	140.43	1.7409	0.8875
140.00	-18.82	137.972	0.73920	386.63	175.04	1.7378	0.9059
160.00	-15.64	121.490	0.74461	388.58	179.20	1.7351	0.9220
180.00	-12.79	108.637	0.74955	390.31	182.95	1.7358	0.9364
200.00	-10.14	98.326	0.75438	391.93	186.45	1.7310	0.9497
250.00	-4.35	79.485	0.76517	395.41	194.16	1.7273	0.9786
300.00	0.63	66.694	0.77492	398.36	200.85	1.7245	1.0031

续表

p/kPa	t/℃	v'/ (m^3/kg×10^{-3})	v''/ (m^3/kg×10^{-3})	h'/ (kJ/kg)	h''/ (kJ/kg)	s'/ [kJ/(kg·K)]	s''/ [kJ/(kg·K)]
350.00	5.00	57.477	0.78383	400.90	206.77	1.7223	1.0244
400.00	8.93	50.444	0.79220	403.16	212.16	1.7206	1.0435
450.00	12.44	45.013	0.79992	405.14	217.00	1.7191	1.0604
500.00	15.72	40.016	0.80744	406.96	221.55	1.7180	1.0761
550.00	18.75	36.955	0.71461	408.62	225.79	1.7619	1.0906
600.00	21.55	33.870	0.82129	410.11	229.74	1.7158	1.1038
650.00	24.21	31.327	0.82813	411.54	233.50	1.7152	1.1164
700.00	26.72	29.081	0.83465	412.85	237.09	1.7144	1.1283
800.00	31.32	25.428	0.84714	415.18	243.71	1.7131	1.1500
900.00	35.50	22.569	0.85911	417.22	249.80	1.7120	1.1695
1000.00	39.39	20.228	0.87091	419.05	255.52	1.7109	1.1877
1200.00	46.31	16.708	0.98371	422.11	265.93	1.7089	1.2201
1400.00	52.48	14.130	0.91633	424.58	275.42	1.7069	1.2489
1600.00	57.94	12.198	0.93864	426.52	284.01	1.7049	1.2745
1800.00	62.92	10.664	0.96140	428.04	292.04	1.7027	1.2981
2000.00	67.56	9.398	0.87526	429.21	299.80	1.7002	1.3203
2200.00	71.74	8.375	1.00948	429.99	306.95	1.6974	0.13406
2400.00	75.72	7.482	1.03576	430.45	314.01	1.6741	1.3604
2600.00	79.42	6.714	1.06391	430.54	320.83	1.6904	1.3792
2800.00	82.93	6.036	1.09510	430.28	327.59	1.6861	1.3977
3000.00	86.25	5.421	1.13032	429.55	334.34	1.6809	1.1459
3200.00	89.39	4.860	1.17107	428.32	341.14	1.6746	1.4342
3400.00	92.33	4.340	1.21992	426.45	348.12	1.6670	1.4527
4064.00	101.15	1.969	1.96850	393.07	393.07	1.5712	1.5712

附表 13　氟利昂 134a 过热蒸气的热力性质(按温度排序)

t/℃	p=0.05MPa(t_s=−40.64℃)			p=0.10MPa(t_s=−26.45℃)		
	v/(m^3/kg)	h/(kJ/kg)	s/[kJ/(kg·K)]	v/(m^3/kg)	h/(kJ/kg)	s/[kJ/(kg·K)]
−20.0	0.40477	388.69	1.8282	0.19379	383.10	1.7510
−10.0	0.42195	396.49	1.8584	0.20742	395.08	1.7975
0.0	0.43898	404.43	1.8880	0.21633	403.20	1.8282
10.0	0.45596	412.53	1.9171	0.22508	411.44	1.8578
20.0	0.47273	420.79	1.9458	0.23379	419.81	1.8868
30.0	0.48945	429.21	1.9740	0.24242	428.32	1.9154
40.0	0.50617	437.79	2.0019	0.25094	436.98	1.9435
50.0	0.52281	446.53	2.0294	0.25945	445.79	1.9712

t/℃	p=0.05MPa(t_s=-40.64℃)			p=0.10MPa(t_s=-26.45℃)		
	v/(m³/kg)	h/(kJ/kg)	s/[kJ/(kg·K)]	v/(m³/kg)	h/(kJ/kg)	s/[kJ/(kg·K)]
60.0	0.53945	455.43	2.0565	0.26793	454.76	1.9985
70.0	0.55602	464.50	2.0833	0.27637	463.88	2.0255
80.0	0.57258	473.73	2.1098	0.28477	473.15	2.0521
90.0	0.58906	483.12	2.1360	0.29313	482.58	2.0784

t/℃	p=0.15MPa(t_s=-17.20℃)			p=0.20MPa(t_s=-10.14℃)		
	v/(m³/kg)	h/(kJ/kg)	s/[kJ/(kg·K)]	v/(m³/kg)	h/(kJ/kg)	s/[kJ/(kg·K)]
-10.0	0.13584	393.63	1.7607	0.09998	392.14	1.7329
0.0	0.14203	401.93	1.7916	0.10486	400.63	1.7646
10.0	0.14813	410.32	1.8218	0.10961	409.17	1.7653
20.0	0.15410	418.81	1.8512	0.11426	417.79	1.8252
30.0	0.16002	427.42	1.8801	0.11881	426.51	1.8545
40.0	0.16586	436.17	1.9085	0.12332	435.34	1.8831
50.0	0.17168	445.05	1.9365	0.12775	444.30	1.9113
60.0	0.17742	454.08	1.9640	0.13215	453.39	1.9390
70.0	0.18313	463.25	1.9911	0.13652	462.62	1.9663
80.0	0.18883	472.57	2.0179	0.14086	471.98	1.9932
90.0	0.19449	482.04	2.0443	0.14516	481.50	2.0197
100.0	0.20016	491.66	2.0704	0.14945	491.15	2.0460

t/℃	p=0.25MPa(t_s=-4.35℃)			p=0.30MPa(t_s=0.63℃)		
	v/(m³/kg)	h/(kJ/kg)	s/[kJ/(kg·K)]	v/(m³/kg)	h/(kJ/kg)	s/[kJ/(kg·K)]
0.0	0.08253	399.30	1.7427			
10.0	0.08647	408.00	1.7740	0.07103	406.81	1.7560
20.0	0.09031	416.76	1.8044	0.07434	415.70	1.7868
30.0	0.09406	425.58	1.8340	0.07756	424.64	1.8168
40.0	0.09777	434.51	1.8630	0.08072	433.66	1.8461
50.0	0.10141	443.54	1.8914	0.08381	442.77	1.8747
60.0	0.10498	452.69	1.9192	0.08688	451.99	1.9028
70.0	0.10854	461.98	1.9467	0.08989	461.33	1.9305
80.0	0.11207	471.39	1.9738	0.09288	470.80	1.9576
90.0	0.11557	480.95	2.0004	0.09583	480.40	1.9844
100.0	0.11904	490.64	2.0268	0.09875	490.13	2.0109
110.0	0.12250	500.48	2.0528	0.10168	500.00	2.0370

t/℃	p=0.40MPa(t_s=8.93℃)			p=0.50MPa(t_s=15.72℃)		
	v/(m³/kg)	h/(kJ/kg)	s/[kJ/(kg·K)]	v/(m³/kg)	h/(kJ/kg)	s/[kJ/(kg·K)]
20.0	0.05433	413.51	1.7578	0.04227	411.22	1.7336
30.0	0.05689	422.70	1.7866	0.04445	420.68	1.7653

续表

t/℃	p=0.40MPa(t_s=8.93℃)			p=0.50MPa(t_s=15.72℃)		
	v/(m^3/kg)	h/(kJ/kg)	s/[kJ/(kg·K)]	v/(m^3/kg)	h/(kJ/kg)	s/[kJ/(kg·K)]
40.0	0.05939	431.92	1.8185	0.04656	430.12	1.7960
50.0	0.06183	441.20	1.8477	0.04860	439.58	1.8257
60.0	0.06420	450.56	1.8762	0.05059	449.09	1.8549
70.0	0.06655	460.02	1.9042	0.05253	458.68	1.8830
80.0	0.06886	469.59	1.9316	0.05444	468.36	1.9108
90.0	0.07114	479.28	1.9587	0.05632	478.14	1.9382
100.0	0.07341	489.09	1.9854	0.05817	488.04	1.9651
110.0	0.07564	499.03	2.0117	0.06000	498.05	1.9915
120.0	0.07786	509.11	2.0376	0.06183	508.19	2.0177
130.0	0.08006	519.31	2.0632	0.06363	518.46	2.0435

t/℃	p=0.60MPa(t_s=21.55℃)			p=0.70MPa(t_s=36.72℃)		
	v/(m^3/kg)	h/(kJ/kg)	s/[kJ/(kg·K)]	v/(m^3/kg)	h/(kJ/kg)	s/[kJ/(kg·K)]
30.0	0.03613	418.58	1.7452	0.03013	416.37	1.7270
40.0	0.03798	428.26	1.7766	0.03183	426.32	1.7593
50.0	0.03977	237.91	1.8070	0.03344	436.19	1.7904
60.0	0.04149	447.58	1.8364	0.03498	446.04	1.8204
70.0	0.04317	457.31	1.8652	0.03648	455.91	1.8496
80.0	0.04482	467.10	1.8933	0.03794	465.82	1.8780
90.0	0.04644	476.99	1.9209	0.03936	475.81	1.9059
100.0	0.04802	486.97	1.9480	0.04076	485.89	1.9333
110.0	0.04959	497.06	1.9747	0.04213	496.06	1.9602
120.0	0.05113	507.27	2.0010	0.04348	506.33	1.9867
130.0	0.05266	517.59	2.0270	0.04483	516.72	2.0128
140.0	0.05417	528.04	2.0526	0.04615	527.23	2.0385

t/℃	p=0.80MPa(t_s=31.32℃)			p=0.90MPa(t_s=35.50℃)		
	v/(m^3/kg)	h/(kJ/kg)	s/[kJ/(kg·K)]	v/(m^3/kg)	h/(kJ/kg)	s/[kJ/(kg·K)]
40.0	0.02718	424.31	1.7435	0.02355	422.09	1.7287
50.0	0.02867	434.41	1.7753	0.02494	432.57	1.7613
60.0	0.03009	444.45	1.8059	0.02626	442.81	1.7925
70.0	0.03145	454.47	1.8355	0.02752	453.00	1.8227
80.0	0.03277	464.52	1.8644	0.02874	463.19	1.8519
90.0	0.03406	474.62	1.8926	0.02992	473.40	1.8804
100.0	0.03531	484.79	1.9202	0.03106	483.67	1.9083
110.0	0.03654	495.04	1.9473	0.03219	494.01	1.9375

续表

t/℃	p=0.80MPa(t_s=31.32℃)			p=0.90MPa(t_s=35.50℃)		
	v/(m^3/kg)	h/(kJ/kg)	s/[kJ/(kg·K)]	v/(m^3/kg)	h/(kJ/kg)	s/[kJ/(kg·K)]
120.0	0.03775	505.39	1.9740	0.03329	504.43	1.9625
130.0	0.03895	515.84	2.0002	0.03438	514.95	1.9889
140.0	0.04013	526.40	2.0261	0.03544	525.57	2.0150

t/℃	p=1.0MPa(t_s=39.39℃)			p=1.1MPa(t_s=42.99℃)		
	v/(m^3/kg)	h/(kJ/kg)	s/[kJ/(kg·K)]	v/(m^3/kg)	h/(kJ/kg)	s/[kJ/(kg·K)]
40.0	0.02061	419.97	1.7145			
50.0	0.02194	430.64	1.7481	0.01947	428.64	1.7355
60.0	0.02319	441.12	1.7800	0.02066	439.37	1.7682
70.0	0.02437	451.49	1.8107	0.02178	449.93	1.7994
80.0	0.02551	461.82	1.8404	0.02285	460.42	1.8296
90.0	0.02660	472.16	1.8692	0.02388	470.89	1.8588
100.0	0.02766	182.53	1.8974	0.02488	481.37	1.8873
110.0	0.02870	492.96	1.9250	0.02584	491.89	1.9151
120.0	0.02971	503.46	1.9520	0.02679	502.48	1.9424
130.0	0.03071	514.05	1.9787	0.02771	513.14	1.9692
140.0	0.03169	524.73	2.0048	0.02862	523.88	1.9955
150.0	0.03265	535.52	2.0306	0.02951	534.72	2.0214

t/℃	p=1.2MPa(t_s=46.31℃)			p=1.3MPa(t_s=49.44℃)		
	v/(m^3/kg)	h/(kJ/kg)	s/[kJ/(kg·K)]	v/(m^3/kg)	h/(kJ/kg)	s/[kJ/(kg·K)]
50.0	0.01739	426.53	1.7233	0.01559	424.30	1.7113
60.0	0.01854	437.55	1.7569	0.01673	435.65	1.7459
70.0	0.01962	448.33	1.7888	0.01778	446.68	1.7785
80.0	0.02064	458.99	1.8194	0.01875	457.52	1.8096
90.0	0.02161	469.60	1.8490	0.01968	468.28	1.8397
100.0	0.02255	480.19	1.9889	0.02057	478.99	1.8688
110.0	0.02346	490.81	1.9059	0.02144	489.72	1.8972
120.0	0.02434	501.48	1.9334	0.02227	500.47	1.9249
130.0	0.02521	512.21	1.9603	0.02309	511.28	1.9520
140.0	0.02606	523.02	1.9868	0.02388	522.16	1.9787
150.0	0.02689	533.92	2.0129	0.02467	533.12	2.0049

t/℃	p=1.4MPa(t_s=52.48℃)			p=1.5MPa(t_s=55.23℃)		
	v/(m^3/kg)	h/(kJ/kg)	s/[kJ/(kg·K)]	v/(m^3/kg)	h/(kJ/kg)	s/[kJ/(kg·K)]
60.0	0.01516	433.66	1.7351	0.01379	431.57	1.7245
70.0	0.01618	444.96	1.7685	0.01479	443.17	1.7588

续表

t/℃	p=1.4MPa(t_s=52.48℃)			p=1.5MPa(t_s=55.23℃)		
	v/(m³/kg)	h/(kJ/kg)	s/[kJ/(kg·K)]	v/(m³/kg)	h/(kJ/kg)	s/[kJ/(kg·K)]
80.0	0.01713	456.01	1.8003	0.01572	454.45	1.7612
90.0	0.01802	466.92	1.8308	0.01658	465.54	1.8222
100.0	0.01888	477.77	1.8602	0.01741	476.52	1.8520
110.0	0.01970	488.60	1.8889	0.01819	487.47	1.8810
120.0	0.02050	499.45	1.9168	0.01895	498.41	1.9092
130.0	0.02127	510.34	1.9442	0.01969	509.38	1.9367
140.0	0.02202	521.28	1.9710	0.02041	520.40	1.9637
150.0	0.02276	532.30	1.9973	0.02111	531.48	1.9902

t/℃	p=1.6MPa(t_s=57.94℃)			p=1.7MPa(t_s=60.45℃)		
	v/(m³/kg)	h/(kJ/kg)	s/[kJ/(kg·K)]	v/(m³/kg)	h/(kJ/kg)	s/[kJ/(kg·K)]
60.0	0.01256	429.36	1.7139			
70.0	0.01356	441.32	1.7493	0.01247	439.37	1.7398
80.0	0.01447	452.84	1.7824	0.01336	451.17	1.7738
90.0	0.01532	464.11	1.8139	0.01419	462.65	1.8058
100.0	0.01611	475.25	1.8441	0.01497	473.94	1.8365
110.0	0.01687	486.31	1.8734	0.01570	485.14	1.8661
120.0	0.01760	497.36	1.9018	0.01641	496.29	1.8948
130.0	0.01831	508.41	1.9296	0.01709	507.43	1.9228
140.0	0.01900	519.50	1.9568	0.01775	518.60	1.9505
150.0	0.01966	530.65	1.9834	0.01839	529.81	1.9770

t/℃	p=2.0MPa(t_s=67.57℃)			p=3.0MPa(t_s=86.26℃)		
	v/(m³/kg)	h/(kJ/kg)	s/[kJ/(kg·K)]	v/(m³/kg)	h/(kJ/kg)	s/[kJ/(kg·K)]
70.0	0.00975	432.85	1.7112			
80.0	0.01065	445.76	1.7483			
90.0	0.01146	457.99	1.7824	0.00585	436.84	1.7011
100.0	0.01219	469.84	1.8146	0.00669	452.92	1.7448
110.0	0.01288	481.47	1.8454	0.00737	467.11	1.7824
120.0	0.01352	492.97	1.8750	0.00796	480.41	1.8166
130.0	0.01415	504.40	1.9037	0.00850	493.22	1.8488
140.0	0.01474	515.82	1.9317	0.00899	505.72	1.8794
150.0	0.01532	527.24	1.9590	0.00946	518.04	1.9089

t/℃	p=4.0MPa(t_s=100.35℃)			p=5.0MPa		
	v/(m³/kg)	h/(kJ/kg)	s/[kJ/(kg·K)]	v/(m³/kg)	h/(kJ/kg)	s/[kJ/(kg·K)]
60.0				0.00092	285.68	1.2700
70.0				0.00096	301.31	1.3163
80.0				0.00100	317.85	1.3638

续表

t/℃	p=4.0MPa(t_s=100.35℃)			p=5.0MPa		
	v/(m^3/kg)	h/(kJ/kg)	s/[kJ/(kg·K)]	v/(m^3/kg)	h/(kJ/kg)	s/[kJ/(kg·K)]
90.0				0.00108	335.94	1.4143
100.0				0.00122	357.51	1.4728
110.0	0.00424	445.56	1.7112	0.00171	394.74	1.5711
120.0	0.00498	463.93	1.7586	0.00289	437.91	1.6825
130.0	0.00554	479.52	1.7977	0.00363	461.41	1.7416
140.0	0.00603	493.90	1.8330	0.00417	479.51	1.7859
150.0	0.00647	507.59	1.8657	0.00462	495.48	1.8241
160.0	0.00687	520.87	1.8967	0.00502	510.34	1.8588

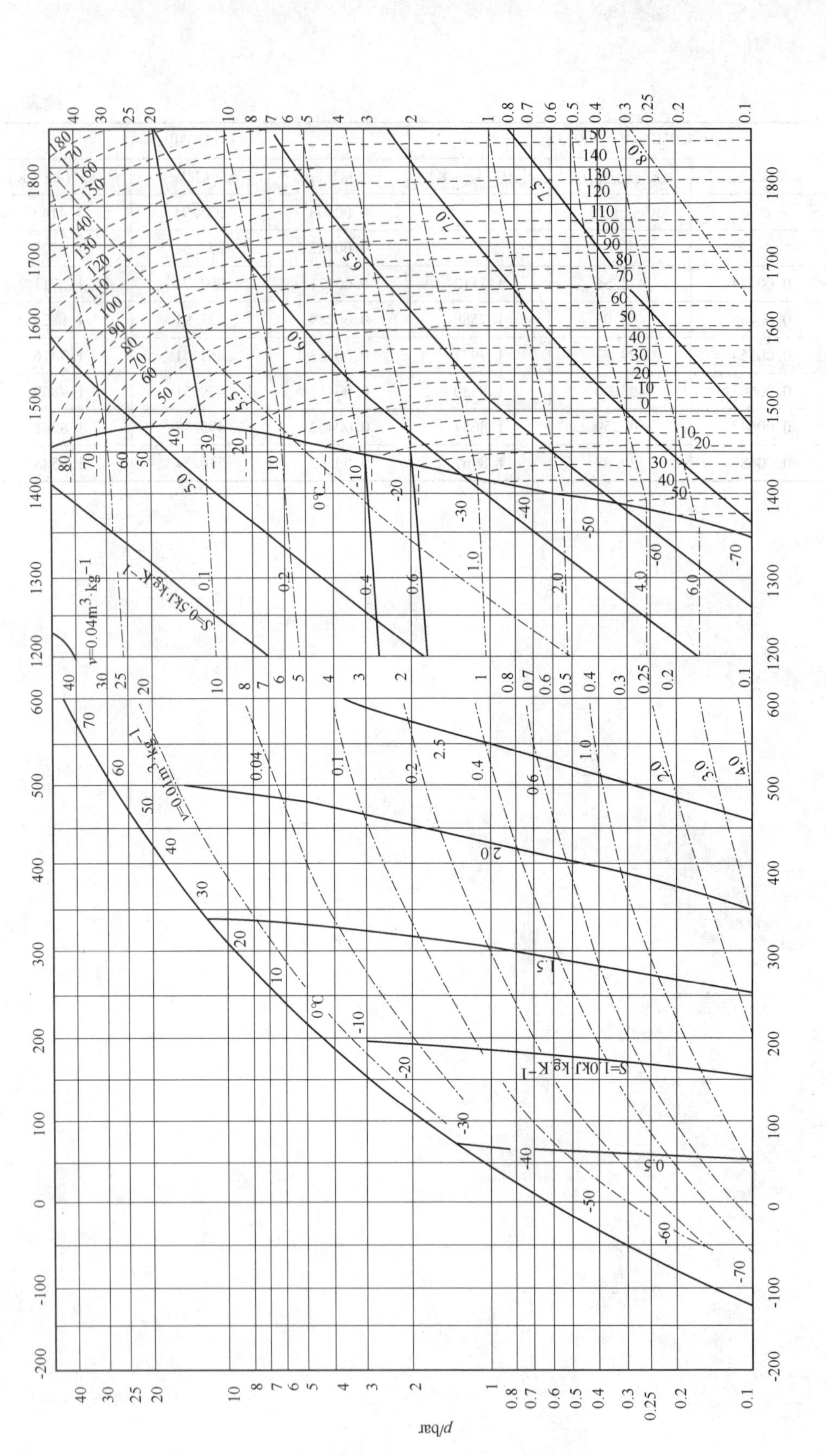

注：bar,巴,$1bar=10^5Pa$。

附图 1　氨(NH_3)的压焓图

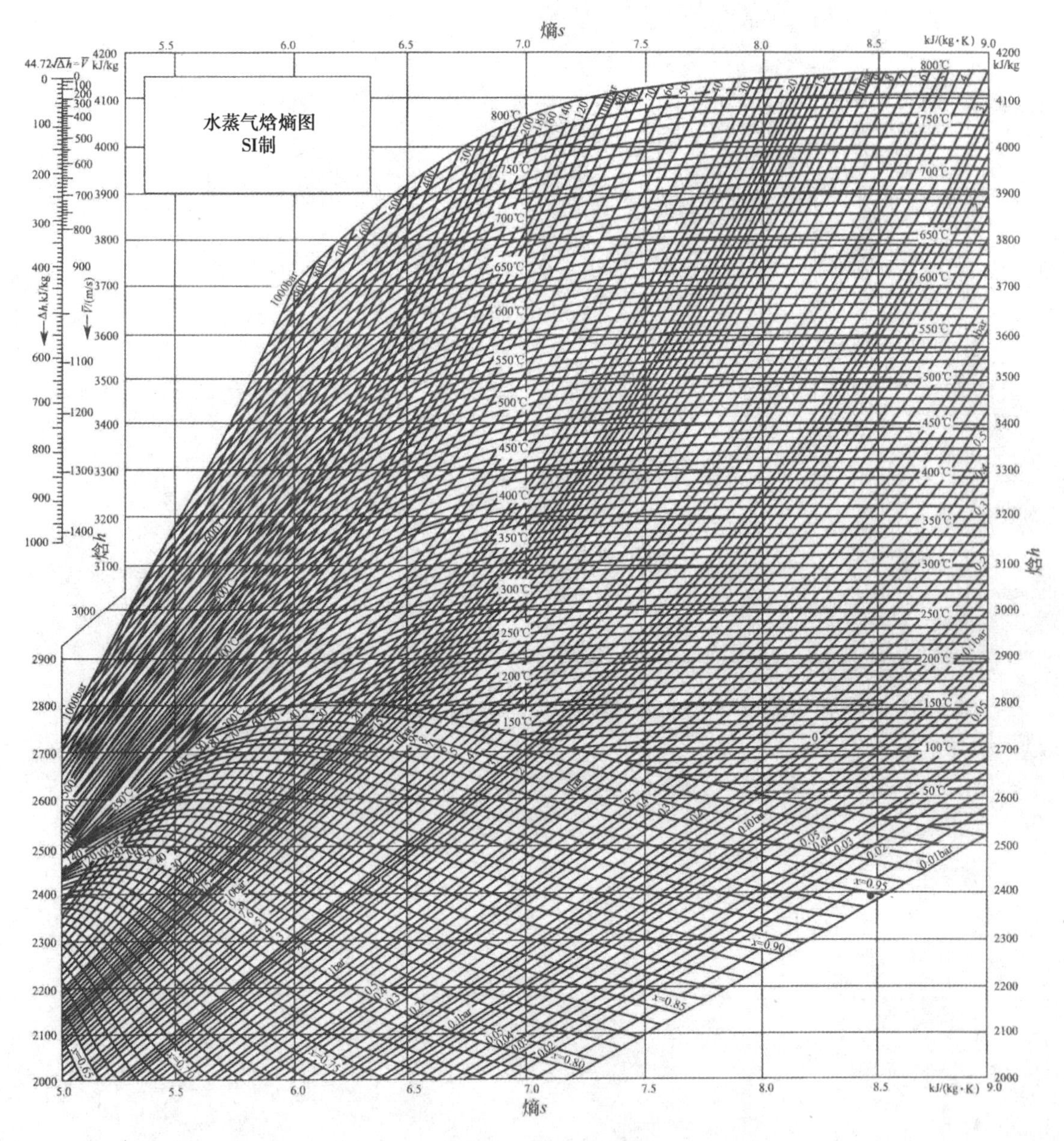
水蒸气焓熵图
SI制
熵s
焓h
kJ/(kg·K)
kJ/kg
44.72$\sqrt{\Delta h}$=$\bar{V}$
Δh,kJ/kg
$\bar{V}$/(m/s)
单位换算：1bar＝0.1MPa

附图2　水蒸气的焓熵图

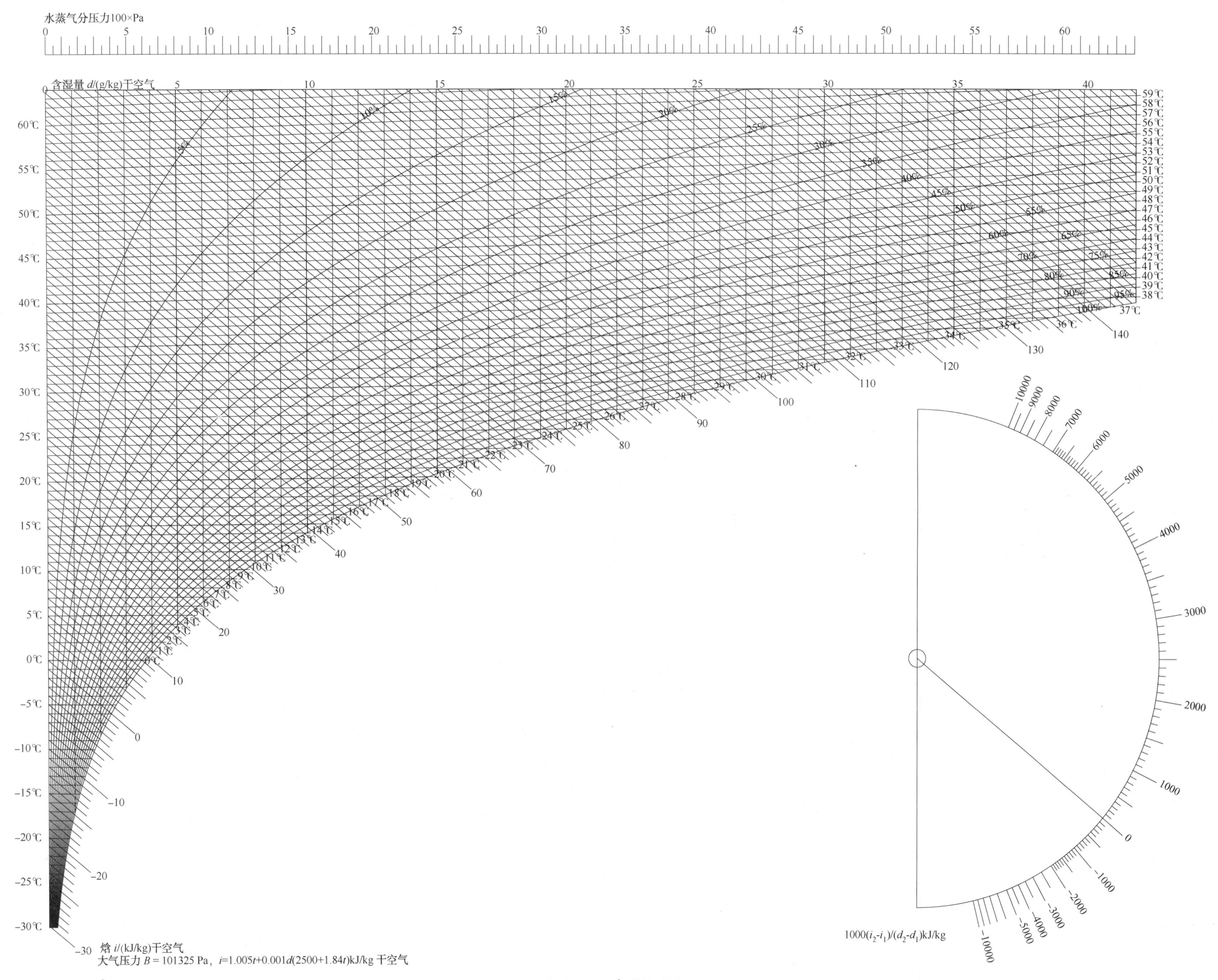
水蒸气分压力100×Pa
0 5 10 15 20 25 30 35 40 45 50 55 60
含湿量 d/(g/kg)干空气
0 5 10 15 20 25 30 35 40
60℃ 55℃ 50℃ 45℃ 40℃ 35℃ 30℃ 25℃ 20℃ 15℃ 10℃ 5℃ 0℃ -5℃ -10℃ -15℃ -20℃ -25℃ -30℃
59℃ 58℃ 57℃ 56℃ 55℃ 54℃ 53℃ 52℃ 51℃ 50℃ 49℃ 48℃ 47℃ 46℃ 45℃ 44℃ 43℃ 42℃ 41℃ 40℃ 39℃ 38℃ 37℃
5% 10% 15% 20% 25% 30% 35% 40% 45% 50% 55% 60% 65% 70% 75% 80% 85% 90% 95% 100%
-30 -20 -10 0 10 20 30 40 50 60 70 80 90 100 110 120 130 140
焓 i/(kJ/kg)干空气
大气压力 B = 101325 Pa，i=1.005t+0.001d(2500+1.84t)kJ/kg 干空气
10000 9000 8000 7000 6000 5000 4000 3000 2000 1000 0 -1000 -2000 -3000 -4000 -5000 -10000
1000(i2-i1)/(d2-d1)kJ/kg

附图 3　湿空气的焓湿图